Springer-Verlag Berlin Heidelberg GmbH

Krzysztof R. Apt   Ernst-Rüdiger Olderog

Programm-verifikation

Sequentielle, parallele und verteilte
Programme

Springer-Verlag Berlin Heidelberg GmbH

Prof. Dr. Krzysztof R. Apt
Centrum voor Wiskunde en Informatica (CWI)
Stichting Mathematisch Centrum
Kruislaan 413
NL-1098 SJ Amsterdam

Prof. Dr. Ernst-Rüdiger Olderog
Fachbereich Informatik
Universität Oldenburg
Postfach 2503
D-26111 Oldenburg

Computing-Reviews-Klassifikation (1991):
D.1.3-4, D.2.4, D.3.1, D.4.1, F.3.1-3

ISBN 978-3-540-57479-8   ISBN 978-3-642-57947-9 (eBook)
DOI 10.1007/978-3-642-57947-9

CIP-Eintrag beantragt

Satz: Reproduktionsfertige Vorlage der Autoren
SPIN: 10084161   45/3140 – 5 4 3 2 1 0 – Gedruckt auf säurefreiem Papier

Vorwort

In letzter Zeit ist die Problematik der Korrektheit von Computerprogrammen stärker in das Bewußtsein von Fachleuten und Öffentlichkeit gerückt. Dies liegt daran, daß Computerprogramme heute in vielfältiger Weise zur Steuerung von Abläufen eingesetzt werden, die unser tägliches Leben betreffen. Als Beispiele seien hier das Buchen von Reisen, der Betrieb von Geldautomaten sowie die Steuerung von Eisenbahnen und Flugzeugen genannt.

Für die Kunden von Reisebüros und Banken sowie die Passagiere von Bahnen und Flugzeugen ist der Sicherheitsaspekt der Systeme von zentraler Bedeutung. Zum Beispiel sollen Bargeldauszahlungen das richtige Konto belasten und Flugzeuge auf dem gewünschten Kurs bleiben. Deshalb ist es wichtig, daß die steuernden Computerprogramme korrekt arbeiten, d.h. vorher festgelegte Anforderungen fehlerfrei erfüllen. Ein Teil der Informatik befaßt sich daher mit der Aufgabe, Methoden zur systematischen Erstellung korrekter Programme zu entwickeln.

Den oben genannten Anwendungen ist gemeinsam, daß die Computerprogramme eine Anzahl von Komponenten koordinieren müssen, die unabhängig voneinander oder "parallel" arbeiten können, z.B. die Buchungsstationen in den einzelnen Reisebüros oder die Sensoren und Stellwerke bei der Bahnsteuerung. Deshalb ist bei der Erstellung der zugehörigen Computerprogramme die Beherrschung der Prinzipien der korrekten parallelen Programmierung wichtig.

Ein erster Schritt zur Erstellung korrekter Programme ist die Methodik der Programmverifikation, d.h. der systematische Nachweis der Fehlerfreiheit von Programmen. Das ist das Thema des vorliegenden Buches: die Verifikation von Programmen unterschiedlicher Struktur. Ausgehend von sequentiellen Programmen gehen wir in systematischer Weise zu parallelen und verteilten Programmen über. Dabei verstehen wir unter parallelen Programmen solche, die aus mehreren sequentiellen Komponenten bestehen, die jeweils auf einen gemeinsamen Speicherbereich zugreifen. Im Gegensatz dazu bestehen verteilte Programme aus Komponenten mit lokalem Speicherbereich, die nur durch das Senden und Empfangen von Nachrichten miteinander in Verbindung treten können.

Das vorliegende Lehrbuch ist die Übersetzung des Kernteils der englischsprachigen Ausgabe "K.R. Apt, E.-R. Olderog, Verification of Sequential and Concurrent Programs, Springer-Verlag, New York, 1991". Die Autoren glauben, daß ein Buch in deutscher Sprache das Halten von Vorlesungen über Programmverifikation im deutschsprachigen Raum entscheidend vereinfacht.

Der deutsche Text wurde vom zweiten Autor auf der Grundlage seiner 4stündigen Vorlesung "Programmverifikation" im Hauptstudium der Informatik an der Universität Oldenburg aus der englischen Vorlage übersetzt und dabei inhaltlich überarbeitet. Die Stoffauswahl hat er auch in geraffter Darstellungsweise in einem Doktorandenkurs an der Universität Pisa erprobt.

Im Gegensatz zur englischen Originalausgabe wurde auf die Abschnitte über Fairneß und verteilte Terminierung ganz verzichtet. Dadurch ist das deutsche Buch um etwa 200 Seiten kürzer geworden. Ferner wurde das Kapitel über nichtdeterministische Programme nach hinten verschoben, so daß die parallelen Programme früher an die Reihe kommen. Die jetzige Anordnung der Kapitel entspricht der Vorlesungsreihenfolge des zweiten Autors.

Konzeption des Buches

Dieses Lehrbuch bietet eine systematische Einführung in die Verifikation sequentieller, paralleler und verteilter Programme. Es gehört damit einerseits in den Bereich der Programmiersprachen und baut andererseits auf Begriffen der mathematischen Logik auf. Die Darstellung setzt elementare Kenntnisse über Programmiersprachen und Logik voraus, wie sie im Grundstudium der Informatik vermittelt werden. Allerdings werden sämtliche Notationen im vorbereitenden Kapitel 2 erklärt.

Für alle betrachteten Programmklassen werden jeweils das Ein/Ausgabe-Verhalten im Sinne der partiellen und totalen Korrektheit untersucht. Zur Verifikation dieser Eigenschaften verfolgen wir die sogenannte axiomatische Methode, die zuerst 1969 von Hoare für deterministische sequentielle Programme vorgestellt wurde und anschließend von vielen Autoren auf zahlreiche andere Programmklassen erweitert wurde. Für jede Programmklasse gehen wir in einheitlicher Weise vor: Nach der Definition der Syntax wird zunächst eine operationelle Semantik eingeführt, wie sie zuerst 1979 von Hennessy und Plotkin vorgestellt und 1981 von Plotkin weiter ausgearbeitet wurde. Dann stellen wir für jede Programmklasse Beweissysteme zur Verifikation der partiellen und totalen Korrektheit von Programmen dieser Klasse vor.

In Kapitel 3 wird der Ansatz von Hoare für deterministische sequentielle Programme vorgestellt. Da parallele Programme im allgemeinen schwierig zu verstehen sind, werden sie schrittweise in den drei Kapiteln 4, 5 und 6 eingeführt. Im Mittelpunkt steht der 1976 vorgestellte Ansatz von Owicki und Gries, erweitert um Ergänzungen der Autoren zur totalen Korrektheit. Für nichtdeterministische sequentielle Programme wird in Kapitel 7 auf Arbeiten von Dijkstra und Gries von 1976 und 1981 zurückgegriffen. Diese Programmklasse dient als Vorbereitung für die verteilten Programme in Kapitel 8. Die dort vorgestellte Verifikationsmethode beruht auf einer 1986 vom ersten Autor entwickelten Programmtransformation verteilter in nichtdeterministische Programme.

Die Anwendung der vorgestellten Beweissysteme wird jeweils an Hand von Fallstudien demonstriert. Dabei werden insbesondere einige klassische Verifikationsprobleme wie Erzeuger/Verbraucher und wechselweiser Ausschluß behandelt. Jedes Kapitel schließt mit bibliographischen Anmerkungen und einer Serie von Übungsaufgaben.

Am Beginn einer Vorlesung sollte das einführende Beispiel der Nullstellensuche aus Kapitel 1 stehen. Dieses Beispiel demonstriert auf eindringliche Weise, welche Fehlerquellen beim Entwurf eines parallelen Programms auftreten können. Anschließend empfehlen wir, gleich zu Kapitel 3 über deterministische Programme überzugehen und vor den einzelnen Abschnitten über Syntax, Semantik und Verifikation die zugehörigen vorbereitenden Abschnitte aus Kapitel 2 einzuschieben.

Danach bietet sich die Behandlung der Kapitel 4, 5 und 6 über parallele Programme an. Zum Schluß sollte dann nach kurzem Verweilen im Kapitel 7 über nichtdeterministische Programme das Kapitel 8 über verteilte Programme behandelt werden. Alternativ dazu ist es auch möglich, die Kapitel 4 – 6 auszulassen und gleich zu den Kapiteln 7 und 8 überzugehen.

Danksagung

Die Autoren dieses Lehrbuches haben seit 1979 gemeinsam und mit anderen Kollegen verschiedene Aspekte auf dem Gebiet der Programmverifikation erforscht. Während dieser Zeit haben sie insbesondere sehr viel aus den Diskussionen mit J.W. de Bakker, F.S. de Boer, L. Bouge, E.M. Clarke, E.W. Dijkstra, N. Francez, D. Gries, C.A.R. Hoare, S. Katz, L. Lamport, H. Langmaack, J. Misra, A. Pnueli, G.D. Plotkin, W.P. de Roever, F.B. Schneider, J. Stavi und J.I. Zucker gelernt. Ihnen allen gebührt unser Dank.

Die vorliegende deutsche Version haben freundlicherweise J. Bohn, C. Dietz, C. Fischer, S. Kleuker, K. Reich, K. Rössig, S. Rössig, M. Schenke, M. Schulte auf Fehler durchgesehen. Anregungen der Teilnehmerinnen und Teilnehmer der Vorlesungen in Oldenburg und Pisa haben zu Verbesserungen in der Darstellung geführt.

Das LATEX-Skript dieses Buches wurde vom zweiten Autor auf der Grundlage des englischen Originals erstellt, das zum überwiegenden Teil von T. Woo erfaßt wurde. Bei der Überarbeitung gab S. Rössig wertvolle Hinweise zur Verbesserung der internen LATEX-Struktur.

Besonderen Dank sagen wir H. Wössner vom Springer-Verlag für seine tatkräftige Unterstützung dieses Buchprojektes.

Inhaltsverzeichnis

1. Einführung

Programmverifikation ist ein systematischer Ansatz zum Nachweis der Fehlerfreiheit von Programmen. Dabei wird bewiesen, daß ein vorgegebenes Programm bestimmte wünschenswerte Eigenschaften besitzt. Bei sequentiellen Programmen geht es vor allem um die Ablieferung korrekter Ergebnisse und die Terminierung. Bei Programmen mit parallel ablaufenden Komponenten sind zusätzliche Eigenschaften wie Interferenz-Freiheit, Deadlock-Freiheit und faires Ablaufverhalten wichtig.

In diesem Buch geht es vornehmlich um die Verifikation von parallelen und verteilten Programmen. Das sind Programme mit mehreren parallel ablaufenden Komponenten, die entweder implizit über gemeinsame Variablen oder explizit durch den Austausch von Botschaften miteinander kommunizieren. Solche Programme sind im allgemeinen schwierig zu entwerfen, und Fehler stellen sich nur allzu leicht ein.

1.1 Beispiel eines parallelen Programmes

Wir betrachten dazu als Beispiel das folgende Problem.

Problem. Gegeben sei eine Funktion f von ganzen Zahlen in ganze Zahlen, die eine Nullstelle besitzt. Gesucht ist ein Programm $ZERO$, das eine solche Nullstelle findet.

Unsere Lösungsidee ist, dieses Problem in zwei gleichzeitig zu bearbeitende Teilprobleme aufzuspalten, und zwar das Finden einer positiven Nullstelle und das Finden einer nicht-positiven Nullstelle. Dabei nennen wir z eine *positive Nullstelle* von f, falls $z > 0$ und $f(z) = 0$ gilt, und eine *nicht-positive Nullstelle*, falls $z \leq 0$ und $f(z) = 0$ gilt. Wir suchen dann sequentielle Programme S_1 und S_2 zur Lösung dieser beiden Teilprobleme, so daß die parallele Ausführung von S_1 und S_2 das Gesamtproblem löst. Dazu benutzen wir die *parallele Komposi-*

tion von S_1 und S_2; in Zeichen: $[S_1 \| S_2]$. Ein paralleles Programm $[S_1 \| S_2]$ wird ausgeführt, indem die einzelnen Anweisungen in den Teilprogrammen S_1 und S_2 nebeneinander ausgeführt werden. Das parallele Programm $[S_1 \| S_2]$ terminiert, wenn beide Teilprogramme S_1 und S_2 terminieren.

Lösung 1

Wir betrachten das folgende Programm S_1:

$$
\begin{aligned}
S_1 \equiv\ & found := \textbf{false};\ x := 0; \\
& \textbf{while } \neg found \textbf{ do} \\
& \quad x := x + 1; \\
& \quad found := f(x) = 0 \\
& \textbf{od}.
\end{aligned}
$$

S_1 terminiert, sobald in der Variablen x eine positive Nullstelle von f gefunden wurde. Entsprechend terminiert das folgende Programm S_2, sobald in der Variablen y eine nicht-positive Nullstelle von f gefunden wurde:

$$
\begin{aligned}
S_2 \equiv\ & found := \textbf{false};\ y := 1; \\
& \textbf{while } \neg found \textbf{ do} \\
& \quad y := y - 1; \\
& \quad found := f(y) = 0 \\
& \textbf{od}.
\end{aligned}
$$

Zur Lösung des Problems benutzen wir die parallele Komposition von S_1 und S_2, also das Programm

$$ ZERO\text{-}1 \equiv [S_1 \| S_2]. $$

Die Boolesche Variable *found* kann von beiden Komponenten S_1 und S_2 von ZERO-1 beschrieben und gelesen werden. Diese gemeinsame Variable dient zum Informationsaustausch zwischen den beiden Komponenten, ob eine der Komponenten eine Nullstelle gefunden hat. $\qquad\square$

Analysieren wir dieses Programm genauer. Falls ZERO-1 terminiert, ist in der Variablen x oder der Variablen y tatsächlich eine Nullstelle von f gespeichert. ZERO-1 liefert in diesem Fall also ein korrektes Ergebnis ab. Leider braucht ZERO-1 nicht zu terminieren, wie die folgende Situation zeigt. Wir nehmen an, daß f genau eine Nullstelle z_f hat, und zwar eine positive. Wir betrachten nun eine Ausführung von ZERO-1, in der zunächst nur S_1 ausgeführt wird, und zwar so lange, bis z_f gefunden wurde und S_1 terminiert. Erst jetzt werde S_2 ausgeführt. Als erstes setzt S_2 die Variable *found* auf **false**. Da es keine weitere Nullstelle von f gibt, kann S_2 und damit ZERO-1 nie terminieren.

Der Fehler im Programm ZERO-1 ist also, daß die gemeinsame Variable *found* zweimal mit **false** initialisiert wird – in jedem Teilprogramm einmal. Eine einfache Korrektur ist daher, die Variable *found* nur einmal und außerhalb der parallelen Komposition zu initialisieren. Dieses führt zu folgender Lösung.

Lösung 2

Sei

$$S_1 \equiv x := 0;$$
$$\textbf{while } \neg found \textbf{ do}$$
$$x := x + 1;$$
$$found := f(x) = 0$$
$$\textbf{od}$$

und

$$S_2 \equiv y := 1;$$
$$\textbf{while } \neg found \textbf{ do}$$
$$y := y - 1;$$
$$found := f(y) = 0$$
$$\textbf{od}.$$

Dann ist

$$ZERO\text{-}2 \equiv found := \textbf{false}; \; [S_1 \| S_2]$$

eine Lösung des Problems. □

Aber stimmt das wirklich? Leider gibt es immer noch einen Fehler. Nehmen wir wieder an, daß f genau eine Nullstelle z_f besitzt, die positiv ist. Wir betrachten eine Ausführung von $ZERO\text{-}2$, bei der anfangs nur die zweite Komponente S_2 ausgeführt wird, und zwar so lange, bis die Schleife betreten wird und als nächstes die Anweisung $found := f(y) = 0$ ausgeführt werden soll. Jetzt werde die erste Komponente S_1 ausgeführt, bis die Nullstelle z_f gefunden wurde und S_1 terminiert. Anschließend setze die zweite Komponente S_2 ihre Ausführung fort. Als erstes wird die Variable $found$ auf **false** gesetzt. Da die Funktion f keine weiteren Nullstellen besitzt, wird $found$ nie auf **true** zurückgesetzt, so daß die Ausführung von S_2 und damit von $ZERO\text{-}2$ nie terminiert.

Wie kommt es zu diesem Fehler? In der obigen Ausführung wird die Variable $found$ auf **false** zurückgesetzt, nachdem sie zuvor bereits auf **true** gesetzt worden war. Auf diese Weise ging die Information, daß eine Nullstelle von f gefunden wurde, wieder verloren.

Ein Ausweg ist, das Programm $ZERO\text{-}2$ so abzuändern, daß $found$ innerhalb der parallelen Komposition nie auf **false** zurückgesetzt wird. Wir ersetzen daher die einfache Wertzuweisung

$$found := f(x) = 0$$

in S_1 durch die bedingte Wertzuweisung

$$\textbf{if } f(x) = 0 \textbf{ then } found := \textbf{true } \textbf{fi}.$$

Entsprechend behandeln wir die Wertzuweisung $found := f(y) = 0$ in S_2. Man beachte, daß diese Änderungen die Wirkung der Komponenten S_1 und S_2 unverändert lassen, aber die Wirkung der parallelen Komposition beeinflussen.

Wir erhalten damit folgendes Programm.

Lösung 3

Sei

$$S_1 \equiv x := 0;$$
$$\textbf{while } \neg found \textbf{ do}$$
$$x := x + 1;$$
$$\textbf{if } f(x) = 0 \textbf{ then } found := \textbf{true fi}$$
$$\textbf{od}$$

und

$$S_2 \equiv y := 1;$$
$$\textbf{while } \neg found \textbf{ do}$$
$$y := y - 1;$$
$$\textbf{if } f(y) = 0 \textbf{ then } found := \textbf{true fi}$$
$$\textbf{od}.$$

Dann ist

$$ZERO\text{-}3 \equiv found := \textbf{false}; \ [S_1 \| S_2]$$

eine Lösung des Problems. $\qquad\qquad\qquad\qquad\qquad\qquad\qquad\qquad\qquad$ $\square$

Leider gibt es immer noch eine Schwierigkeit. Wir nehmen an, daß f nur positive Nullstellen besitzt, und betrachten eine Programmausführung von $ZERO\text{-}3$, in dem nur die Komponente S_2, aber nie die Komponente S_1 des parallelen Programms $[S_1 \| S_2]$ ausgeführt wird. Diese Ausführung von $ZERO\text{-}3$ terminiert nicht.

Die Frage ist allerdings, ob eine solche Programmausführung realistisch ist. Schließlich soll doch die parallele Komposition $[S_1 \| S_2]$ andeuten, daß S_1 und S_2 "parallel" ausgeführt werden. Wir sprechen hier einen zentralen Punkt der parallelen Programmierung an, den wir bisher nicht präzisiert haben, nämlich die Definition von paralleler Ausführung. Genauer gibt es zwei Varianten.

Die einfachere Definition besagt, daß als Ausführung eines parallelen Programms $[S_1 \| S_2]$ jede beliebige Mischung oder, wie man sagt, jedes beliebige *interleaving* der Ausführungen der Komponenten S_1 und S_2 erlaubt ist. Anders ausgedrückt bedeutet dies, daß keine Annahme über die relative Geschwindigkeit gemacht wird, mit der die Komponenten S_1 und S_2 ihre einzelnen Anweisungen ausführen. Als Spezialfall ist die oben genannte Programmausführung erlaubt, an der nur die Komponente S_2 beteiligt ist.

Die anspruchsvollere Definition von paralleler Ausführung geht von der Vorstellung aus, daß jede Komponente mit einer positiven Geschwindigkeit voranschreitet. Diese Vorstellung wird durch die Annahme von *Fairneß* modelliert, die besagt, daß jede Komponente eines parallelen Programms ihre nächste elementare Anweisung irgendwann ausführt. Unter der Annahme von Fairneß ist das Programm $ZERO\text{-}3$ eine korrekte Lösung des Nullstellenproblems. Die oben genannte Programmausführung ist dann nicht mehr möglich.

Wir wollen jetzt eine Lösung des Problems angeben, die nicht auf der Annahme von Fairneß beruht. Unsere Idee ist dabei, in das Programm *ZERO*-3 einen *Scheduler* einzubauen, der faire Ausführungen erzwingt, indem er dafür sorgt, daß jede Komponente des parallelen Programms irgendwann wieder ausgeführt wird. Wir benötigen dazu ein weiteres Programmkonstrukt, das es uns erlaubt, eine Komponente zeitweilig zu blockieren. Wir benutzen hierfür die Anweisung **await** B **then** R **end**. Falls die Boolesche Bedingung B wahr ist, wird die **await**-Anweisung ausgeführt, indem die Anweisung R als unteilbare, nicht unterbrechbare Aktion ausgeführt wird. Falls B jedoch falsch ist, wird die ausführende Komponente blockiert, so daß andere Komponenten in ihrer Ausführung voranschreiten können. Die blockierte Komponente kann später wieder aktiviert werden, wenn B wahr geworden ist.

Im folgenden Programm benutzen wir eine für beide Komponenten gemeinsame Variable *turn*, die die Werte 1 und 2 annehmen kann und anzeigt, welche der beiden Komponenten S_1 und S_2 voranschreiten darf.

Lösung 4

Sei

$$S_1 \equiv x := 0;$$
$$\quad\quad \textbf{while } \neg found \textbf{ do}$$
$$\quad\quad\quad \textbf{await } turn = 1 \textbf{ then } turn := 2 \textbf{ end};$$
$$\quad\quad\quad x := x + 1;$$
$$\quad\quad\quad \textbf{if } f(x) = 0 \textbf{ then } found := \textbf{true fi}$$
$$\quad\quad \textbf{od}$$

$$S_2 \equiv y := 1;$$
$$\quad\quad \textbf{while } \neg found \textbf{ do}$$
$$\quad\quad\quad \textbf{await } turn = 2 \textbf{ then } turn := 1 \textbf{ end};$$
$$\quad\quad\quad y := y - 1;$$
$$\quad\quad\quad \textbf{if } f(y) = 0 \textbf{ then } found := \textbf{true fi}$$
$$\quad\quad \textbf{od}.$$

Dann sollte
$$ZERO\text{-}4 \equiv turn := 1; \; found := \textbf{false}; \; [S_1 \| S_2]$$

eine Lösung des Problems ohne die Annahme von Fairneß sein. □

Wir überlegen zunächst, daß es unmöglich ist, nur eine Komponente von *ZERO*-4 auszuführen, es sei denn, die andere Komponente hat bereits terminiert. Mit jedem Schleifendurchlauf wird nämlich der Wert der Variablen *turn* umgedreht. Deshalb kann jede der beiden Schleifen höchstens einmal vollständig durchlaufen werden. Erreicht eine der beiden Komponenten die **await**-Anweisung zum zweiten Mal, wird sie dort blockiert und nur die andere Komponente kann ihre Ausführung fortsetzen.

Trotzdem gibt es im Programm *ZERO*-4 einen Fehler. Die Funktion f besitze wieder genau eine positive Nullstelle z_f. Wir betrachten jetzt eine Programmausführung, bei der S_1 in der Variablen x gerade die Nullstelle z_f gefunden hat und als nächstes die Anweisung $found$:= **true** ausführen will. Stattdessen werde jetzt S_2 ausgeführt und arbeite sich mit eineinhalbmaligem Schleifendurchlauf bis zur Anweisung **await** $turn = 2$ **then** $turn := 1$ **end** vor. Da vom letzten Schleifendurchlauf $turn = 1$ gilt, ist S_2 blockiert. Nun setzt die Komponente S_1 ihre Ausführung fort, bis sie mit $found = $ **true** terminiert. Da weiterhin $turn = 1$ gilt, kann die Komponente S_2 nicht terminieren, sondern bleibt ständig vor der **await**-Anweisung blockiert. Diese Situation nennt man *Verklemmung* oder *Deadlock*.

Um solche Deadlocks zu vermeiden, müssen wir die Variable $turn$ am Ende jeder Komponente geeignet umsetzen. Dieses führt zu folgender Lösung.

Lösung 5

Sei

$$
\begin{aligned}
S_1 \equiv\ & x := 0; \\
& \textbf{while } \neg found \textbf{ do} \\
& \quad \textbf{await } turn = 1 \textbf{ then } turn := 2 \textbf{ end}; \\
& \quad x := x + 1; \\
& \quad \textbf{if } f(x) = 0 \textbf{ then } found := \textbf{true fi} \\
& \textbf{od}; \\
& turn := 2
\end{aligned}
$$

und

$$
\begin{aligned}
S_2 \equiv\ & y := 1; \\
& \textbf{while } \neg found \textbf{ do} \\
& \quad \textbf{await } turn = 2 \textbf{ then } turn := 1 \textbf{ end}; \\
& \quad y := y - 1; \\
& \quad \textbf{if } f(y) = 0 \textbf{ then } found := \textbf{true fi} \\
& \textbf{od}; \\
& turn := 1.
\end{aligned}
$$

Dann ist

$$
ZERO\text{-}5 \equiv turn := 1;\ found := \textbf{false};\ [S_1 \| S_2]
$$

eine deadlock-freie Lösung des Problems ohne die Annahme von Fairneß.   □

Diese Lösung ist tatsächlich korrekt. Die Wertzuweisung $turn := 2$ am Ende von S_1 gibt "freie Fahrt" für das Terminieren von S_2. Entsprechendes gilt für die Wertzuweisung $turn := 1$ am Ende von S_2. Somit treten keine Deadlocks mehr auf.

Allerdings ist Lösung 5 etwas ineffizient, weil nur jeweils einer der Rümpfe der beiden **await**-Anweisungen zu einem Zeitpunkt als unteilbare Aktion ausgeführt werden kann. Wenn wir also den Rumpf R in **await** B **then** R **end** verkürzen, vergrößern wir die mögliche Geschwindigkeit einer parallelen Programmausführung. Im Programm *ZERO*-6 ist eine solche Verbesserung möglich, indem wir die **await**-Anweisungen aufbrechen und die Wertzuweisungen an die Variable *turn* herausnehmen. Dazu benutzen wir die Anweisung **wait** B, die die Ausführung einer Komponente blockiert, falls die Boolesche Bedingung B falsch ist, und andernfalls wirkungslos ist.

Lösung 6

Sei

$$
\begin{aligned}
S_1 \equiv\ & x := 0; \\
& \textbf{while } \neg found \textbf{ do} \\
& \quad \textbf{wait } turn = 1; \\
& \quad turn := 2; \\
& \quad x := x + 1; \\
& \quad \textbf{if } f(x) = 0 \textbf{ then } found := \textbf{true fi} \\
& \textbf{od}; \\
& turn := 2
\end{aligned}
$$

und

$$
\begin{aligned}
S_2 \equiv\ & y := 1; \\
& \textbf{while } \neg found \textbf{ do} \\
& \quad \textbf{wait } turn = 2; \\
& \quad turn := 1; \\
& \quad y := y - 1; \\
& \quad \textbf{if } f(y) = 0 \textbf{ then } found := \textbf{true fi} \\
& \textbf{od}; \\
& turn := 1.
\end{aligned}
$$

Dann ist

$$
\textit{ZERO-}6 \equiv turn := 1;\ found := \textbf{false};\ [S_1 \| S_2]
$$

eine Lösung des Problems. $\square$

Der einzige Unterschied zur Lösung 5 ist, daß jetzt zwischen den Anweisungen **wait** $turn = 1$ und $turn := 2$ in der ersten Komponente S_1 sich die Komponente S_2 einmischen – oder wie man sagt: *interferieren* – kann. (Entsprechendes gilt für die zweite Komponente.) Eine solche Interferenz darf das gewünschte Gesamtverhalten des Programms nicht stören.

Wir betrachten zunächst den Fall, daß S_2 mit einer Anweisung interferiert, in der die Variable *turn* nicht vorkommt. Dann kann diese Anweisung mit $turn := 2$ vertauscht werden, so daß wir eine Ausführung wie beim Programm

ZERO-5 erhalten. Andernfalls kommt nur eine der beiden Wertzuweisungen *turn* := 1 in Betracht. Die erste Wertzuweisung *turn* := 1 kann nicht ausgeführt werden, weil vorher *turn* = 2 gelten muß. Die zweite Wertzuweisung *turn* := 1 führt zur Terminierung von S_2. Deshalb muß *found* wahr sein, so daß S_1 unmittelbar nach Beendigung des momentanen Schleifendurchlaufs terminiert. Man beachte, daß diese Terminierung gerade im richtigen Augenblick erfolgt, denn der nächste Scheifendurchlauf wäre durch *turn* = 2 blockiert.

Die Aktivierung der zweiten Komponente zwischen **wait** *turn* = 1 und *turn* := 2 führt also zu keinen Fehlern. Ein entsprechendes Argument gilt für die erste Komponente. Die Lösung 6 ist also ebenfalls korrekt.

1.2 Programmkorrektheit

Im obigen Beispiel des Nullstellenproblems haben wir eine beunruhigende Serie von fehlerhaften "Lösungen" erlebt. Wir haben gesehen, daß bei einem parallelen Programm selbst kleine Änderungen einschneidende Auswirkungen auf das Gesamtverhalten des Programms haben können. Insbesondere bleibt immer das ungute Gefühl, vielleicht eine mögliche Programmausführung übersehen zu haben, die einen weiteren Fehler aufzeigen könnte. Eine informelle Konstruktion und Verifikation von parallelen Programmen ist daher nicht akzeptabel.

Vielmehr benötigen wir einen systematischen Ansatz, um die Korrektheit von Programmen nachweisen zu können. Korrektheit bedeutet, daß gewünschte Programmeigenschaften gelten. Bei sequentiellen Programmen, also solchen, bei denen es in jedem Moment nur eine aktive Komponente gibt, geht es meistens um folgende Eigenschaften:

1. Partielle Korrektheit, d.h. wenn ein Ergebnis abgeliefert wird, ist es korrekt bezüglich der Problemstellung, die das Programm lösen soll. *Partiell* besagt: Es wird nicht garantiert, daß überhaupt ein Ergebnis abgeliefert wird.
   Zum Beispiel soll ein Sortierprogramm im Falle seiner Terminierung die Eingabe in sortierter Form abliefern.

2. Terminierung. Zum Beispiel sollte ein Sortierprogramm für jede vorgesehene Eingabe terminieren.

3. Keine Laufzeitfehler. Zum Beispiel sollte es während der Programmausführung keine Division durch 0 geben.

Bei parallelen Programmen, also solchen mit mehreren aktiven Komponenten, sind die obigen Eigenschaften ebenfalls wichtig. Allerdings sind sie meistens viel schwieriger nachzuweisen, wie wir im Beispiel des Nullstellenproblems gesehen haben. Insbesondere benötigt man dazu häufig den Nachweis weiterer Programmeigenschaften wie zum Beispiel:

4. Interferenz-Freiheit, d.h. keine Komponente eines parallelen Programmes mischt sich in unerwünschter Weise in die Berechnung einer anderen Komponente ein.

5. Deadlock-Freiheit, d.h. ein paralleles Programm kommt nicht in eine Situation, in der alle noch nicht terminierten Komponenten unendlich lange auf die Erfüllung einer Bedingung warten.

6. Korrektheit unter Fairneß-Annahmen. Zum Beispiel löst das parallele Programm *ZERO*-3 das Nullstellenproblem nur unter der Annahme von Fairneß.

Zur Programmverifikation, also dem Nachweis der Programmkorrektheit, sind verschiedene Ansätze vorgeschlagen worden. Häufig wird die *operationelle Methode* benutzt. Dabei wird für ein gegebenes Programm die Menge aller Programmausführungen untersucht, so wie wir es bei den vorgeschlagenen Lösungen für das Nullstellenproblem getan haben. Für die einzelnen Programmkonstrukte wird dabei eine informelle Beschreibung der Semantik zugrundegelegt. Zwar kann die operationelle Methode bei sequentiellen Programmen häufig erfolgreich angewandt werden, aber bei parallelen Programmen gibt es meistens zu viele mögliche Fälle von Programmausführungen, so daß leicht einige übersehen werden.

Wir werden hier die *axiomatische Methode* verfolgen. Um diese Methode anzuwenden, benötigen wir zunächst eine geeignete Sprache zur Formulierung der Programmeigenschaften. Wir werden dazu Formeln der Prädikatenlogik benutzen. Mit diesen Formeln werden wir das gewünschte Programmverhalten *spezifizieren*. Aus der Logik werden wir auch den Begriff des Beweissystems oder des Kalküls übernehmen. Ein solches Beweissystem besteht aus Axiomen und Regeln, die uns sagen, wie wir das tatsächliche Programmverhalten *induktiv über die syntaktische Struktur* der Programme bestimmen können. Mit einem solchen Beweissystem können wir nachweisen, ob das tatsächliche Programmverhalten dem spezifizierten Programmverhalten genügt.

Die Anfänge der axiomatischen Methode zur Programmverifikation gehen auf Turing [Tur49] zurück, aber die entscheidenden Arbeiten stammen von Floyd [Flo67] und Hoare [Hoa69]. Floyd schlug eine axiomatische Methode zur Verifikation von Flußdiagrammen mit Hilfe von logischen Formeln vor, und Hoare entwickelte diese Methode zu einem syntax-gerichteten Ansatz für **while**-Programme weiter. Hoares Ansatz hat eine enorme Forschungsaktivität auf dem Gebiet der Programmverifikation ausgelöst. Sein Ansatz wurde auf viele weitere Programmklassen ausgedehnt. In den Jahren 1976 und 1977 wurde dieser Ansatz von Owicki und Gries [OG76a, OG76b] sowie von Lamport [Lam77] auf parallele Programme mit gemeinsamen Variablen ausgedehnt. In den Jahren 1980 und 1981 wurde der Ansatz von Apt, Francez und de Roever [AFR80] sowie von Levin und Gries [LG81] auf verteilte Programme mit explizitem Botschaftenaustausch ausgedehnt.

In diesem Buch werden wir die axiomatische Methode für sequentielle, parallele und verteilte Programme vorstellen. Wir wollen nicht verschweigen, daß diese Methode – jedenfalls soweit sie in den oben genannten Aufsätzen beschrieben wird – auch einige Schwächen hat:

(1) Die Beweisregeln sind nur für die nachträgliche Verifikation von bereits geschriebenen Programmen geeignet, nicht aber zur systematischen Entwicklung von Programmen.

(2) Die Beweisregeln sind nur zur Beschreibung des Ein/Ausgabe-Verhaltens von Programmen geeignet, nicht aber zur Beschreibung von endlichen und unendlichen Ausführungen, wie sie zum Beispiel bei Betriebssystemen vorkommen.

(3) Die Beweisregeln sind nicht zur Behandlung von Fairneß-Annahmen geeignet.

Motiviert durch die Einschränkung (1) hat Dijkstra [Dij76] Forschungen zum Thema *systematische Programmentwicklung* initiiert. Weitere Bücher zu diesem Thema sind die von Gries [Gri81], Backhouse [Bac86] und Morgan [Mor90]. Für sequentielle Programme ist die Methodik der Programmentwicklung heute gut ausgearbeitet; wir werden darauf in den Kapiteln 3 und 7 eingehen. Interessanterweise sind die Regeln zur Programmentwicklung aus den Regeln zur Programmverifikation abgeleitet, so daß man Überlegungen zur Programmverifikation als eine wichtige Grundlage für weitergehende Überlegungen zur Programmentwicklung ansehen kann.

Die Einschränkungen (2) und (3) lassen sich durch den von Pnueli [Pnu77] eingeführten Ansatz der *Temporalem Logik* vermeiden. Mit Hilfe der Temporalen Logik lassen sich sehr viel allgemeinere Programmeigenschaften als das Ein/Ausgabe-Verhalten beschreiben, und auch Fairneß-Annahmen lassen sich bequem beschreiben. Allerdings verlangt dieser Ansatz auch eine kompliziertere Formelsprache mit expliziten Programmzähler-Variablen. Wir werden diesen Ansatz hier nicht behandeln, sondern verweisen auf das Buch von Manna und Pnueli [MP91].

Wünschenswert wäre natürlich eine Methode ohne die Einschränkungen (1)–(3), nach der parallele und verteilte Programme systematisch entwickelt werden können. Diesem Ideal ist der im Buch von Chandy und Misra [CM88] beschriebene Ansatz vielleicht am nächsten gekommen. Dieser Ansatz beruht auf einer sehr einfachen Programmiersprache, die UNITY genannt wird. UNITY-Programme können als idealisierte parallele Programme angesehen werden. Chandy und Misra geben eine große Sammlung von Beispielen an, die zeigen, wie UNITY-Programme systematisch aus Spezifikationen einer eingeschränkten Temporalen Logik entwickelt werden können. Allerdings wird in [CM88] nicht behandelt, wie die resultierenden UNITY-Programme in eine realistische Programmiersprache überführt werden.

In diesem Buch wird Programmverifikation als eine "mit Verstand und von Hand" durchzuführende Aktivität vorgestellt. Für die praktische Anwendung der Programmverifikation wäre natürlich eine automatische Durchführung am besten. Warum übergeben wir nicht einfach die Spezifikation und das zu verifizierende Programm einem Computer und lassen diesen dann die mühevolle Verifikationsarbeit durchführen? Leider ist aus der Theorie der Berechenbarkeit und Entscheidbarkeit bekannt, daß eine solche automatische Programmverifikation im allgemeinen unmöglich ist.

Trotzdem wird an diesem Thema intensiv geforscht. Für den Spezialfall, daß nur Programme mit einem endlichen Zustandsraum betrachtet werden, indem zum Beispiel nur Variablen für endliche Datenbereiche benutzt werden, ist Programmverifikation tatsächlich automatisierbar. Als erste haben Queille und Sifakis [QS81] sowie Emerson und Clarke [EC82] Computersysteme entwickelt, die automatisch prüfen, ob solche Programme Spezifikationen der Temporalen Logik erfüllen. In der Terminologie der Logik wird hier überprüft, ob das Programm ein Modell der Spezifikation ist. Deshalb wird auch von "Model Checking" gesprochen.

Die Probleme der automatischen Programmverifikation liegen derzeit in der sogenannten "Explosion des Zustandsraums", die auftritt, wenn viele sequentielle Komponentenprogramme mit jeweils endlichem Zustandsraum zu einem parallelen Programm zusammengeschaltet werden. Als Ausweg wird hier eine Kombination von automatischer Programmverifikation mit einer benutzergesteuerten Anwendung von Beweisregeln gesehen. Diese Überlegung zeigt, daß auch im Zusammenhang mit automatischer Programmverifikation eine genaue Kenntnis der in diesem Buch behandelten axiomatischen Verifikationsmethode von Bedeutung ist.

1.3 Struktur dieses Buches

Im Gegensatz zum UNITY-Ansatz wollen wir in diesem Buch parallele und verteilte Programme betrachten, die auf existierenden Rechnerarchitekturen implementiert werden können. Methoden für die systematische Entwicklung solcher Programme aus Spezifikationen sind noch Gegenstand der aktuellen Forschung. Wir sind davon überzeugt, daß genaue Kentnisse über die Verifikation von parallelen und verteilten Programmen, wie sie in diesem Buch vermittelt werden, das Verständnis dieser Entwicklungsmethoden sehr erleichtern werden.

Der hier vorgestellte Ansatz zur Programmverifikation beruht auf *Hoareschen Beweisregeln*, ergänzt um einige *Programmtransformationen*. Dieser Ansatz wird schrittweise für sechs Programmklassen erklärt, angefangen mit einfachen sequentiellen Programmen bis hin zu anspruchsvollen parallelen und verteilten Programmen.

Dabei verwenden wir folgende Begriffsbildung: In einem *sequentiellen Programm* gibt es nur einen Kontrollfluß. Wir unterscheiden zwei Formen von sequentiellen Programmen. In einem *deterministischen Programm* gibt es in jedem Moment höchstens eine Anweisung, die als nächstes auszuführen ist. In einem *nichtdeterministischen Programm* ist die Auswahl der nächsten Anweisung dagegen nicht vollständig festgelegt.

Ein *paralleles Programm* besteht aus mehreren sequentiellen Komponenten, die nebeneinander ausgeführt werden. Um Informationen untereinander auszutauschen, greifen die Komponenten auf gemeinsame Variablen zu. Die in Abschnitt 1.1 betrachteten Programme sind von dieser Form. Ein *verteiltes Programm* besteht ebenfalls aus mehreren sequentiellen Komponenten, die nebeneinander ausgeführt werden. Jedoch ist der Speicherbereich auf die einzelnen Komponenten "verteilt", so daß es keine gemeinsamen Variablen gibt. Stattdessen erfolgt der nötige Informationsaustausch zwischen den Komponenten durch das explizite Versenden und Empfangen von Nachrichten.

Für alle betrachteten Programmklassen gehen wir in einheitlicher Weise vor. Zunächst definieren wir eine *operationelle Semantik* im Sinne von Hennessy und Plotkin [HP79, Plo81]. Auf der Basis dieser Semantik werden wir dann Hoaresche Beweisregeln und Programmtransformationen angeben, mit deren Hilfe wir die Verifikation von *partieller und totaler Korrektheit* der Programme durchführen können. Für jede Programmklasse behandeln wir schließlich mindestens eine längere *Fallstudie*, in der wir die vorgestellte Verifikationsmethode anwenden. Für einige Programmklassen werden zusätzliche Fragestellungen behandelt wie zum Beispiel die Vollständigkeit der vorgestellten Beweissysteme oder die Transformation in andere Programmklassen. Jedes der folgenden Kapitel endet mit bibliographischen Anmerkungen und einer Serie von Übungsaufgaben.

In einem vorbereitenden Kapitel 2 werden die in diesem Buch verwandten Grundbegriffe wie Ausdrücke, formale Beweissysteme und logische Formeln festgelegt.

In Kapitel 3 wird eine einfache Klasse von deterministischen Programmen behandelt, oft auch als **while**-Programme bezeichnet. Diese Klasse ist der Kern für alle späteren Erweiterungen in diesem Buch. Die Verifikationsmethode für deterministische Programme basiert auf den Konzepten der *Schleifeninvariante* und der *Terminierungsfunktion*. Diese Konzepte werden auch für alle späteren Programmklassen benötigt. Als einen Exkurs zeigen wir die *Vollständigkeit* der vorgestellten Verifikationsregeln. Für deterministische Programme erläutern wir außerdem Dijkstras Idee der systematischen *Programmentwicklung* [Dij76]. Dazu werden die Verifikationsregeln in geschickter Weise ausgenutzt.

In Kapitel 4 wird die einfachste Form von parallelen Programmen untersucht, die sogenannten *disjunkten parallelen Programme*. "Disjunkt" bedeutet hier, daß die sequentiellen Teilprogramme nur Lesezugriff auf gemeinsame Variablen haben. Hoare hatte als erster bemerkt, daß diese Einschränkung zu einer besonders einfachen Verifikationsregel führt [Hoa75]. Disjunkte parallele Programme stellen einen guten Ausgangspunkt für das Verständnis von allgemeinen parallelen Programmen in den Kapiteln 5 und 6 sowie von verteilten Programmen in Kapitel 8 dar.

In Kapitel 5 betrachten wir parallele Programme mit uneingeschränktem Zugriff auf gemeinsame Variablen. Die Semantik dieser Programme hängt entscheidend davon ab, welche Bereiche innerhalb der Komponenten als *atomar*, d.h. als von anderen Komponenten ununterbrechbar angesehen werden. Zur Verifikation paralleler Programme mit gemeinsamen Variablen stellen wir die Methode von Owicki und Gries [OG76a] vor, die auf dem Test der *Interferenz-*

Freiheit beruht. Im allgemeinen ist dieser Test sehr aufwendig. Wir stellen jedoch auch Programmtransformationen im Stile von Lipton [Lip75] vor, durch deren Anwendung die atomaren Bereiche innerhalb der Komponenten vergrößert werden und damit der Aufwand beim Test der Interferenz-Freiheit verkleinert wird.

In Kapitel 6 erweitern wir die in Kapitel 5 betrachtete Programmklasse um ein Konstrukt zur *Synchronisation* der sequentiellen Komponenten eines parallelen Programms. Da parallele Programme mit Synchronisation in Verklemmungszustände oder Deadlocks geraten können, schließt ihre Verifikation einen Test auf *Deadlock-Freiheit* ein. Wir wenden die vorgestellte Verifikationsmethode auf klassische Beispiele wie das Erzeuger/Verbraucher-Problem und den wechselweisen Ausschluß an.

In Kapitel 7 kehren wir noch einmal zu den sequentiellen Programmen zurück, jetzt aber zu nichtdeterministischen Programmen in Form der sogenannten "bewachten Kommandos" (*guarded commands*) von Dijkstra [Dij76]. Diese Programme stellen einen Schritt in Richtung auf die verteilten Programme aus Kapitel 8 dar. Wir erläutern, daß parallele Programme in semantisch äquivalente nichtdeterministische Programme transformiert werden können, allerdings nur unter Benutzung zusätzlicher Kontrollvariablen.

In Kapitel 8 betrachten wir eine Klasse von verteilten Programmen, die eine Teilmenge von Hoares Sprache *Communicating Sequential Processes* (CSP) ist [Hoa78, Hoa85]. CSP ist der Kern der Programmiersprache OCCAM [INM84], die zur Programmierung von verteilten Transputersystemen entwickelt wurde. Wir geben eine Programmtransformation an, die diese Programme ohne zusätzliche Kontrollvariablen in semantisch äquivalente nichtdeterministische Programme überführt. Auf der Grundlage dieser Transformation entwickeln wir eine Verifikationsmethode für verteilte Programme, die zuerst im Aufsatz [Apt86] vorgestellt wurde.

2. Vorbereitungen

In diesem Kapitel stellen wir die Grundbegriffe und Notationen zusammen, die
wir im weiteren Verlauf dieses Buches voraussetzen. Wir empfehlen, jetzt zum
Kapitel 3 überzugehen und von dort aus die einzelnen Abschnitte dieses Kapi-
tels zu konsultieren. Zum Verständnis der Syntax von Programmen werden die
Abschnitte 2.1 und 2.2 benötigt. Zur Behandlung der operationellen Semantik
von Programmen werden die Abschnitte 2.3 über Semantik von Ausdrücken
und 2.4 über formale Beweissysteme vorausgesetzt. Für die Verifikation von
Programmen, insbesondere die Definition von Korrektheitsformeln, werden die
Abschnitte 2.5 – 2.7 über logische Formeln und Substitution benötigt. Die
Einführung von Beweissystemen zur Programmverifikation setzt wiederum eine
Kenntnis des Abschnitts 2.4 voraus. Beim Nachweis der Korrektheit der Beweissysteme wird auf das im Abschnitt 2.8 vorgestellte Substitutions-Lemma
zurückgegriffen.

2.1 Syntax

In diesem Buch führen wir verschiedene Klassen von syntaktischen Objekten
ein: Ausdrücke, Programme, logische Formeln und Korrektheitsformeln. Solche
syntaktischen Objekte sind letztlich *Wörter* über bestimmten *Alphabeten*, d.h.
Mengen von Symbolen. Zum Beispiel ist 1+2 ein Wort über dem Alphabet
$\{1, 2, +\}$.

Wir benutzen das Zeichen $\equiv$ für die *syntaktische Identität* von Wörtern. Zum
Beispiel gilt $1 + 2 \equiv 1 + 2$, nicht aber $1 + 2 \equiv 2 + 1$. Die semantische Gleichheit
von Objekten wird durch das Zeichen = bezeichnet. Wird zum Beispiel + wie
üblich als Addition interpretiert, gilt $1+2 = 2+1$.

Die *Konkatenation* von Wörtern w_1 und w_2 wird durch einfaches Hinter-
einanderschreiben ohne Interpunktion gebildet: $w_1 w_2$. Zum Beispiel ergibt die
Konkatenation von 1+ und 2+0 das Wort 1+2+0. Ein Wort t heißt *Teilwort*

von w, falls es Wörter w_1 und w_2 mit $w = w_1 t w_2$ gibt. Da w_1 und w_2 leer sein können, ist w selbst auch ein Teilwort von w.

In einem Wort w kann es mehrere *Vorkommen* ein und desselben Teilwortes geben. Zum Beispiel gibt es im Wort $w = 1 + 1 + 1$ zwei Vorkommen des Teilwortes 1+ und drei Vorkommen des Teilwortes 1.

2.2 Getypte Ausdrücke

In Programmen treten getypte Ausdrücke auf den rechten Seiten von Wertzuweisungen auf. Deshalb definieren wir zunächst die dort benutzten *Typen*.

Typen

Wir haben stets die folgenden *Basistypen* zur Verfügung:

- **integer**,

- **Boolean**.

Außerdem betrachten wir für jedes $n \geq 1$ die folgenden *höheren Typen*:

- $T_1 \times \ldots \times T_n \to T$, wobei $T_1, \ldots, T_n$ und T Basistypen sind. $T_1, \ldots, T_n$ heißen *Argumenttypen* und T heißt *Wertetyp*.

Gelegentlich benutzen wir auch andere Basistypen wie zum Beispiel **character**. Ein Typ ist ein Name oder eine Bezeichnung für eine Wertemenge. So steht der Typ **integer** für die Menge aller ganzen Zahlen und der Typ **Boolean** für die Menge $\{\mathbf{true}, \mathbf{false}\}$. Der Typ $T_1 \times \ldots \times T_n \to T$ bezeichnet die Menge aller Funktionen vom kartesischen Produkt der Wertemengen von $T_1, \ldots, T_n$ in die Wertemenge von T.

Variablen

Wir unterscheiden zwei Arten von Variablen:

- *einfache* Variablen,

- *Feldvariablen* oder kurz *Felder* oder *Arrays*.

Für jede einfache Variable ist stets ein Basistyp vereinbart. Einfache Variablen vom Typ **integer** heißen auch *Integer-Variablen* und einfache Variablen vom Typ **Boolean** heißen auch *Boolesche Variablen*. Für Integer-Variablen benutzen wir oft die Buchstaben i, j, k, x, y, z und für Boolesche Variablen benutzen wir oft suggestive Namen wie *found*. Die Menge aller einfachen Variablen und Feldvariablen werde mit *Var* bezeichnet.

Für jedes Array ist stets ein höherer Typ vereinbart, d.h. jedes Array bezeichnet eine Funktion von gewissen Argumenttypen in einen Wertetyp. Wir benutzen oft die Buchstaben a, b für Arrays. Wenn a ein Array vom Typ **integer** $\to T$ ist, so bezeichnen a also eine Funktion der ganzen Zahlen in die Wertemenge von T. Für ganze Zahlen k, l mit $k \leq l$ stehe der *Abschnitt* $a[k : l]$ für die Einschränkung von a auf das Intervall $\{i \mid k \leq i \leq l\}$. Die Anzahl der Argumenttypen im höheren Typ eines Arrays b wird auch als die *Dimension* bezeichnet.

Konstanten

Während Variablen (im Verlaufe einer Programmausführung) verschiedene Werte des vereinbarten Typs annehmen können, ist der Wert einer *Konstanten* stets derselbe. Wir unterscheiden zwei Arten von Konstanten:

- solche von einem Basistyp und

- solche von einem höheren Typ.

Konstanten vom Basistyp **integer** werden auch als *Integer-Konstanten* und solche vom Typ **Boolean** werden auch als *Boolesche Konstanten* bezeichnet. Typische Integer-Konstanten sind 0,-1,1, -2,2,... und die beiden Booleschen Konstanten sind **true** und **false**.

Eine Konstante vom höheren Typ $T_1 \times \ldots \times T_n \to T$ heißt *Relationssymbol* oder auch *Prädikatssymbol*, falls $T =$ **Boolean** ist; andernfalls heißt die Konstante ein *Funktionssymbol*. Die Anzahl n der Argumenttypen wird als *Stelligkeit* der Konstante bezeichnet.

Wir werden im Verlaufe dieses Buches unter anderem die folgenden Funktions- und Relationssymbole benutzen:

- $| \, |$ vom Typ **integer** $\to$ **integer**,

- $+, -, \cdot, min, max, div, mod$ vom Typ **integer** $\times$ **integer** $\to$ **integer**,

- $=_{int}, <_{int}, divides$ vom Typ **integer** $\times$ **integer** $\to$ **Boolean**,

- int vom Typ **Boolean** $\to$ **integer**,

- $\neg$ vom Typ **Boolean** $\to$ **Boolean**,

- $=_{Bool}, \vee, \wedge, \to, \leftrightarrow$ vom Typ **Boolean** $\times$ **Boolean** $\to$ **Boolean**.

Im folgenden werden wir die Indizes bei den Symbolen $=$ und $<$ weglassen, da sich die gewünschte Intepretation stets aus dem Zusammenhang ergeben wird. Die Bedeutung der eben genannten Konstanten ist Standard und wird im Abschnitt *Semantik von Ausdrücken* näher erklärt.

Ausdrücke

Aus getypten Variablen und Konstanten konstruieren wir getypte *Ausdrücke*, die wir meistens mit den Buchstaben s oder t bezeichnen. Wir betrachten hier nur Ausdrücke vom Basistyp und unterscheiden deshalb *Integer-Ausdrücke* und *Boolesche Ausdrücke*. Boolesche Ausdrücke werden meistens mit dem Buchstaben B bezeichnet. Ausdrücke sind induktiv wie folgt definiert:

- jede einfache Variable x vom Typ T ist ein Ausdruck vom Typ T,

- jede Konstante c vom Typ T ist ein Ausdruck vom Typ T,

- wenn $s_1, \ldots, s_n$ Ausdrücke vom Typ $T_1, \ldots, T_n$ sind und op eine Konstante vom Typ $T_1 \times \ldots \times T_n \to T$ ist, dann ist $op(s_1, \ldots, s_n)$ ein Ausdruck vom Typ T,

- wenn $s_1, \ldots, s_n$ Ausdrücke vom Typ $T_1, \ldots, T_n$ sind und a ein Array vom Typ $T_1 \times \ldots \times T_n \to T$ ist, dann ist $a[s_1, \ldots, s_n]$ ein Ausdruck vom Typ T,

- wenn B ein Boolescher Ausdruck ist und s_1, s_2 Ausdrücke vom Typ T sind, dann ist **if** B **then** s_1 **else** s_2 **fi** ein Ausdruck vom Typ T.

Die gerade angegebene Syntax von Ausdrücken ist für Anwendungen oft unbequem. Deshalb vereinbaren wir als Abküzungen einige Syntaxerweiterungen und Regeln zur Klammereinsparung.

Zweistellige Konstanten op schreiben wir meistens in *Infix-Notation*, also

$$(s_1 \; op \; s_2)$$

anstatt $op(s_1, s_2)$. Bei der einstelligen Konstanten $op \equiv \neg$ werden die Klammern um das Argument üblicherweise weggelassen, also $\neg B$ statt $\neg(B)$. Ferner können Klammerpaare (und) eingespart werden, wenn dadurch keine Mehrdeutigleiten entstehen. Dazu vereinbaren wir, daß gemäß der folgenden Liste die Konstanten jeder Zeile stärker binden als die der nächsten:

$$\cdot, \; mod \; \text{und} \; div,$$

$$+ \; \text{und} \; -,$$

$$=, \; < \; \text{und} \; divides,$$

$$\vee \; \text{und} \; \wedge,$$

$$\to \; \text{und} \; \leftrightarrow.$$

Zweistellige Funktionssymbole binden also stärker als zweistellige Relationssymbole.

Beispiel 2.1 Sei a ein Array vom Typ **integer** $\times$ **Boolean** $\to$ **Boolean**, x, y, z Integer-Variablen, *found* eine Boolesche Variable und B ein Boolescher

Ausdruck. Dann sind $B \vee a[x + 1, found]$ sowie $a[2 \cdot x, a[x, \neg found]]$ Boolesche Ausdrücke und $int(a[x, \neg B])$ sowie $x + y \ mod \ z$ Integer-Ausdrücke, wobei der letzte Ausdruck abkürzend für $x + (y \ mod \ z)$ steht. Dagegen sind weder $a[found, found]$ noch $a[x, x]$ korrekt getypte Ausdrücke.   □

Unter einem *Teilausdruck* eines Ausdruckes s verstehen wir ein Teilwort von s, das wiederum ein Ausdruck ist. Mit $var(s)$ bezeichnen wir die Menge aller einfachen Variablen und Feldvariablen in einem Ausdruck s.

Indizierte Variablen

Ausdrücke der Form $a[s_1, \ldots, s_n]$ heißen *indizierte Variablen*. Aus der Sicht der Logik sind indizierte Variablen ungewöhnliche Objekte. Der Name kommt aus der Sichtweise der Programmierung, da sowohl einfachen als auch indizierten Variablen mit Hilfe von Wertzuweisungen neue Werte zugewiesen werden können. Eine Wertzuweisung an eine indizierte Variable $a[s_1, \ldots, s_n]$ bewirkt eine Abänderung der durch das Array a beschriebenen Funktion an der Argumentstelle $[s_1, \ldots, s_n]$.

Im folgenden werden wir meistens den Buchstaben u für einfache und indizierte Variablen benutzen.

2.3 Semantik von Ausdrücken

Was bedeutet eigentlich ein Ausdruck? Dieses ist die Frage nach der Semantik. Ganz allgemein versteht man unter einer Semantik eine Abbildung, die jedem Element eines syntaktischen Bereiches eine Bedeutung oder Interpretation, d.h. ein Element eines semantischen Bereiches, zuordnet. In diesem Abschnitt erklären wir die Semantik von Ausdrücken.

Feste Struktur

Dazu benötigen wir aus der Logik den Begriff der Struktur. Eine *Struktur* ist ein Paar $\mathcal{S} = (\mathcal{D}, \mathcal{I})$, wobei folgendes gilt:

- $\mathcal{D}$ ist eine nicht leere Menge, auch *Datenbereich* oder *Wertebereich* oder *semantischer Bereich* genannt. Wir werden den Buchstaben d als typisches Element für Werte aus $\mathcal{D}$ verwenden.

- $\mathcal{I}$ ist eine *Interpretation* der Konstanten, d.h. eine Abbildung, die jeder Konstanten c eines Typs T einen Wert $\mathcal{I}(c)$ aus $\mathcal{D}_T$ zuordnet. Wir sagen dann, daß die Konstante diesen Wert *bezeichnet*.

Im Gegensatz zur allgemeinen Logik vereinbaren wir für dieses Buch eine feste Struktur $\mathcal{S}$, auf die wir uns die ganze Zeit beziehen werden. Der semantische Bereich $\mathcal{D}$ ist dann die disjunkte Vereinigung

$$\mathcal{D} = \bigcup_{T \text{ ist ein Typ}} \mathcal{D}_T,$$

wobei jedem T induktiv folgender semantischer Bereich $\mathcal{D}_T$ zugeordnet ist:

- $\mathcal{D}_{\mathbf{integer}} = \{\ldots, -1, 0, 1, \ldots\}$, die Menge der ganzen Zahlen,

- $\mathcal{D}_{\mathbf{Boolean}} = \{\mathbf{true}, \mathbf{false}\}$, die Menge der Booleschen Werte,

- $\mathcal{D}_{T_1 \times \ldots \times T_n \to T} = \mathcal{D}_{T_1} \times \ldots \times \mathcal{D}_{T_n} \to \mathcal{D}_T$, die Menge aller Funktionen des kartesischen Produktes der Mengen $\mathcal{D}_{T_1}, \ldots, \mathcal{D}_{T_n}$ in die Menge $\mathcal{D}_T$.

Die Interpretation $\mathcal{I}$ ist wie folgt gegeben: Jede Konstante c eines Basistyps bezeichnet sich selbst, d.h. es gilt $\mathcal{I}(c) = c$. Jede Konstante op von höherem Typ bezeichnet eine feste Funktion $\mathcal{I}(op)$.

Zum Beispiel bezeichnet die Integer-Konstante 1 die ganze Zahl 1 und die Boolesche Konstante **true** den Booleschen Wert **true**. Die einstellige Konstante $|\ |$ bezeichnet diejenige Funktion, die den Absolutbetrag einer ganzen Zahl liefert. Die Konstante $\neg$ bezeichnet die Negation von Booleschen Werten:

$$\neg(\mathbf{true}) = \mathbf{false} \text{ und } \neg(\mathbf{false}) = \mathbf{true}.$$

Die Konstanten div und mod werden in Infix-Notation geschrieben und bezeichnen die ganzzahlige Division und die Restfunktion, so daß

$$(x \ div \ y) \cdot y + x \ mod \ y = x$$

mit $0 \leq x \ mod \ y < y$ für $y > 0$ und $y < x \ mod \ y \leq 0$ für $y < 0$ und

$$x \ div \ 0 = 0 \text{ und } x \ mod \ 0 = x$$

für den Sonderfall $y = 0$ gilt. Die Konstante $divides$ ist wie folgt definiert:

$$x \ divides \ y \text{ genau dann, wenn } y \ mod \ x = 0.$$

Die Konstante int bezeichnet diejenige Funktion mit

$$int(\mathbf{true}) = 1 \text{ und } int(\mathbf{false}) = 0.$$

Zustände

Im Gegensatz zu den Konstanten ist der Wert von Variablen nicht fest vorgegeben, sondern hängt von sogenannten *Belegungen* oder *Zuständen* ab. Ein Zustand ist eine Abbildung σ, die jeder einfachen Variablen und jeder Feldvariablen vom Typ T einen Wert aus dem Bereich $\mathcal{D}_T$ zuordnet. Mit den Buchstaben σ, τ bezeichnen wir Zustände und mit dem Buchstaben Σ die Menge aller solcher Zusände.

Beispiel 2.2 Sei a ein Feld vom Typ **integer** $\times$ **Boolean** $\to$ **Boolean** und x eine Integer-Variable. Dann ordnet jeder Zustand σ dem Feld a als Wert eine Funktion

$$\sigma(a) : \{..., -1, 0, 1, ...\} \times \{\textbf{true}, \textbf{false}\} \to \{\textbf{true}, \textbf{false}\}$$

und der Variablen x einen Wert aus $\{..., -1, 0, 1, ...\}$ zu. Daher gilt zum Beispiel $\sigma(a)(5, \textbf{true}) \in \{\textbf{true}, \textbf{false}\}$ und $\sigma(a)(\sigma(x), \textbf{false}) \in \{\textbf{true}, \textbf{false}\}$. $\square$

Außer den bisher betrachteten "normalen" Zuständen werden wir auch drei *Fehlerzustände* betrachten, die Auskunft über abnorme Situationen der Programmausführung geben: $\bot$ steht für Divergenz, Δ für einen Deadlock und **fail** für einen Laufzeitfehler. Diese Fehlerzustände sind nur als Sondersymbole und nicht wie normale Zustände als Abbildungen zu verstehen; sie werden der Reihe nach in den Kapiteln 3, 6 und 7 eingeführt.

Sei $Z \subseteq \mathit{Var}$ eine Menge von einfachen Variablen oder Feldvariablen. Dann bezeichnen wir mit $\sigma[Z]$ die Einschränkung von σ auf die Variablen in Z. Für die Fehlerzustände definieren wir $\bot[Z] = \bot$ und entsprechend für **fail** und Δ. Zwei Mengen X und Y von Zuständen oder Fehlerzuständen stimmen *außerhalb* oder *modulo* der Variablenmenge Z überein, abgekürzt

$$X = Y \textbf{ mod } Z,$$

falls
$$\{\sigma[\mathit{Var} - Z] \mid \sigma \in X\} = \{\sigma[\mathit{Var} - Z] \mid \sigma \in Y\}$$

gilt. Mit den obigen Konventionen folgt aus $X = Y \textbf{ mod } Z$ für die Fehlerzustände: $\bot \in X$ genau dann, wenn $\bot \in Y$ gilt; $\Delta \in X$ genau dann, wenn $\Delta \in Y$ gilt; **fail** $\in X$ genau dann, wenn **fail** $\in Y$ gilt.

Definition der Semantik

Die *Semantik eines Ausdrucks* s vom Typ T in der Struktur $\mathcal{S}$ ist eine Abbildung

$$\mathcal{S}[\![s]\!] : \Sigma \to \mathcal{D}_T,$$

die s in Abhängigkeit von einem gegebenen Zustand σ einen Wert $\mathcal{S}[\![s]\!](\sigma)$ aus $\mathcal{D}_T$ zuordnet. Diese Abbildung ist induktiv über den Aufbau von s definiert:

- für eine einfache Variable x gilt

$$\mathcal{S}[\![x]\!](\sigma) = \sigma(x),$$

- für eine Konstante c vom Basistyp gilt

$$\mathcal{S}[\![c]\!](\sigma) = \mathcal{I}(c) = c,$$

- für eine Konstante *op* von höherem Typ und Ausdrücke $s_1, \ldots, s_n$ gilt

$$\mathcal{S}[\![op(s_1, \ldots, s_n)]\!](\sigma) = \mathcal{I}(op)(\mathcal{S}[\![s_1]\!](\sigma), \ldots, \mathcal{S}[\![s_n]\!](\sigma)),$$

- für eine indizierte Variable $a[s_1, \ldots, s_n]$ gilt

$$\mathcal{S}[\![a[s_1, \ldots, s_n]]\!](\sigma) = \sigma(a)(\mathcal{S}[\![s_1]\!](\sigma), \ldots, \mathcal{S}[\![s_n]\!](\sigma)),$$

- für einen bedingten Ausdruck **if** B **then** s_1 **else** s_2 **fi** gilt

$$\mathcal{S}[\![\textbf{if } B \textbf{ then } s_1 \textbf{ else } s_2 \textbf{ fi}]\!](\sigma) = \begin{cases} \mathcal{S}[\![s_1]\!](\sigma), & \text{falls } \mathcal{S}[\![B]\!](\sigma) = \textbf{true} \\ \mathcal{S}[\![s_2]\!](\sigma), & \text{falls } \mathcal{S}[\![B]\!](\sigma) = \textbf{false}. \end{cases}$$

Da die Struktur $\mathcal{S}$ im vorliegenden Buch fest bleibt, können wir die oben benutzte Standardnotation $\mathcal{S}[\![s]\!](\sigma)$ aus der Logik mit $\sigma(s)$ abkürzen. Diese Abkürzung kann auch so verstanden werden, daß der Argumentbereich der Zustände von Variablen auf Ausdrücke erweitert wird.

Beispiel 2.3   (a) Sei a ein Feld vom Typ **integer** $\rightarrow$ **integer**. Dann gilt für jeden Zustand σ die Beziehung $\sigma(1 + 1) = \sigma(1) + \sigma(1) = 1 + 1 = 2$ und damit

$$\sigma(a[1 + 1]) = \sigma(a)(\sigma(1 + 1)) = \sigma(a)(2) = \sigma(a[2]),$$

d.h. $a[1 + 1]$ und $a[2]$ haben in allen Zuständen denselben Wert.

(b) Sei jetzt σ ein Zustand mit $\sigma(x) = 1$ und $\sigma(a)(1) = 2$. Dann gilt

$$
\begin{aligned}
& \sigma(a[a[x]]) \\
= \quad & \{\text{Definition von } \sigma(s)\} \\
& \sigma(a)(\sigma(a)(\sigma(x))) \\
= \quad & \{\sigma(x) = 1,\ \sigma(a)(1) = 2\} \\
& \sigma(a)(2) \\
= \quad & \sigma(a[2])
\end{aligned}
$$

und

$$
\begin{aligned}
& \sigma(a[\textbf{if } x = 1 \textbf{ then } 2 \textbf{ else } b[x] \textbf{ fi}]) \\
= \quad & \{\text{Definition von } \sigma(s)\} \\
& \sigma(a)(\sigma(\textbf{if } x = 1 \textbf{ then } 2 \textbf{ else } b[x] \textbf{ fi}) \\
= \quad & \{\sigma(x) = 1 \text{ und Definition von } \sigma(s)\} \\
& \sigma(a)(\sigma(2)) \\
= \quad & \sigma(a[2]).
\end{aligned}
$$

$\square$

Modifikation von Zuständen

Um die Semantik der Wertzuweisung erklären zu können, benötigen wir den Begriff der *Modifikation* eines Zustandes σ, die wir mit $\sigma[u := d]$ bezeichnen wollen, wobei u eine einfache oder indizierte Variable eines Typs T und d ein Datenwert desselben Typs T ist. Die Modifikation $\sigma[u := d]$ ist wiederum ein Zustand, der wie folgt definiert ist:

- Wenn u eine einfache Variable ist, dann stimmt

$$\sigma[u := d]$$

mit dem Zustand σ überein bis auf die Variable u, wo der Wert in d abgeändert ist. Formal ausgedrückt bedeutet das für alle einfachen oder Feldvariablen v

$$\sigma[u := d](v) = \begin{cases} d & \text{falls } u \equiv v, \\ \sigma(v) & \text{sonst.} \end{cases}$$

- Wenn u eine indizierte Variable ist, etwa $u \equiv a[t_1, \ldots, t_n]$, dann stimmt

$$\sigma[u := d]$$

mit dem Zustand σ überein bis auf die Feldvariable a, wo der Wert von $\sigma(a)(\sigma(t_1), \ldots, \sigma(t_n))$ in d abgeändert ist. Formal ausgedrückt bedeutet das für alle einfachen oder Feldvariablen v

$$\sigma[u := d](v) = \sigma(v) \text{ falls } a \not\equiv v$$

und sonst für a und Argumentwerte $d_1, \ldots, d_n$

$$\sigma[u := d](a)(d_1, \ldots, d_n) =$$
$$\begin{cases} d & \text{falls } d_i = \sigma(t_i) \text{ für alle } i \in \{1, \ldots, n\}, \\ \sigma(a)(d_1, \ldots, d_n) & \text{sonst.} \end{cases}$$

Die Wirkung der Modifikation $\sigma[u := d]$ ist also eine Abänderung der Feldvariable a in dem Argumenttupel $t_1, \ldots, t_n$.

Wir erweitern die obige Definition der Modifikation wie folgt auf die Fehlerzustände: $\perp[u := d] = \perp$, $\Delta[u := d] = \Delta$ und $\mathbf{fail}[u := d] = \mathbf{fail}$.

Beispiel 2.4   Sei x eine Integer-Variable und σ ein Zustand.

(i) Dann gilt
$$\sigma[x := 1](x) = 1.$$

Für jede einfache Variable $y \not\equiv x$ ist

$$\sigma[x := 1](y) = \sigma(y).$$

Für jede Feldvariable a vom Typ $T_1 \times \ldots \times T_n \to T$ und beliebige $d_i \in \mathcal{D}_{T_i}$ mit $i \in \{1, \ldots, n\}$ gilt

$$\sigma[x := 1](a)(d_1, \ldots, d_n) = \sigma(a)(d_1, \ldots, d_n).$$

(ii) Sei a eine Feldvariable vom Typ **integer** $\to$ **integer** und sei $\sigma(x) = 3$. Dann gilt für alle einfachen Variablen y

$$\sigma[a[x + 1] := 2](y) = \sigma(y).$$

Ferner gilt

$$\sigma[a[x + 1] := 2](a)(4) = 2,$$

und für alle ganzen Zahlen $k \neq 4$

$$\sigma[a[x + 1] := 2](a)(k) = \sigma(a)(k),$$

und für alle Feldvariablen $b \not\equiv a$ vom Typ $T_1 \times \ldots \times T_n \to T$ und beliebige $d_i \in \mathcal{D}_{T_i}$ mit $i \in \{1, \ldots, n\}$,

$$\sigma[a[x + 1] := 2](b)(d_1, \ldots, d_n) = \sigma(b)(d_1, \ldots, d_n). \qquad \Box$$

2.4 Formale Beweissysteme

In der Programmverifikation geht es um Beweise, daß Programme gewisse wünschenswerte Eigenschaften haben. Diese Eigenschaften werden wir durch sogenannte Korrektheitsformeln beschreiben. Um zeigen zu können, ob ein Programm eine gegebene Korrektheitsformel erfüllt, werden wir Beweissysteme für Korrektheitsformeln einsetzen.

Wir werden Beweissysteme sogar schon benötigen, bevor wir über Programmkorrektheit und Korrektheitsformeln reden können, nämlich zur Definition der operationellen Semantik der betrachteten Programme. Deshalb wollen wir jetzt an den Begriff des Beweissystems aus der Logik erinnern.

Ein *formales Beweissystem* oder kurz *Beweissystem* oder *Kalkül K* über einer Menge Φ von beliebigen Formeln ist eine endliche Menge von sogenannten Axiomenschemata und Beweisregeln. Ein *Axiomenschema* $\mathcal{A}$ ist eine entscheidbare Teilmenge von Φ, also $\mathcal{A} \subseteq \Phi$. Statt in mengentheoretischer Notation $\mathcal{A} = \{\, \varphi \mid \text{wobei } "\ldots"\}$ wird ein Axiomenschema wie folgt notiert:

$$\mathcal{A}: \qquad \varphi \qquad \text{wobei } "\ldots"$$

Dabei steht φ für eine Formel, die der entscheidbaren Anwendungsbedingung "..." von $\mathcal{A}$ genügt. Die Elemente φ aus $\mathcal{A}$ heißen *Axiome* und werden als gegebene Formeln angesehen. Meistens bezeichnen wir das Axiomenschema selbst als "Axiom" des Beweissystems.

Mit Hilfe von Beweisregeln können aus gegebenen Formeln weitere Formeln abgeleitet werden. Eine *Beweisregel* $\mathcal{R}$ ist eine entscheidbare $k+1$-stellige Relation auf der Formelmenge Φ, also $\mathcal{R} \subseteq \Phi^{k+1}$. Statt in mengentheoretischer Notation $\mathcal{R} = \{\ (\varphi_{i_1}, ..., \varphi_{i_k}, \varphi_i) \mid$ wobei "..."$\}$ wird eine Beweisregel üblicherweise wie folgt notiert:

$$\mathcal{R}: \qquad \frac{\varphi_1, ..., \varphi_k}{\varphi} \qquad \text{wobei "...".}$$

Dabei stehen $\varphi_1, ..., \varphi_k$ und φ für Formeln, die der entscheidbaren Anwendungsbedingung "..." von $\mathcal{R}$ genügen. Anschaulich besagt eine solche Beweisregel, daß aus den Formeln $\varphi_1, ..., \varphi_k$ die Formel φ abgeleitet werden kann, falls die Anwendungsbedinung "..." erfüllt ist. Die Formeln $\varphi_1, ..., \varphi_k$ werden die *Prämissen* und die Formel φ die *Konklusion* der Beweisregel genannt.

Ein *Beweis* einer Formel φ in einem Beweissystem K ist eine endliche Folge

$$\varphi_1$$
$$\cdot$$
$$\cdot$$
$$\cdot$$
$$\varphi_n$$

von Formeln mit folgenden Eigenschaften:

- $\varphi = \varphi_n$,

- jede Formel φ_i mit $i \in \{1, ..., n\}$ ist entweder ein Axiom von K oder ergibt sich aus vorangegangen Formeln durch Anwendung einer Beweisregel $\mathcal{R}$ von K, d.h. es gibt Formeln $\varphi_{i_1}, ..., \varphi_{i_k}$ mit $i_1, ..., i_k < i$ und $(\varphi_{i_1}, ..., \varphi_{i_k}, \varphi_i) \in \mathcal{R}$. Insbesondere ist φ_1 ein Axiom.

Die Länge n der Folge heißt *Länge des Beweises*. Die Formel φ wird auch ein *Theorem* des Beweissystems K genannt. Für ein gegebenes Beweissystem K und eine gegebene Formel φ schreiben wir $\vdash_K \varphi$, falls φ ein Theorem von K ist.

2.5 Logische Formeln

Um Eigenschaften von Programmausführungen spezifizieren zu können, müssen wir zunächst Zustandsmengen beschreiben können. Dazu wollen wir *logische Formeln* benutzen, die wir meistens mit den Buchstaben p, q und r bezeichnen. Im Kontext der Programmverifikation werden logische Formeln auch *Zusicherungen* (über Zustände) oder *Bedingungen* (für Zustände) genannt. Logische Formeln sind induktiv wie folgt definiert:

- jeder Boolesche Ausdruck ist eine logische Formel,

- wenn p, q logische Formeln sind, dann sind auch $\neg p$, $(p \wedge q)$, $(p \vee q)$, $(p \rightarrow q)$ und $(p \leftrightarrow q)$ logische Formeln,

- wenn x eine einfache Variable ist und p eine logische Formel, dann sind auch $\forall x : p$ and $\exists x : p$ logische Formeln.

Gegenüber Booleschen Ausdrücken können in logische Formeln also auch der *Allquantor* $\forall$ und der *Existenzquantor* $\exists$ auftreten. Man beachte, daß hinter diesen Quantoren nur einfache Variablen stehen können.

Wie bei Ausdrücken können auch bei logischen Formeln Klammerpaare (und) eingespart werden, wenn dadurch keine Mehrdeutigkeiten entstehen. Dazu vereinbaren wir, daß

$$\wedge \quad \text{und} \quad \vee$$

stärker binden als

$$\rightarrow \quad \text{und} \quad \leftrightarrow,$$

die wiederum stärker binden als die Quantoren

$$\forall \quad \text{und} \quad \exists.$$

Zum Beispiel wird die Formel $\exists x : p \leftrightarrow q \wedge r$ als $\exists x : (p \leftrightarrow (q \wedge r))$ interpretiert.

Zur Vereinfachung der Schreibweise benutzen wir ferner einige naheliegende Abkürzungen wie zum Beispiel:

$$\bigwedge_{i=1}^{n} p_i \quad \text{als Abkürzung für} \quad p_1 \wedge \ldots \wedge p_n$$

$$s \leq t \quad \text{als Abkürzung für} \quad s < t \vee s = t$$

$$s \leq t < u \quad \text{als Abkürzung für} \quad s \leq t \wedge t < u$$

$$s \neq t \quad \text{als Abkürzung für} \quad \neg(s = t)$$

$$\forall x \leq t : p \quad \text{als Abkürzung für} \quad \forall x : (x \leq t \rightarrow p)$$

$$\exists x \leq t : p \quad \text{als Abkürzung für} \quad \exists x : (x \leq t \wedge p)$$

Ein und dieselbe Variable kann mehrfach in einer logischen Formel *vorkommen*. Zum Beispiel kommt die einfache Variable y dreimal in der Formel

$$x > 0 \wedge y > 0 \wedge \exists y : x = 2 * y$$

vor. In der Logik unterscheidet man verschiedene Arten von solchen Vorkommen. Ein Vorkommen einer einfachen Variablen x in einer logischen Formel p heißt *gebunden*, falls dieses Vorkommen in p innerhalb einer Teilformel der Gestalt $\forall x : q$ oder $\exists x : q$ liegt. Andernfalls heißt dieses Vorkommen *frei*. Dabei ist eine *Teilformel* von p ein Teilwort von p, das wiederum eine logische Formel ist. Vorkommen von Feldvariablen sind stets frei. In der obigen Formel ist das erste Vorkommen von y frei und die anderen beiden Vorkommen von y sind gebunden.

Mit $var(p)$ bezeichnen wir die Menge aller einfachen Variablen und Feldvariablen in einer logischen Formel p. Mit $free(p)$ wollen wir die Menge aller in p frei vorkommenden einfachen Variablen und Feldvariablen bezeichnen. Offenbar gilt $free(p) \subseteq var(p)$.

2.6 Semantik von logischen Formeln

Die *Semantik einer logischen Formel* p in der Struktur $\mathcal{S}$ ist eine Abbildung

$$\mathcal{S}[\![p]\!] : \Sigma \to \{\mathbf{true}, \mathbf{false}\},$$

die p in Abhängigkeit von einem gegebenem Zustand σ einen Wahrheitswert $\mathcal{S}[\![p]\!](\sigma)$ zuordnet. Da die Struktur $\mathcal{S}$ fest bleibt, können wir die Standardnotation $\mathcal{S}[\![p]\!](\sigma)$ aus der Logik wie folgt abkürzen:

$$\sigma \models p \text{ bedeutet } \mathcal{S}[\![p]\!](\sigma) = \mathbf{true}.$$

Für $\sigma \models p$ sind folgende Redeweisen gebräuchlich: die Formel p ist *wahr* im Zustand σ oder σ *erfüllt* p oder σ ist ein *p-Zustand*. Dieser Begriff ist induktiv über den Aufbau von p definiert:

- für Boolesche Ausdrücke B gilt

$$\sigma \models B, \text{ falls } \sigma(B) = \mathbf{true} \text{ ist,}$$

- für die Negation gilt

$$\sigma \models \neg p, \text{ falls } \sigma \models p \text{ nicht gilt (abgekürzt als } \sigma \not\models p\text{),}$$

- für die Konjunktion gilt

$$\sigma \models (p \wedge q), \text{ falls } \sigma \models p \text{ und } \sigma \models q \text{ gilt,}$$

- für die Disjunktion gilt

$$\sigma \models (p \vee q), \text{ falls } \sigma \models p \text{ oder } \sigma \models q \text{ gilt,}$$

- für die Implikation gilt

$$\sigma \models (p \to q), \text{ falls aus } \sigma \models p \text{ stets } \sigma \models q \text{ folgt,}$$

- für die Äquivalenz gilt

$$\sigma \models (p \leftrightarrow q), \text{ falls } \sigma \models p \text{ genau dann, wenn } \sigma \models q \text{ gilt,}$$

- für den Allquantor, angewandt auf eine einfache Variable x vom Typ T, gilt

$$\sigma \models \forall x : p, \text{ falls für alle Datenwerte } d \text{ aus } \mathcal{D}_T \text{ gilt: } \sigma[x := d] \models p,$$

- für den Existenzquantor, angewandt auf eine einfache Variable x vom Typ T, gilt

$$\sigma \models \exists x : p, \text{ falls es einen Datenwert } d \text{ aus } \mathcal{D}_T \text{ mit } \sigma[x := d] \models p \text{ gibt.}$$

Man beachte, daß die Semantikdefinition der Quantoren auf die Modifikation $\sigma[x := d]$ des Zustandes σ zurückgreift.

Mit $[p]$ bezeichnen wir die Menge aller Zustände, die p erfüllen:

$$[p] = \{\sigma \in \Sigma \mid \text{wobei } \sigma \models p \text{ gilt}\}.$$

Wir nennen $[p]$ kurz die *Zustandsmenge von* p. Eine logische Formel p *gilt*, falls alle Zustände p erfüllen, d.h. falls $[p] = \Sigma$ ist. Zwei logische Formeln p and q heißen *äquivalent*, falls $p \leftrightarrow q$ gilt. Für die Fehlerzustände definieren wir $\perp \not\models p$, $\Delta \not\models p$ und **fail** $\not\models p$, so daß für alle logische Formeln p gilt:

$$\perp, \Delta, \textbf{fail} \notin [p].$$

Das folgende Lemma stellt elementare Eigenschaften der Zustandsmenge von logischen Formeln zusammen.

Lemma 2.5

(i) $[\neg p] = \Sigma - [p]$,

(ii) $[p \vee q] = [p] \cup [q]$,

(iii) $[p \wedge q] = [p] \cap [q]$,

(iv) $p \to q$ gilt genau dann, wenn $[p] \subseteq [q]$,

(v) $p \leftrightarrow q$ gilt genau dann, wenn $[p] = [q]$.

Beweis. Siehe Übungsaufgabe 2.6. $\qquad\qquad\qquad\qquad\qquad\qquad\qquad$ □

2.7 Substitution

Um Eigenschaften von Wertzuweisungen zu beweisen, benötigen wir den Begriff der Substitution aus der Logik. Im allgemeinen ist eine *Substitution* eine Abbildung von Variablen in Ausdrücke. In diesem Buch betrachten wir Substitutionen der Form $[u := t]$, die einer einfachen oder indizierten Variablen u einen Ausdruck t vom selben Typ zuordnen. Alle anderen Variablen werden durch $[u := t]$ unverändert gelassen.

Substitutionen werden auf Ausdrücke und logische Formeln angewandt. Wir definieren zunächst die Anwendung einer Substitution $[u := t]$ auf einen Ausdruck s. Das Resultat dieser Anwendung ist wiederum ein Ausdruck, der in Postfix-Notation als

$$s[u := t]$$

geschrieben wird. Diese Definition ist nicht so einfach, weil wir indizierte Variablen beachten müssen. Zum Beispiel soll folgendes gelten:

- $max(x, y)[x := x + 1] \equiv max(x + 1, y)$,

- $max(a[1], y)[a[1] := 2] \equiv max(2, y)$,

- $max(a[x], y)[a[1] := 2] \equiv$ **if** $x = 1$ **then** $max(2, y)$ **else** $max(a[x], y)$ **fi**.

Die formale Definition des Ausdrucks $s[u := t]$ erfolgt induktiv über den Aufbau von s:

- für eine einfache Variable x gilt

$$x[u := t] \equiv \begin{cases} t, & \text{falls } x \equiv u \\ x & \text{sonst,} \end{cases}$$

- für eine Konstante c vom Basistyp gilt

$$c[u := t] \equiv c,$$

- für eine Konstante op von höherem Typ und Ausdücke $s_1, \ldots, s_n$ gilt

$$op(s_1, \ldots, s_n)[u := t] \equiv op(s_1[u := t], \ldots, s_n[u := t]),$$

- für eine indizierte Variable $s \equiv a[s_1, \ldots, s_n]$ und eine einfache Variable u oder eine indizierte Variable $u \equiv b[t_1, \ldots, t_m]$ mit $a \not\equiv b$ gilt

$$(a[s_1, \ldots, s_n])[u := t] \equiv a[s_1[u := t], \ldots, s_n[u := t]],$$

- für eine indizierte Variable $s \equiv a[s_1, \ldots, s_n]$ und eine indizierte Variable $u \equiv a[t_1, \ldots, t_m]$ gilt

$$(a[s_1, \ldots, s_n])[u := t] \equiv \begin{aligned} &\textbf{if } \bigwedge_{i=1}^{n} s_i[u := t] = t_i \textbf{ then } t \\ &\textbf{else } a[s_1[u := t], \ldots, s_n[u := t]] \textbf{ fi,} \end{aligned}$$

- für einen bedingten Ausdruck **if** B **then** s_1 **else** s_2 **fi** gilt

$$\begin{aligned} &(\textbf{if } B \textbf{ then } s_1 \textbf{ else } s_2 \textbf{ fi})[u := t] \equiv \\ &\textbf{if } B[u := t] \textbf{ then } s_1[u := t] \textbf{ else } s_2[u := t] \textbf{ fi.} \end{aligned}$$

Das nachfolgende Lemma ergibt sich unmittelbar aus der obigen Definition von $s[u := t]$.

Lemma 2.6 (Identische Substitution) Für alle Ausdrücke s und t, alle einfachen Variablen x und alle indizierten Variablen $a[t_1, \ldots, t_n]$ gilt:

(i) Wenn x in s nicht vorkommt, so ist $s[x := t] \equiv s$.

(ii) Wenn a in s nicht vorkommt, so ist $s[a[t_1, \ldots, t_n] := t] \equiv s$. □

Das folgende Beispiel soll die Anwendung der Substitution veranschaulichen.

Beispiel 2.7 Seien a und b Feldvariablen vom Typ **integer** $\rightarrow$ **integer** und x eine Integer-Variable. Dann gilt

$$a[b[x]][b[1] := 2]$$
$$\equiv \quad \{\text{nach Def. von } s[u := t], \text{ da } a \not\equiv b\}$$
$$a[b[x][b[1] := 2]]$$
$$\equiv \quad \{\text{nach Def. von } s[u := t]\}$$
$$a[\textbf{if } x[b[1] := 2] = 1 \textbf{ then } 2 \textbf{ else } b[x[b[1] := 2]] \textbf{ fi}]$$
$$\equiv \quad \{\text{nach Lemma 2.6 ist } x[b[1] := 2] \equiv x\}$$
$$a[\textbf{if } x = 1 \textbf{ then } 2 \textbf{ else } b[x] \textbf{ fi}] \qquad\qquad \Box$$

Wir erweitern jetzt die Anwendung einer Substitution $[u := t]$ auf logische Formeln p. Das Resultat dieser Anwendung ist wiederum eine logische Formel, die in Postfix-Notation als

$$p[u := t]$$

geschrieben wird. Die Definition von $p[u := t]$ erfolgt induktiv über den Aufbau von p:

- für einen Booleschen Ausdruck $p \equiv s$ gilt

$$p[u := t] \equiv s[u := t]$$

  mit der vorangegangenen Definition für Ausdrücke,

- für die Negation gilt

$$(\neg q)[u := t] \equiv \neg(q[u := t]),$$

- für die Konjunktion gilt

$$(q \wedge r)[u := t] \equiv q[u := t] \wedge r[u := t],$$

  und entsprechend für die anderen Junktoren $\wedge$, $\rightarrow$ und $\leftrightarrow$,

- für den Allquantor gilt

$$(\forall x : q)[u := t] \equiv \forall y : q[x := y][u := t],$$

  wobei y nicht in q, t oder u vorkommt und denselben Typ wie x hat, und entsprechend für den Existenzquantor.

Im Falle der Quantoren vermeidet die Umbenennung der gebunden vorkommenden Variablen x in eine völlig neue Variable y mögliche Kollisionen mit freien Vorkommen von x in t. Zum Beispiel gilt

$$(\exists x : z = 2 \cdot x)[z := x + 1]$$
$$\equiv \quad \exists y : z = 2 \cdot x[x := y][z := x + 1]$$
$$\equiv \quad \exists y : x + 1 = 2 \cdot y.$$

Bei logischen Formeln ist die Substitution deshalb nur bis auf Umbenennung von gebunden vorkommenden Variablen eindeutig.

2.8 Substitutions-Lemma

In diesem Abschnitt stellen wir den Zusammenhang zwischen dem Begriff der Substitution und dem Begriff der Modifikation eines Zustandes aus Abschnitt 2.2 her. Wir benötigen dazu das folgende sogenannte Koinzidenz-Lemma.

Lemma 2.8 (Koinzidenz) Für alle Ausdrücke s, alle logischen Formeln p und alle Zustände σ und τ gilt:

  (i) Aus $\sigma[var(s)] = \tau[var(s)]$ folgt $\sigma(s) = \tau(s)$,

  (ii) Aus $\sigma[free(p)] = \tau[free(p)]$ folgt: $\sigma \models p$ genau dann, wenn $\tau \models p$.

Beweis. Siehe Übungsaufgabe 2.4.   □

Damit läßt sich das folgende Lemma beweisen. Wir werden es benötigen, um Korrektheitsaussagen über die Wertzuweisung herzuleiten.

Lemma 2.9 (Substitution) Für alle Ausdrücke s und t, alle logischen Formeln p, alle einfachen oder indizierten Variablen u vom selben Typ wie t und alle Zustände σ gilt:

  (i) $\sigma(s[u := t]) = \sigma[u := \sigma(t)](s)$,

  (ii) $\sigma \models p[u := t]$ genau dann, wenn $\sigma[u := \sigma(t)] \models p$.

Teil (i) setzt den Wert des substituierten Ausdrucks $s[u := t]$ im Zustand σ mit dem Wert des Ausdrucks s im modifizierten Zustand $\sigma[u := \sigma(t)]$ in Beziehung. Analog setzt Teil (ii) den Wahrheitswert der substituierten Formel $p[u := t]$ im Zustand σ mit dem Wahrheitswert der Formel p im modifizierten Zustand $\sigma[u := \sigma(t)]$ in Beziehung.

Beweis. Induktion über den Aufbau von s und p unter Benutzung des Koinzidenz-Lemmas.   □

Beispiel 2.10 Seien a und b Felder vom Typ **integer** $\rightarrow$ **integer** und x eine Integer-Variable mit $\sigma(x) = 1$ und $\sigma(a)(1) = 2$. Dann erhalten wir mit Hilfe des Substitutions-Lemmas folgende sematische Beziehung:

$$\sigma[b[1] := 2](a[b[x]])$$
$$= \quad \{\text{Substitutions-Lemma}\}$$
$$\sigma(a[b[x]][b[1] := 2])$$
$$= \quad \{\text{Beispiel 2.7}\}$$
$$\sigma(a[\textbf{if } x = 1 \textbf{ then } 2 \textbf{ else } b[x] \textbf{ fi}$$
$$= \quad \{\text{Beispiel 2.3}\}$$
$$= \quad \sigma(a[2]).$$

Natürlich hätten wir dasselbe Resultat auch durch bloße Anwendung der Definition von Modifikation von Zuständen erhalten.   □

2.9 Übungsaufgaben

Aufgabe 2.1 Vereinfachen Sie die folgenden Zusicherungen:

(i) $(p \lor (q \lor r)) \land (q \to (r \to p))$,

(ii) $(s < t \lor s = t) \land t < u$,

(iii) $\exists x : (x < t \land (p \land (q \land r))) \lor s = u$.

Aufgabe 2.2 Führen Sie in den folgenden Ausdrücken die Substitution durch:

(i) $(x + y)[x := z][z := y]$,

(ii) $(a[x] + y)[x := z][a[2] := 1]$,

(iii) $a[a[2]][a[2] := 2]$.

Aufgabe 2.3 Berechnen Sie die folgenden Werte:

(i) $\sigma[x := 0](a[x])$,

(ii) $\sigma[y := 0](a[x])$,

(iii) $\sigma[a[0] := 2](a[x])$,

(iv) $\tau[a[x] := \tau(x)](a[1])$, wobei $\tau = \sigma[x := 1][a[1] := 2]$.

Aufgabe 2.4 Beweisen Sie folgende Aussagen:

(i) $p \land (q \land r)$ ist äquivalent zu $(p \land q) \land r$,

(ii) $p \lor (q \lor r)$ ist äquivalent zu $(p \lor q) \lor r$,

(iii) $p \lor (q \land r)$ ist äquivalent zu $(p \lor q) \land (p \lor r)$,

(iv) $p \land (q \lor r)$ ist äquivalent zu $(p \land q) \lor (p \land r)$,

(v) $\exists x : (p \lor q)$ ist äquivalent zu $\exists x : p \lor \exists x : q$,

(vi) $\forall x : (p \land q)$ ist äquivalent zu $\forall x : p \land \forall x : q$.

Aufgabe 2.5

(i) Ist $\exists x : (p \wedge q)$ äquivalent zu $\exists x : p \wedge \exists x : q$?

(ii) Ist $\forall x : (p \vee q)$ äquivalent zu $\forall x : p \vee \forall x : q$?

(iii) Ist $(\exists x : z = x + 1)[z := x + 2]$ äquivalent zu $\exists y : x + 2 = y + 1$?

(iv) Ist $(\exists x : a[s] = x + 1)[a[s] := x + 2]$ äquivalent zu $\exists y : x + 2 = y + 1$?

Aufgabe 2.6 Beweisen Sie Lemma 2.5.

Aufgabe 2.7 Beweisen Sie Lemma 2.8.

Aufgabe 2.8

(i) Beweisen Sie, daß $p[x := 1][y := 2]$ und $p[y := 2][x := 1]$ äquivalent sind. (*Hinweis*. Wenden Sie das Substitutions-Lemma 2.9 an.)

(ii) Geben Sie ein Beispiel für p, s und t an, so daß die Formeln $p[x := s][y := t]$ und $p[y := t][x := s]$ nicht äquivalent sind.

Aufgabe 2.9

(i) Beweisen Sie, daß $p[a[1] := 1][a[2] := 2]$ und $p[a[2] := 2][a[1] := 1]$ äquivalent sind. (*Hinweis*. Wenden Sie das Substitutions-Lemma 2.9 an.)

(ii) Zeigen Sie durch ein Beispiel, daß die Formeln $p[a[s_1] := t_1][a[s_2] := t_2]$ und $p[a[s_2] := t_2][a[s_1] := t_1]$ nicht äquivalent sind.

2.10 Bibliographische Anmerkungen

In diesem Buch betrachten wir nur eine sehr eingeschränkte Form von Typen. Zum Beispiel betrachten wir keine Untertypen. Auch sind nur Basistypen als Untertypen höherer Typen erlaubt. Allgemeinere Typkonzepte im Bereich der mathematischen Logik werden von Girard [Gir89] und im Bereich der Programmiersprachen werden von Cardelli [Car91] and Mitchell [Mit90] diskutiert.

Der Einfachheit halber gehen wir in diesem Buch davon aus, daß alle Funktionen und Relationen total definiert sind. Eine Theorie der Programmverifikation für partiell definierte Funktionen und Relationen wird im Buch von Tucker und Zucker [TZ88] entwickelt. Im Kapitel 7 dieses Buches gehen wir jedoch darauf ein, wie partiell definierte Ausdrücke durch das programmiersprachliche Konzept des Laufzeitfehlers behandelt werden können.

Für einfache Variablen stimmt unsere Definition von Substitution mit der üblichen Definition aus der mathematischen Logik überein. Die Definitionen von Substitution für indizierte Variablen, Zustand und Modifikation eines Zustandes sind aus dem Buch von de Bakker [Bak80] übernommen. Dort wird auch implizit die Aussage des Substitutions-Lemmas formuliert.

Für eine ausführlichere Diskussion der Grundkonzepte der mathematischen Logik sei auf Bücher wie Enderton [End72], Mendelson[Men79] oder Ebbinghaus, Flum und Thomas [EFT86] verwiesen.

3. Deterministische Programme

In einem deterministischen Programm gibt es in jedem Moment höchstens eine Anweisung, die als nächstes auszuführen ist. In Programmiersprachen wie Pascal oder Modula sind alle Programme deterministisch. In diesem Kapitel untersuchen wir eine kleine Klasse von deterministischen Programmen, die oft auch als **while**-Programme bezeichnet werden. Diese Klasse ist der Kern, der in allen anderen Klassen von Programmen dieses Buches enthalten ist.

3.1 Syntax

Ein *deterministisches Programm* ist ein Wort über einem Alphabet, das u.a. die Symbole **if**, **then**, **else**, **fi**, **while**, **do** und **od** enthält. Es wird durch die folgende Grammatik erzeugt:

$$S ::= skip \mid u := t \mid S_1;\ S_2 \mid \textbf{if } B \textbf{ then } S_1 \textbf{ else } S_2 \textbf{ fi} \mid \textbf{while } B \textbf{ do } S_1 \textbf{ od}.$$

Hierbei steht der Buchstabe u wie im vorherigen Kapitel für eine einfache oder indizierte Variable, t steht für einen Ausdruck und B für einen Booleschen Ausdruck. In einer Zuweisung $u := t$ müssen u und t von demselben Typ sein. Da Typen durch die notationellen Vereinbarungen des vorherigen Kapitels implizit gegeben sind, werden wir keine Variablen mehr in den Programmen deklarieren. Wir nehmen an, daß *alle* Programme in diesem Buch syntaktisch korrekt sind. Manchmal werden wir anstelle von Programmen auch von *Anweisungen* sprechen. Wir führen folgende Abkürzung ein:

$$\textbf{if } B \textbf{ then } S_1 \textbf{ fi} \equiv \textbf{if } B \textbf{ then } S_1 \textbf{ else } skip \textbf{ fi}.$$

Wie üblich dienen Leerzeichen und Einrückungen der besseren Lesbarkeit eines Programms, sie sind aber nicht Bestandteil der formalen Syntax. Im folgenden werden wir Programme mit den Buchstaben R, S, T bezeichnen.

Obwohl wir davon ausgehen, daß deterministische Programme, wie sie hier definiert wurden, vertraut sind, wollen wir kurz daran erinnern, wie sie ausgeführt werden. Die Anweisung *skip* bezeichnet die leere Anweisung und terminiert sofort. Eine *Wertzuweisung* $u := t$ bringt den Wert des Ausdrucks t in die (möglicherweise indizierte) Variable u und terminiert anschließend. Bei einer *sequentiellen Komposition* $S_1; S_2$ wird zunächst S_1 und nach der Terminierung von S_1 dann S_2 ausgeführt. Da diese Interpretation einer sequentiellen Komposition assoziativ ist, brauchen wir $S_1; S_2$ nicht zu klammern.

Die Ausführung einer *bedingten Anweisung* **if** B **then** S_1 **else** S_2 **fi** beginnt zunächst mit der Auswertung des Booleschen Ausdrucks B. Wenn B wahr ist, wird S_1 ausgeführt, wenn B falsch ist, wird S_2 ausgeführt. Die Ausführung einer *Schleife* **while** B **do** S_1 **od** beginnt mit der Auswertung des Booleschen Ausdrucks B. Wenn B falsch ist, terminiert die Schleife sofort, wenn B wahr ist, wird S_1 ausgeführt. Nachdem S_1 terminiert ist, wird der ganze Vorgang wiederholt.

Für ein deterministisches Programm S bezeichnen wir mit $var(S)$ die Menge aller einfachen Variablen und Feldvariablen, die in S vorkommen. Mit $change(S)$ wird die Menge aller einfachen Variablen und Feldvariablen in S bezeichnet, die auf der linken Seite einer Zuweisung stehen; $change(S)$ ist die Menge der Variablen, die durch S verändert werden können. Diese beiden Notationen werden später auch für andere Klassen von Programmen benutzt.

Unter einem *Teilprogramm* S eines deterministischen Programms R verstehen wir ein Teilwort S von R, das ebenfalls ein deterministisches Programm ist. Beispielsweise ist,

$$S \equiv x := x - 1$$

ein Teilprogramm von

$$R \equiv \textbf{if } x = 0 \textbf{ then } y := 1 \textbf{ else } y := y - x;\ x := x - 1 \textbf{ fi}.$$

3.2 Semantik

Sie sind wahrscheinlich ganz zufrieden mit der umgangssprachlichen Erläuterung der Ausführung deterministischer Programme. Lange Zeit wurde die Bedeutung von Programmiersprachen tatsächlich überwiegend umgangssprachlich erklärt. Allerdings erwies sich dieser Stil als fehlerträchtig für die Implementierung von Programmiersprachen und für die Interpretation von einzelnen Programmen. Um diese Gefahr auszuschließen, sollte die umgangssprachliche Beschreibung stets um eine präzise Definition der Semantik ergänzt werden. Solch eine Definition ist auch wichtig, um das Ziel dieses Buches zu erreichen: die Erarbeitung exakter Beweismethoden für die Korrektheit von Programmen.

Was genau *ist* die Bedeutung oder Semantik eines deterministischen Programms S ? Sie ist eine Abbildung von Anfangszuständen in Endzustände, die wir mit $\mathcal{M}[\![S]\!]$ bezeichnen. Dabei stellt sich allerdings die Frage, wie $\mathcal{M}[\![S]\!]$ definiert werden kann. Es gibt für solche Definitionen verschiedene Ansätze, insbesondere den *denotationellen* und den *operationellen* Ansatz.

Die Idee des denotationellen Ansatzes ist es, einen geeigneten semantischen Bereich für $\mathcal{M}[\![S]\!]$ zu bestimmen und dann $\mathcal{M}[\![S]\!]$ induktiv über den Aufbau von S zu definieren. Insbesondere werden Fixpunktgleichungen zur Behandlung von Schleifen oder allgemeiner von Rekursionen benutzt (Scott und Strachey [SS71], Stoy [Sto77], Gordon [Gor79]). Dieser Ansatz funktioniert sehr gut für deterministische sequentielle Programme; für nichtdeterministische, parallele und verteilte Programme wird er allerdings sehr kompliziert.

Daher bevorzugen wir den operationellen Ansatz, der von Hennessy und Plotkin [HP79] eingeführt und von Plotkin [Plo81] weiterentwickelt wurde. In diesem Ansatz sind die Definitionen für alle in diesem Buch betrachteten Klassen von Programmen sehr einfach. "Operationell" bedeutet, daß zunächst eine *Transitionsrelation* $\rightarrow$ zwischen sogenannten *Konfigurationen* einer abstrakten Maschine spezifiziert und dann mit Hilfe der Transitionsrelation $\rightarrow$ die Semantik $\mathcal{M}[\![S]\!]$ definiert wird. Abhängig von der Definition einer Konfiguration kann die Transitionsrelation $\rightarrow$ die eigentliche Programmausführung auf verschiedenen Detailebenen nachbilden.

Wir betrachten hier eine recht abstrakte Ebene, bei der eine Konfiguration einfach ein Paar $< S, \sigma >$ bestehend aus einem Programm S und einem Zustand σ ist. Eine *Transition*

$$< S, \sigma > \rightarrow < R, \tau > \tag{3.1}$$

bedeutet: Wird S im Zustand σ einen Schritt ausgeführt, so ergibt sich der Folgezustand τ und R ist der Rest von S, der noch auszuführen bleibt. Um Terminierung auszudrücken, darf in Konfigurationen das *leere Programm E* auftreten: $R \equiv E$ in (3.1) heißt, daß S mit dem Zustand τ terminiert. Wir vereinbaren, daß $E;\ S \equiv S;\ E \equiv S$ gilt.

Die Idee von Hennessy und Plotkin ist es, die Transitionsrelation $\rightarrow$ durch Induktion über die Struktur von Programmen zu spezifizieren. Es wird daher auch von *strukturierter operationeller Semantik* oder kurz "SOS" gesprochen. Dazu wird ein Beweissystem benutzt, das *Transitionssystem* genannt wird und aus Axiomen und Regeln über Transitionen besteht. Für deterministische Programme haben wir die folgenden *Transitionsaxiome* und *Transitionsregeln*, wobei σ ein Zustand ist:

(i) $< skip, \sigma > \rightarrow < E, \sigma >$

(ii) $< u := t, \sigma > \rightarrow < E, \sigma[u := \sigma(t)] >$

(iii) $\dfrac{< S_1, \sigma > \rightarrow < S_2, \tau >}{< S_1;\ S, \sigma > \rightarrow < S_2;\ S, \tau >}$

(iv) $< \textbf{if } B \textbf{ then } S_1 \textbf{ else } S_2 \textbf{ fi}, \sigma > \rightarrow < S_1, \sigma >$, wobei $\sigma \models B$

(v) $< \textbf{if } B \textbf{ then } S_1 \textbf{ else } S_2 \textbf{ fi}, \sigma > \rightarrow < S_2, \sigma >$, wobei $\sigma \models \neg B$

(vi) $< \textbf{while } B \textbf{ do } S \textbf{ od}, \sigma > \rightarrow < S;\ \textbf{while } B \textbf{ do } S \textbf{ od}, \sigma >$, wobei $\sigma \models B$

(vii) $< \textbf{while } B \textbf{ do } S \textbf{ od}, \sigma > \rightarrow < E, \sigma >$, wobei $\sigma \models \neg B$

Eine Transition $< S, \sigma > \;\to\; < R, \tau >$ ist nur dann möglich, wenn sie im obigen Transitionssystem hergeleitet werden kann. (Der Einfachheit lassen wir hier das Ableitungssymbol $\vdash$ weg.) Beachten Sie, daß *skip*-Anweisungen, Wertzuweisungen und Auswertungen von Booleschen Ausdrücken jeweils in einem Schritt ausgeführt werden. Wir abstrahieren also von allen Details, wie Wertzuweisungen und Ausdrücke ausgewertet werden.

Definition 3.1 Sei S ein deterministisches Programm und σ ein Zustand.

(i) Eine *Transitionsfolge von S (startend in σ)* ist eine endliche oder unendliche Folge von Konfigurationen $< S_i, \sigma_i > \; (i \geq 0)$ mit

$$< S, \sigma > = < S_0, \sigma_0 > \;\to\; < S_1, \sigma_1 > \;\to \ldots \to\; < S_i, \sigma_i > \;\to \ldots .$$

(ii) Eine *Berechnung* von S (startend in σ) ist eine maximale Transitionsfolge von S (startend in σ), d.h. sie ist entweder endlich und kann nicht verlängert werden oder sie ist unendlich.

(iii) Eine Berechnung von S *terminiert in τ*, falls sie endlich ist und die letzte Konfiguration die Form $< E, \tau >$ hat.

(iv) Eine Berechnung von S *divergiert*, falls sie unendlich ist. S kann *von σ aus divergieren*, falls eine unendliche Berechnung von S existiert, die in σ startet.

(v) Um die Wirkung mehrerer Transitionsschritte zu beschreiben, benutzen wir die reflexive, transitive Hülle $\to^*$ der Transitionsrelation $\to$:

$$< S, \sigma > \;\to^*\; < R, \tau >$$

gilt genau dann, wenn es Konfigurationen $< S_1, \sigma_1 >, \ldots, < S_n, \sigma_n >$ mit $n \geq 0$ und

$$< S, \sigma > = < S_1, \sigma_1 > \;\to \ldots \to\; < S_n, \sigma_n > = < R, \tau >$$

gibt. Im Spezialfall $n = 0$ gilt dann $< S, \sigma > = < R, \tau >$.   □

Wir halten zwei elementare Eigenschaften fest.

Lemma 3.2 (Determinismus) Zu jedem deterministischen Programm S und jedem Zustand σ gibt es genau eine Berechnung von S, die in σ startet.

Beweis. Jede Konfiguration hat höchstens einen Nachfolger in der Transitionsrelation $\to$.   □

Dieses Lemma beschreibt den Titel dieses Kapitels. Es zeigt auch, daß der Ausdruck "*S kann* von σ aus divergieren" durch den genaueren Ausdruck "*S divergiert von σ aus*" ersetzt werden kann. Andererseits werden wir uns in späteren Kapiteln mit Programmen befassen, die verschiedene Berechnungen von einem gegebenen Zustand zulassen und für die wir diese Definition behalten wollen. Für solche Programme ist der allgemeinere Ausdruck passender.

Lemma 3.3 (Keine Blockierung) Wenn $S \not\equiv E$ ist, dann existiert für jeden Zustand σ eine Konfiguration $< S_1, \tau >$ mit

$$< S, \sigma > \;\rightarrow\; < S_1, \tau > .$$

Beweis. Wenn $S \not\equiv E$ ist, dann gibt es zu jeder Konfiguration $< S, \sigma >$ einen Nachfolger in der Transitionsrelation $\rightarrow$. $\qquad\square$

Dieses Lemma sagt aus, daß S noch für mindestens einen Schritt ausgeführt werden kann, wenn es nicht bereits terminiert ist. Beide Lemmata hängen offensichtlich von der Klasse der betrachteten Programme ab. Lemma 3.2 gilt nicht mehr für all jene Klassen von Programmen, die ab Kapitel 4 betrachtet weden, und Lemma 3.3 gilt nicht für die Klasse der parallelen Programme in Kapitel 6 und verteilten Programme in Kapitel 8.

Definition 3.4 Für deterministische Programme S führen wir nun zwei Ein/Ausgabe-Semantiken ein, die gegebene Anfangszustände $\sigma \in \Sigma$ jeweils in eine Menge von Endzuständen abbilden. Genauer gilt:

(i) Die *Semantik der partiellen Korrektheit* ist eine Abbildung

$$\mathcal{M}[\![S]\!] : \Sigma \rightarrow \mathcal{P}(\Sigma)$$

    mit

$$\mathcal{M}[\![S]\!](\sigma) = \{\tau \mid < S, \sigma > \;\rightarrow^*\; < E, \tau >\}.$$

(ii) Die *Semantik der totalen Korrektheit* ist eine Abbildung

$$\mathcal{M}_{tot}[\![S]\!] : \Sigma \rightarrow \mathcal{P}(\Sigma) \cup \{\bot\}$$

    mit

$$\mathcal{M}_{tot}[\![S]\!](\sigma) = \mathcal{M}[\![S]\!](\sigma) \cup \{\bot \mid S \text{ kann von } \sigma \text{ aus divergieren}\}.$$

Dabei ist $\bot$ ein Fehlerzustand, der für Divergenz steht. $\qquad\square$

Der Grund für die Wahl der Namen *Semantik der partiellen und totalen Korrektheit* wird im nächsten Abschnitt klar werden. Es geht dabei um die Art und Weise, wie Information über Divergenz behandelt wird – $\mathcal{M}[\![S]\!](\sigma)$ enthält nur eigentliche Zustände, während $\mathcal{M}_{tot}[\![S]\!](\sigma)$ auch den Spezialzustand $\bot$ enthalten kann.

Nach Lemma 3.2 hat $\mathcal{M}[\![S]\!](\sigma)$ höchstens ein Element und $\mathcal{M}_{tot}[\![S]\!](\sigma)$ genau ein Element hat.

Wir wollen nun ein Beispiel angeben, um die eingeführten Begriffe zu verdeutlichen.

Beispiel 3.5 Gegeben sei das Programm

$$S \equiv a[0] := 1;\ a[1] := 0;\ \textbf{while}\ a[x] \neq 0\ \textbf{do}\ x := x + 1\ \textbf{od}.$$

(i) Sei σ ein Zustand mit $\sigma(x) = 0$. Nach Lemma 3.2 gibt es genau eine Berechnung von S, die in σ startet. Sie hat die folgende Form, wobei σ' für $\sigma[a[0] := 1][a[1] := 0]$ steht:

$$
\begin{aligned}
< S, \sigma > \quad &\rightarrow \quad < a[1] := 0;\ \textbf{while}\ a[x] \neq 0\ \textbf{do}\ x := x + 1\ \textbf{od}, \sigma[a[0] := 1] > \\
&\rightarrow \quad < \textbf{while}\ a[x] \neq 0\ \textbf{do}\ x := x + 1\ \textbf{od}, \sigma' > \\
&\rightarrow \quad < x := x + 1;\ \textbf{while}\ a[x] \neq 0\ \textbf{do}\ x := x + 1\ \textbf{od}, \sigma' > \\
&\rightarrow \quad < \textbf{while}\ a[x] \neq 0\ \textbf{do}\ x := x + 1\ \textbf{od}, \sigma'[x := 1] > \\
&\rightarrow \quad < E, \sigma'[x := 1] > .
\end{aligned}
$$

Somit terminiert S, wenn es in σ gestartet wurde, nach fünf Schritten. Wir erhalten

$$\mathcal{M}[\![S]\!](\sigma) = \mathcal{M}_{tot}[\![S]\!](\sigma) = \{\sigma'[x := 1]\}.$$

(ii) Sei nun τ ein Zustand mit $\tau(x) = 2$ und $\tau(a[i]) = 1$ für $i = 2, 3, \ldots$. Die Berechnung von S, die in τ startet, hat die folgende Form, wobei τ' für $\tau[a[0] := 1][a[1] := 0]$ steht:

$$
\begin{aligned}
< S, \tau > \quad &\rightarrow \quad < a[1] := 0;\ \textbf{while}\ a[x] \neq 0\ \textbf{do}\ x := x + 1\ \textbf{od}, \tau[a[0] := 1] > \\
&\rightarrow \quad < \textbf{while}\ a[x] \neq 0\ \textbf{do}\ x := x + 1\ \textbf{od}, \tau' > \\
&\rightarrow \quad < x := x + 1;\ \textbf{while}\ a[x] \neq 0\ \textbf{do}\ x := x + 1\ \textbf{od}, \tau' > \\
&\rightarrow \quad < \textbf{while}\ a[x] \neq 0\ \textbf{do}\ x := x + 1\ \textbf{od}, \tau'[x := \tau(x) + 1] > \\
&\quad \ldots \\
&\rightarrow \quad < \textbf{while}\ a[x] \neq 0\ \textbf{do}\ x := x + 1\ \textbf{od}, \tau'[x := \tau(x) + k] > \\
&\quad \ldots
\end{aligned}
$$

Somit kann S von τ aus divergieren. Wir erhalten $\mathcal{M}[\![S]\!](\tau) = \emptyset$ und $\mathcal{M}_{tot}[\![S]\!](\tau) = \{\bot\}$. $\qquad\square$

Wir hoffen, dieses Beispiel hat gezeigt, daß die Transitionsrelation $\rightarrow$ tatsächlich die anschauliche Vorstellung einer Berechnung formalisiert.

Eigenschaften der Semantiken

Die Semantiken $\mathcal{M}$ und $\mathcal{M}_{tot}$ besitzen einige Eigenschaften, die wir im folgenden benutzen werden. Sei Ω ein deterministisches Programm, so daß für alle Zustände σ gilt: $\mathcal{M}[\![\Omega]\!](\sigma) = \emptyset$; beispielsweise kann $\Omega \equiv$ **while true do** *skip* **od** gewählt werden. Wir definieren induktiv für $k \geq 0$ die k-te *syntaktische Approximation* einer Schleife **while** B **do** S **od**:

$$(\textbf{while } B \textbf{ do } S \textbf{ od})^0 \quad = \Omega,$$
$$(\textbf{while } B \textbf{ do } S \textbf{ od})^{k+1} = \textbf{if } B \textbf{ then } S; \ (\textbf{while } B \textbf{ do } S \textbf{ od})^k$$
$$\textbf{else } skip \textbf{ fi}$$

Im folgenden stehe $\mathcal{N}$ für $\mathcal{M}$ oder $\mathcal{M}_{tot}$. Wir erweitern die Definition von $\mathcal{N}$ zunächst auf den Fehlerzustand $\perp$ durch

$$\mathcal{M}[\![S]\!](\perp) = \emptyset \text{ und } \mathcal{M}_{tot}[\![S]\!](\perp) = \{\perp\}$$

und dann auf *Mengen* $X \subseteq \Sigma \cup \{\perp\}$ von Zuständen durch

$$\mathcal{N}[\![S]\!](X) = \bigcup_{\sigma \in X} \mathcal{N}[\![S]\!](\sigma).$$

Dann gilt folgendes Lemma:

Lemma 3.6

(i) $\mathcal{N}[\![S]\!]$ ist *monoton*, d.h. aus $X \subseteq Y \subseteq \Sigma \cup \{\perp\}$ folgt
$\mathcal{N}[\![S]\!](X) \subseteq \mathcal{N}[\![S]\!](Y)$.

(ii) $\mathcal{N}[\![S_1; \ S_2]\!](X) = \mathcal{N}[\![S_2]\!](\mathcal{N}[\![S_1]\!](X))$.

(iii) $\mathcal{N}[\![(S_1; \ S_2); \ S_3]\!](X) = \mathcal{N}[\![S_1; \ (S_2; \ S_3)]\!](X)$.

(iv) $\mathcal{N}[\![\textbf{if } B \textbf{ then } S_1 \textbf{ else } S_2 \textbf{ fi}]\!](X) =$
$\mathcal{N}[\![S_1]\!](X \cap [\![B]\!]) \cup \mathcal{N}[\![S_2]\!](X \cap [\![\neg B]\!])$.

(v) $\mathcal{M}[\![\textbf{while } B \textbf{ do } S \textbf{ od}]\!](X) = \bigcup_{k=0}^{\infty} \mathcal{M}[\![(\textbf{while } B \textbf{ do } S \textbf{ od})^k]\!](X)$.

Beweis. Siehe Übungsaufgabe 3.1. $\qquad\qquad\qquad\qquad\qquad\qquad\qquad\square$

Die Eigenschaft (iii) dieses Lemmas besagt, daß beide möglichen Klammerungen der Anweisung $S_1; \ S_2; \ S_3$ dieselbe Semantik ergeben. Dieses rechtfertigt unsere Bemerkung in Abschnitt 3.1, daß die sequentielle Komposition assoziativ ist.

Lemma 3.7 (Änderung und Zugriff)

(i) Für alle Zustände σ und τ mit $\tau \in \mathcal{N}[\![S]\!](\sigma)$ gilt

$$\tau[Var - change(S)] = \sigma[Var - change(S)].$$

(ii) Für alle Zustände σ and τ mit $\sigma[var(S)] = \tau[var(S)]$ gilt

$$\mathcal{N}[\![S]\!](\sigma) = \mathcal{N}[\![S]\!](\tau) \textbf{ mod } Var - var(S).$$

Beweis. Siehe Übungsaufgabe 3.2.   □

Wir erinnern daran, daß *Var* für die Menge aller einfachen Variablen und Feldvariablen steht. Die Behauptung (i) des Lemmas besagt, daß jedes Programm S höchstens die Variablen aus $change(S)$ ändert, während die Behauptung (ii) besagt, daß jedes Programm S höchstens auf die Variablen in $var(S)$ zugreift. Dies erklärt den Namen des Lemmas, das im folgenden noch öfter benutzt wird.

3.3 Verifikation

Wir spezifizieren das Ein/Ausgabe-Verhalten von Programmen S durch sogenannte *Korrektheitsformeln*

$$\{p\} \; S \; \{q\}.$$

Dabei sind p und q logische Formeln, die in diesem Zusammenhang auch Zusicherungen oder Bedingungen genannt werden. Insbesondere heißt p die *Vorbedingung* und q heißt die *Nachbedingung* der Korrektheitsformel. Die Vorbedingung beschreibt die Menge der interessierenden Anfangs- oder Eingabezustände, in denen das Programm S starten soll, und die Nachbedingung beschreibt die Menge der erwünschten End- bzw. Ausgabezustände, in denen das Programm S terminieren soll.

Genauer gesagt sind wir hier an zwei Interpretationen von Korrektheitsformeln interessiert: eine Korrektheitsformel $\{p\} \; S \; \{q\}$ heißt partiell korrekt, wenn jede terminierende Berechnung von S, die in einem p-Zustand startet, in einem q-Zustand terminiert. $\{p\} \; S \; \{q\}$ heißt total korrekt, wenn jede Berechnung von S, die in einem p-Zustand startet, terminiert und ihren Endzustand q erfüllt. Folglich werden im Falle der partiellen Korrektheit keine divergierenden Berechnungen von S in Betracht gezogen.

Unter Benutzung der Semantiken $\mathcal{M}$ und $\mathcal{M}_{tot}$ können wir diese Interpretationen einheitlich als mengen-theoretische Inklusionen formalisieren.

Definition 3.8 (Korrektheit)

(i) Eine Korrektheitsformel $\{p\} \; S \; \{q\}$ *gilt im Sinne der partiellen Korrektheit*, abgekürzt $\models \{p\} \; S \; \{q\}$, falls

$$\mathcal{M}[\![S]\!]([\![p]\!]) \subseteq [\![q]\!].$$

Wir sagen dann auch, daß S *partiell korrekt* bezüglich p und q ist.

(ii) Eine Korrektheitsformel $\{p\} \; S \; \{q\}$ *gilt im Sinne der totalen Korrektheit*, abgekürzt $\models_{tot} \{p\} \; S \; \{q\}$, falls

$$\mathcal{M}_{tot}[\![S]\!]([\![p]\!]) \subseteq [\![q]\!].$$

Wir sagen dann auch, daß S *total korrekt* bezüglich p und q ist.   □

Daß Teil (ii) tatsächlich den anschaulichen Begriff von totaler Korrektheit formalisiert, liegt an der Definition $\perp \notin [\![q]\!]$. Deshalb kann $\mathcal{M}_{tot}[\![S]\!]([\![p]\!]) \subseteq [\![q]\!]$ nur gelten, falls $\perp \notin \mathcal{M}_{tot}[\![S]\!]([\![p]\!])$ ist, also jede Berechnung von S, die in einem p-Zustand startet, terminiert.

Da für alle Zustände σ die Inklusion $\mathcal{M}[\![S]\!](\sigma) \subseteq \mathcal{M}_{tot}[\![S]\!](\sigma)$ gilt, folgt aus $\models_{tot} \{p\}\ S\ \{q\}$ stets $\models \{p\}\ S\ \{q\}$.

Die einheitliche Definition von Korrektheit in (i) und (ii) wird für alle noch folgenden Semantikdefinitionen in diesem Buch angewandt. Wir können sagen, daß jede Semantik standardmäßig einen entsprechenden Korrektheitsbegriff festlegt.

Beispiel 3.9 Betrachten wir noch einmal das Programm

$$S \equiv a[0] := 1;\ a[1] := 0;\ \textbf{while}\ a[x] \neq 0\ \textbf{do}\ x := x + 1\ \textbf{od}$$

aus Beispiel 3.5. Die beiden dort vorgestellten Berechnungen von S zeigen, daß

$$\{x = 0\}\ S\ \{x = 1\}$$

und

$$\{x = 0\}\ S\ \{x = 1 \wedge a[x] = 0\}$$

in Sinne der totalen Korrektheit gelten, während

$$\{x = 2\}\ S\ \{\textbf{true}\}$$

falsch ist. Der im Beispiel 3.5 vorgestellte Zustand τ erfüllt zwar die Vorbedingung $x = 2$, aber es gilt $\mathcal{M}_{tot}[\![S]\!](\tau) = \perp$.

Offensichtlich gelten jedoch beide Korrektheitsformeln im Sinne der partiellen Korrektheit. Im Sinne der partiellen Korrektheit gilt auch

$$\{x = 2 \wedge \forall i \geq 2 : a[i] = 1\}\ S\ \{\textbf{false}\}.$$

Diese Korrektheitsformel besagt, daß jede Berechnung von S, die in einem Zustand startet, der $x = 2 \wedge \forall i \geq 2 : a[i] = 1$ erfüllt, divergiert. Gäbe es nämlich eine terminierende Berechnung, so müßte der Endzustand dieser Berechnung die Nachbedingung **false** erfüllen, was aber unmöglich ist. $\quad\square$

Partielle Korrektheit

Wie wir an den Beispielen 3.5 und 3.9 gesehen haben, ist das Beweisen von Korrektheitsformeln mit Hilfe der Semantik sehr mühsam. Die Idee von Hoare war es deshalb, die Korrektheit von Programmen direkt auf der Ebene der Korrektheitsformeln nachzuweisen. Wir stellen im folgenden ein Beweissystem PD vor, das auf Hoare [Hoa69] zurückgeht und uns erlaubt, die **partielle** Korrektheit von **deterministischen** Programmen in *syntax-gerichteter* Weise, also durch Induktion über die Syntax der Programme, zu beweisen.

BEWEISSYSTEM PD
Dieses System besteht aus
den Axiomen 1–2 und den Regeln 3–6.

AXIOM 1:   SKIP-ANWEISUNG

$$\{p\} \; skip \; \{p\}$$

AXIOM 2:   WERTZUWEISUNG

$$\{p[u := t]\} \; u := t \; \{p\}$$

REGEL 3:   SEQUENTIELLE KOMPOSITION

$$\frac{\{p\} \; S_1 \; \{r\}, \{r\} \; S_2 \; \{q\}}{\{p\} \; S_1; \; S_2 \; \{q\}}$$

REGEL 4:   BEDINGTE ANWEISUNG

$$\frac{\{p \wedge B\} \; S_1 \; \{q\}, \{p \wedge \neg B\} \; S_2 \; \{q\}}{\{p\} \; \textbf{if } B \textbf{ then } S_1 \textbf{ else } S_2 \textbf{ fi} \; \{q\}}$$

REGEL 5:   SCHLEIFE

$$\frac{\{p \wedge B\} \; S \; \{p\}}{\{p\} \; \textbf{while } B \textbf{ do } S \textbf{ od} \; \{p \wedge \neg B\}}$$

REGEL 6:   KONSEQUENZREGEL

$$\frac{p \rightarrow p_1, \{p_1\} \; S \; \{q_1\}, q_1 \rightarrow q}{\{p\} \; S \; \{q\}}$$

Standardmäßig *erweitern* wir jedes Beweissystem für Korrektheitsformeln, also insbesondere auch *PD*, um die Menge aller gültigen Zusicherungen. Diese Zusicherungen werden als Voraussetzungen in der Konsequenzregel benutzt, die ein Bestandteil aller Beweissysteme ist, die in diesem Buch betrachtet werden. Gemäß Abschnitt 2.3 schreiben wir $\vdash_{PD} \{p\} \; S \; \{q\}$ für Beweisbarkeit der Korrektheitsformel $\{p\} \; S \; \{q\}$ in diesem so erweiterten System *PD*.

Wir wollen nun die oben aufgeführten Axiome und Regeln untersuchen. Das Axiom für die *skip*-Anweisung ist wohl einleuchtend. Üblicherweise ruft das Axiom für die Wertzuweisung dagegen Erstaunen hervor. Nach diesem Axiom geht man von der Nachbedingung p aus und bestimmt daraus durch sogenannte *Rückwärtssubstitution* die Vorbedingung $p[u := t]$. Wir werden gleich in einem Beispiel die Anwendung dieses Axioms einüben.

Leicht einzusehen dürfte die Regel für sequentielle Komposition sein, in der eine passende Zwischenzusicherung r benutzt wird. Ebenfalls leicht verständlich ist die Regel für die bedingte Anweisung, die eine Fallunterscheidung gemäß der Booleschen Bedingung B darstellt.

Weniger offensichtlich ist die Schleifenregel. Diese Regel besagt: Wenn die Gültigkeit der Zusicherung p bei jeder Ausführung des Schleifenrumpfes S erhalten bleibt, ist p auch nach der Terminierung der Schleife **while** B **do** S **od** gültig. Daher wird p meist *Schleifeninvariante* genannt.

Die Konsequenzregel stellt die Schnittstelle zwischen Programmverifikation und logischen Formeln her. Sie erlaubt es uns, die Vorbedingungen zu verstärken und die Nachbedingungen abzuschwächen und so die Anwendung anderer Beweisregeln zu ermöglichen. Insbesondere können wir mit der Konsequenzregel auch eine Vor- oder eine Nachbedingung durch eine äquivalente logische Formel ersetzen.

Mit den Beweisregeln des Systems PD können wir das Ein/Ausgabe-Verhalten von zusammengesetzten Programmen allein aus der Kenntnis der Ein/Ausgabe-Verhalten der zugehörigen Teilprogramme bestimmen. Beweisregeln und -systeme mit dieser Eigenschaft heißen *kompositionell*. Zum Beispiel wird mit der Regel für sequentielle Komposition eine Korrektheitsformel über das zusammengesetzte Programm S_1; S_2 aus den entspechenden Korrektheitsformeln über S_1 und S_2 gewonnen.

Beispiel 3.10 (i) Betrachten wir zunächst das Programm

$$S \equiv x := x + 1;\ y := y + 1.$$

Wir beweisen in dem System PD die Korrektheitsformel

$$\{x = y\}\ S\ \{x = y\}.$$

Dazu müssen wir das Wertzuweisungsaxiom zweimal anwenden. Wir fangen mit der letzten Wertzuweisung an. Durch Rückwärtssubstitution erhalten wir

$$(x = y)[y := y + 1] \equiv x = y + 1$$

und daher mit dem Wertzuweisungsaxiom

$$\{x = y + 1\}\ y := y + 1\ \{x = y\}.$$

Durch eine zweite Rückwärtssubstitution ergibt sich

$$(x = y + 1)[x := x + 1] \equiv x + 1 = y + 1$$

und daher mit dem Wertzuweisungsaxiom

$$\{x + 1 = y + 1\}\ x := x + 1\ \{x = y + 1\}.$$

Die Kombination der beiden Korrektheitsformeln mit der Regel für sequentielle Komposition liefert

$$\{x + 1 = y + 1\}\ x := x + 1;\ y := y + 1\ \{x = y\},$$

woraus sich das gewünschte Resultat mit der Konsequenzregel ergibt, da

$$x = y \rightarrow x + 1 = y + 1.$$

(ii) Betrachten wir nun das etwas kompliziertere Programm

$$S \equiv x := 1;\ a[1] := 2;\ a[x] := x$$

mit indizierten Variablen. Wir wollen beweisen, daß bei seiner Terminierung stets $a[1] = 1$ gilt, d. h. wir beweisen im System PD die Korrektheitsformel

$$\{\textbf{true}\}\ S\ \{a[1] = 1\}.$$

Wir beginnen mit der Nachbedingung $a[1] = 1$ und wenden wiederholt das Wertzuweisungsaxiom an. Für die letzte Wertzuweisung gilt:

$$\{(a[1] = 1)[a[x] := x]\}\ a[x] := x\ \{a[1] = 1\}.$$

Da nach dem Lemma 2.4 über identische Substitution $1[a[x] := x] \equiv 1$ gilt, kann die Substitution in der Vorbedingung wie folgt ausgewertet werden:

$$\{\textbf{if}\ 1 = x\ \textbf{then}\ x\ \textbf{else}\ a[1]\ \textbf{fi} = 1\}\ a[x] := x\ \{a[1] = 1\}.$$

Für die Vorbedingung gilt die Äquivalenz

$$(\textbf{if}\ 1 = x\ \textbf{then}\ x\ \textbf{else}\ a[1]\ \textbf{fi} = 1) \leftrightarrow (x = 1 \lor a[1] = 1).$$

Da außerdem

$$x = 1 \rightarrow (x = 1 \lor a[1] = 1)$$

gilt, können wir die Vorbedingung mit Hilfe der Konsequenzregel wie folgt verstärken:

$$\{x = 1\}\ a[x] := x\ \{a[1] = 1\}.$$

Als nächstes betrachten wir die zweite Wertzuweisung, wobei als Nachbedingung die Vorbedingung der obigen Korrektheitsformel genommen wird. Wir erhalten

$$\{(x = 1)[a[1] := 2]\}\ a[1] := 2\ \{x = 1\},$$

was nach dem Lemma 2.4 über identische Substitution

$$\{x = 1\}\ a[1] := 2\ \{x = 1\}$$

ergibt. Schließlich betrachten wir die erste Wertzuweisung:

$$\{\textbf{true}\}\ x := 1\ \{x = 1\}.$$

Wenn wir die für die drei Wertzuweisungen erhaltenen Korrektheitsformeln durch zwei Anwendungen der Regel für sequentielle Komposition kombinieren, bekommen wir das gewünschte Ergebnis. $\square$

Wir wollen nun sehen, wie die Schleifenregel benutzt werden kann. Wir wählen dazu als Beispiel das erste (textuell dargestellte) Programm, das formal verifiziert wurde. Dieses historische Ereignis ist in Hoare's Aufsatz [Hoa69] dokumentiert.

Beispiel 3.11 Betrachten Sie das folgende Programm DIV zur Berechnung von Quotient und Rest zweier Zahlen x und y:

$$DIV \equiv quo := 0; \ rem := x; \ S_0,$$

mit

$$S_0 \equiv \textbf{while} \ rem \geq y \ \textbf{do} \ rem := rem - y; \ quo := quo + 1 \ \textbf{od}.$$

Wir wollen zeigen:

> Wenn x, y nicht-negative ganze Zahlen sind und DIV terminiert, dann ist quo der Quotient und rem Rest der ganzzahligen Division von x durch y. $\hspace{2cm}$ (3.2)

Mit Hilfe einer Korrektheitsformel ausgedrückt, wollen wir also zeigen, daß

$$\models \{x \geq 0 \wedge y \geq 0\} \ DIV \ \{quo \cdot y + rem = x \wedge 0 \leq rem < y\} \qquad (3.3)$$

gilt. Beachten Sie, daß (3.2) und (3.3) übereinstimmen, weil DIV die Variablen x und y nicht ändert. Programme, die in der Lage wären, x und y zu ändern, können (3.3) erfüllen ohne (3.2) zu genügen. Ein Beispiel dazu ist das Programm

$$x := 0; \ y := 1; \ quo := 0; \ rem := 0.$$

Um (3.3) zu zeigen, beweisen wir die Korrektheitsformel

$$\{x \geq 0 \wedge y \geq 0\} \ DIV \ \{quo \cdot y + rem = x \wedge 0 \leq rem < y\} \qquad (3.4)$$

in dem Beweissystem PD. Dazu wählen wir die Zusicherung

$$p \equiv quo \cdot y + rem = x \wedge rem \geq 0$$

als Schleifeninvariante von S_0. Sie entsteht aus der Nachbedingung von (3.4) durch Weglassen von $rem < y$. Die Zusicherung p beschreibt die Relation zwischen den Variablen aus DIV, die jeweils unmittelbar vor Eintritt in die Schleife S_0 gilt.

Wir beweisen nun die folgenden drei Fakten:

$$\{x \geq 0 \wedge y \geq 0\} \ quo := 0; \ rem := x \ \{p\}, \qquad (3.5)$$

d. h. zu Beginn von S_0 gilt p;

$$\{p \wedge rem \geq y\} \ rem := rem - y; \ quo := quo + 1 \ \{p\}, \qquad (3.6)$$

d. h. p ist tatsächlich die Schleifeninvariante von S_0;

$$p \wedge \neg(rem \geq y) \rightarrow quo \cdot y + rem = x \wedge 0 \leq rem < y, \qquad (3.7)$$

d. h. bei Terminierung der Schleife S_0 impliziert p die gewünschte Nachbedingung von DIV.

Wir stellen zunächst fest, daß wir aus (3.5), (3.6) und (3.7) die gewünschte Korrektheitsformel (3.4) beweisen können. Tatsächlich folgt aus (3.6) mit der Schleifenregel

$$\{p\}\ S_0\ \{p \wedge \neg(rem \geq y)\}.$$

Dies impliziert zusammen mit (3.5) und der Regel für sequentielle Komposition

$$\{x \geq 0 \wedge y \geq 0\}\ DIV\ \{p \wedge \neg(rem \geq y)\}.$$

Daraus erhalten wir (3.4), indem wir die Konsequenzregel auf (3.7) anwenden. Somit müssen wir nur noch (3.5), (3.6) und (3.7) beweisen.

Zu (3.5): Wir erhalten

$$\{quo \cdot y + x = x \wedge x \geq 0\}\ rem := x\ \{p\}$$

durch das Wertzuweisungsaxiom. Wiederum durch das Wertzuweisungsaxiom erhalten wir

$$\{0 \cdot y + x = x \wedge x \geq 0\}\ quo := 0\ \{quo \cdot y + x = x \wedge x \geq 0\},$$

und mit der Regel für sequentielle Komposition

$$\{0 \cdot y + x = x \wedge x \geq 0\}\ quo := 0;\ rem := x\ \{p\}.$$

Andererseits ist

$$x \geq 0 \wedge y \geq 0 \to 0 \cdot y + x = x \wedge x \geq 0,$$

somit ergibt sich (3.5) aus der Konsequenzregel.

Zu (3.6): Wir erhalten

$$\{(quo + 1) \cdot y + rem = x \wedge rem \geq 0\}\ quo := quo + 1\ \{p\}$$

durch das Wertzuweisungsaxiom. Wiederum durch das Wertzuweisungsaxiom erhalten wir

$$\{(quo + 1) \cdot y + (rem - y) = x \wedge rem - y \geq 0\}$$
$$rem := rem - y$$
$$\{(quo + 1) \cdot y + rem = x \wedge rem \geq 0\},$$

und daher mit der Regel für sequentielle Komposition

$$\{(quo + 1) \cdot y + (rem - y) = x \wedge rem - y \geq 0\}$$
$$rem := rem - y;\ quo := quo + 1$$
$$\{p\}.$$

Andererseits ist

$$p \wedge rem \geq y \rightarrow (quo + 1) \cdot y + (rem - y) = x \wedge rem - y \geq 0,$$

somit folgt (3.6) aus der Konsequenzregel.

Zu (3.7): Offensichtlich.

Damit haben wir also auch (3.4) bewiesen.   □

Der einzige etwas kreative Schritt in dem Beweis war das Finden einer geeigneten Schleifeninvariante. Die übrigen Schritte waren einfache Anwendungen der entsprechenden Axiome und Beweisregeln. Aufgrund der Form des Wertzuweisungsaxioms ist es einfacher, von einer Nachbedingung auf die Vorbedingung zu schließen als umgekehrt, daher wurden die Beweise von (3.5) und (3.6) "rückwärts" ausgeführt. Schließlich haben wir keine formalen Beweise der logischen Folgerungen, die als Voraussetzungen für die Konsequenzregel gebraucht wurden, angegeben. Formale Beweise solcher Zusicherungen werden wir in Zukunft weglassen, da ihre Gültigkeit stets einfach einzusehen sein wird.

Totale Korrektheit

Das Beweissystem PD reicht nicht aus, um die Terminierung von Programmen nachzuweisen. Mit anderen Worten: das Beweissystem PD ist nicht zum Beweis der totalen Korrektheit geeignet. Obwohl wir im Beispiel 3.11 die Korrektheitsformel (3.4) bewiesen haben, folgt daraus noch nicht, daß das dort betrachtete Programm DIV terminiert. Tatsächlich divergiert DIV nämlich, wenn es in einem Zustand startet, der die Bedingung $y = 0$ erfüllt.

Offensichtlich ist die einzige Beweisregel in PD, die eine Möglichkeit zur Nichtterminierung beinhaltet, die Schleifenregel. Um die totale Korrektheit zu behandeln, muß diese Regel also verschärft werden.

Wir führen daher die folgende Verfeinerung der Schleifenregel ein:

REGEL 7:   SCHLEIFE II

$$\begin{array}{l} \{p \wedge B\}\, S\, \{p\}, \\ \{p \wedge B \wedge t = z\}\, S\, \{t < z\}, \\ p \rightarrow t \geq 0 \end{array}$$

$$\overline{\{p\}\ \textbf{while } B \textbf{ do } S \textbf{ od}\ \{p \wedge \neg B\}}$$

wobei t ein Integer-Ausdruck ist und z eine Integer-Variable, die nicht in p, B, t oder S vorkommt.

Die beiden zusätzlichen Bedingungen der Regel garantieren die Terminierung der Schleife. In der zweiten Bedingung wird z benutzt, um den Anfangswert von t festzuhalten. Da die Variable z nicht im Programm S vorkommt, wird ihr Wert auch nicht durch S verändert. Daher behält z nach der Terminierung von

S den Anfangswert von t. Die zweite Bedingung besagt also, daß der Wert von t mit jeder Iteration kleiner wird. Andererseits besagt die dritte Bedingung, daß t vor jeder Iteration nicht-negativ ist. Daher ist keine unendliche Berechnung möglich. Der Ausdruck t heißt *Terminierungsfunktion* oder *Schrankenfunktion* der Schleife **while** B **do** S **od**.

Um die totale Korrektheit von **deterministischen** Programmen nachzuweisen, benutzen wir das folgende Beweissystem TD:

BEWEISSYSTEM TD
Dieses System besteht aus den Axiomen
und Regeln 1–4, 6, 7.

Wir erhalten TD also aus dem Beweissystem PD, indem die Schleifenregel (Regel 5) durch die Schleifenregel II (Regel 7) ersetzt wird. Wir schreiben $\vdash_{TD} \{p\}\ S\ \{q\}$ für die Beweisbarkeit der Korrektheitsformel $\{p\}\ S\ \{q\}$ im System TD.

Als Anwendung der Schleifenregel II betrachten wir noch einmal das Programm DIV aus Beispiel 3.11.

Beispiel 3.12 Wir wollen nun folgendes zeigen:

Wenn x eine nicht-negative und y eine positive ganze Zahl ist,
dann terminiert S mit dem ganzzahligen Quotienten quo (3.8)
und dem Rest rem der Division von x durch y.

Formal ausgedrückt wollen wir zeigen:

$$\models_{tot} \{x \geq 0 \land y > 0\}\ DIV\ \{quo \cdot y + rem = x \land 0 \leq rem < y\}. \tag{3.9}$$

Dazu beweisen wir die Korrektheitsformel

$$\{x \geq 0 \land y > 0\}\ DIV\ \{quo \cdot y + rem = x \land 0 \leq rem < y\} \tag{3.10}$$

in dem Beweissystem TD. Man beachte, daß sich (3.10) durch die Forderung $y > 0$ in der Vorbedingung von der Korrektheitsformel (3.4) des Beispiels 3.11 unterscheidet. Wir beweisen nun (3.10), indem wir den Beweis von (3.4) entsprechend modifizieren. Als Schleifeninvariante wählen wir

$$p' \equiv p \land y > 0,$$

wobei genau wie in Beispiel 3.11

$$p \equiv quo \cdot y + rem = x \land rem \geq 0$$

gilt, und als Terminierungsfunktion wählen wir

$$t \equiv rem.$$

Um (3.10) im Sinne der totalen Korrektheit zu beweisen, genügt es, die folgenden fünf Fakten nachzuweisen:

$$\{x \geq 0 \wedge y > 0\}\ quo := 0;\ rem := x\ \{p'\}, \tag{3.11}$$

$$\{p' \wedge rem \geq y\}\ rem := rem - y;\ quo := quo + 1\ \{p'\}, \tag{3.12}$$

$$\{p' \wedge rem \geq y \wedge rem = z\}$$
$$rem := rem - y;\ quo := quo + 1 \tag{3.13}$$
$$\{rem < z\}\,,$$

$$p' \to rem \geq 0, \tag{3.14}$$

$$p' \wedge \neg(rem \geq y) \to quo \cdot y + rem = x \wedge 0 \leq rem < y. \tag{3.15}$$

Die Anwendung der Schleifenregel II auf (3.12), (3.13) und (3.14) liefert $\{p'\}\ S_0\ \{p' \wedge \neg(rem \geq y)\}$. Die Fortsetzung des Beweises erfolgt wie in Beispiel 3.11. Die Teilbeweise von (3.11), (3.12) und (3.15) sind analog zu denen von (3.5), (3.6) und (3.7) aus Beispiel 3.11. Die Implikation (3.14) gilt offenbar.

Es bleibt (3.13) zu beweisen. Wir wenden zunächst zweimal das Wertzuweisungsaxiom an und erhalten

$$\{rem < z\}\ quo := quo + 1\ \{rem < z\}$$

und

$$\{(rem - y) < z\}\ rem := rem - y\ \{rem < z\}.$$

Mit der Regel für sequentielle Komposition ergibt sich

$$\{(rem - y) < z\}\ rem := rem - y;\ quo := quo + 1\ \{rem < z\}.$$

Wegen

$$p \wedge y > 0 \wedge rem \geq y \wedge rem = z\ \to\ (rem - y) < z$$

liefert die Konsequenzregel dann (3.13). Man sieht, daß die Voraussetzung $y > 0$ entscheidend ist, um $(rem - y) < z$ zu schließen. Für $y = 0$ wissen wir ja bereits, daß das Programm DIV dann divergiert.

Damit ist der Beweis abgeschlossen. $\square$

Korrektheit der Beweissysteme

Wir haben nunmehr gezeigt:

$$\vdash_{PD} \{x \geq 0 \wedge y \geq 0\}\ DIV\ \{quo \cdot y + rem = x \wedge 0 \leq rem < y\}$$

und

$$\vdash_{TD} \{x \geq 0 \wedge y > 0\}\ DIV\ \{quo \cdot y + rem = x \wedge 0 \leq rem < y\}.$$

Unser Ziel war jedoch

$$\models \{x \geq 0 \wedge y \geq 0\} \; DIV \; \{quo \cdot y + rem = x \wedge 0 \leq rem < y\}$$

und

$$\models_{tot} \{x \geq 0 \wedge y > 0\} \; DIV \; \{quo \cdot y + rem = x \wedge 0 \leq rem < y\}.$$

Dieses Ziel ist nur dann erreicht, wenn die Beweissysteme PD und TD die Eigenschaft besitzen, daß aus der Beweisbarkeit einer Korrektheitsformel deren Gültigkeit folgt. Diese Eigenschaft wird in der Logik die *Korrektheit* des Beweissystems genannt. Wir haben es hier also mit zwei verschiedenen Ebenen von Korrektheit zu tun: einerseits die uns eigentlich interessierende Korrektheit von Programmen und andererseits die Korrektheit der hierfür benutzten Beweissysteme. Wir definieren den letzteren Begriff allgemein für ein beliebiges Beweissystem K für Programmkorrektheit.

Definition 3.13 Sei K ein Beweissystem, mit dem Korrektheitsformeln über Programme einer bestimmten Klasse C bewiesen werden können. Dann heißt K *korrekt für die partielle Korrektheit von Programmen aus* C, wenn für alle Korrektheitsformeln $\{p\} \; S \; \{q\}$ über Programme S aus C gilt:

$$\vdash_K \{p\} \; S \; \{q\} \text{ impliziert } \models \{p\} \; S \; \{q\},$$

und K heißt *korrekt für die totale Korrektheit von Programmen aus* C, wenn für alle Korrektheitsformeln $\{p\} \; S \; \{q\}$ über Programme S aus C gilt:

$$\vdash_K \{p\} \; S \; \{q\} \text{ impliziert } \models_{tot} \{p\} \; S \; \{q\}.$$

Sofern die Klasse C von Programmen vom Kontext her klar ersichtlich ist, verweisen wir nicht mehr darauf.   □

Wir wollen nun zeigen:

Satz 3.14 (Korrektheit)

(i) Das Beweissystem PD ist korrekt für die partielle Korrektheit von deterministischen Programmen.

(ii) Das Beweissystem TD ist korrekt für die totale Korrektheit von deterministischen Programmen.

Zum Beweis des Satzes genügt es zu zeigen, daß alle Axiome von PD und TD gelten und alle Regeln korrekt sind. Anschaulich ist eine Beweisregel korrekt, wenn aus der Gültigkeit ihrer Prämissen die Gültigkeit der Konklusion folgt. Genauer benutzen wir die folgende Definition.

Definition 3.15 Eine Beweisregel der Form

$$\frac{\varphi_1,\ldots,\varphi_k}{\varphi}\qquad \text{wobei ``}\ldots\text{''}$$

heißt *korrekt für die partielle (totale) Korrektheit* (von Programmen einer Klasse C), wenn aus der Gültigkeit von $\varphi_1,\ldots,\varphi_k$ im Sinne der partiellen (totalen) Korrektheit die Gültigkeit von φ im Sinne der partiellen (totalen) Korrektheit folgt.

Dabei können die Prämissen $\varphi_1,\ldots,\varphi_k$ Korrektheitsformeln oder logische Formeln sein; φ ist stets eine Korrektheitsformel. Für Prämissen φ_i, die logische Formeln sind, meinen wir die gewöhnliche Gültigkeit, also daß $[\![\varphi_i]\!] = \Sigma$ gilt (vgl. Abschnitt 2.5). $\square$

Wir kommen jetzt zum Beweis von Satz 3.14:

Beweis. Es reicht zu zeigen, daß alle Axiome von PD (TD) im Sinne der partiellen (totalen) Korrektheit gelten und daß alle Beweisregeln von PD (TD) im Sinne der partiellen (totalen) Korrektheit korrekt sind. Daraus folgen dann die gewünschten Korrektheitsresultate für PD und TD durch Induktion über die Länge von Beweisen für Korrektheitsformeln.

Wir betrachten deshalb der Reihe nach alle Axiome und Beweisregeln.

SKIP
Offensichtlich gilt $\mathcal{N}[\![skip]\!]([\![p]\!]) = [\![p]\!]$ für jede Zusicherung p, so daß das *skip*-Axiom im Sinne der partiellen und totalen Korrektheit gilt.

WERTZUWEISUNG
Zu zeigen ist $\mathcal{N}[\![u := t]\!]([\![p[u := t]]\!]) \subseteq [\![p]\!]$. Sei σ ein Zustand mit $\sigma \in [\![p[u := t]]\!]$, d.h. $\sigma \models p[u := t]$. Nach dem Substitutions-Lemma 2.9 gilt $\sigma[u := \sigma(t)] \models p$, d.h.

$$\sigma[u := \sigma(t)] \in [\![p]\!].$$

Andererseits gilt nach der Definition der Semantik

$$\mathcal{N}[\![u := t]\!](\sigma) = \{\tau | < u := t, \sigma > \to^* < E, \tau >\} = \{\sigma[u := \sigma(t)]\} \subseteq [\![p]\!].$$

Damit ergibt sich die Behauptung.

SEQUENTIELLE KOMPOSITION
Nehmen wir an, daß

$$\mathcal{N}[\![S_1]\!]([\![p]\!]) \subseteq [\![r]\!]$$

und

$$\mathcal{N}[\![S_2]\!]([\![r]\!]) \subseteq [\![q]\!]$$

gelten. Dann gilt

$$\mathcal{N}[S_1;\ S_2]([\![p]\!])$$
$$=\quad \{\text{Lemma 3.6(ii)}\}$$
$$\mathcal{N}[S_2](\mathcal{N}[S_1]([\![p]\!]))$$
$$\subseteq\quad \{\text{Vorausetzung und Monotonie von } \mathcal{N}[S_2]\}$$
$$\mathcal{N}[S_2]([\![r]\!])$$
$$\subseteq\quad \{\text{Voraussetzung}\}$$
$$[\![q]\!].$$

Also ist die Regel für sequentielle Komposition korrekt im Sinne der partiellen und totalen Korrektheit.

BEDINGTE ANWEISUNG
Wir nehmen an, daß

$$\mathcal{N}[S_1]([\![p \wedge B]\!]) \subseteq [\![q]\!]$$

und

$$\mathcal{N}[S_2]([\![p \wedge \neg B]\!]) \subseteq [\![q]\!]$$

gelten. Dann gilt

$$\mathcal{N}[\textbf{if } B \textbf{ then } S_1 \textbf{ else } S_2 \textbf{ fi}]([\![p]\!])$$
$$=\quad \{\text{Lemma 3.6(iv)}\}$$
$$\mathcal{N}[S_1]([\![p \wedge B]\!]) \cup \mathcal{N}[S_2]([\![p \wedge \neg B]\!])$$
$$\subseteq\quad \{\text{Voraussetzung}\}$$
$$[\![q]\!].$$

Deshalb ist auch die Regel für bedingte Anweisungen korrekt im Sinne der partiellen und totalen Korrektheit.

SCHLEIFE
Wir nehmen an, daß für eine Zusicherung p

$$\mathcal{M}[S]([\![p \wedge B]\!]) \subseteq [\![p]\!] \tag{3.16}$$

gilt. Wir beweisen dann mit Induktion, daß für alle $k \geq 0$ gilt:

$$\mathcal{M}[(\textbf{while } B \textbf{ do } S \textbf{ od})^k]([\![p]\!]) \subseteq [\![p \wedge \neg B]\!].$$

Induktionsanfang: $k = 0$. Klar, da $\mathcal{M}[(\textbf{while } B \textbf{ do } S \textbf{ od})^k]([\![p]\!]) = \emptyset$ ist.

Induktionsschritt: $k \to k + 1$. Wir nehmen an, die Behauptung gelte bereits für ein $k \geq 0$. Dann gilt:

$$\mathcal{M}[\![(\mathbf{while}\ B\ \mathbf{do}\ S\ \mathbf{od})^{k+1}]\!]([\![p]\!])$$

$= \qquad \{\text{Definition von } \mathbf{while}\ B\ \mathbf{do}\ S\ \mathbf{od})^{k+1}\}$

$$\mathcal{M}[\![\mathbf{if}\ B\ \mathbf{then}\ S;\ (\mathbf{while}\ B\ \mathbf{do}\ S\ \mathbf{od})^{k}\ \mathbf{else}\ skip\ \mathbf{fi}]\!]([\![p]\!])$$

$= \qquad \{\text{Lemma 3.6(iv)}\}$

$$\mathcal{M}[\![S;\ (\mathbf{while}\ B\ \mathbf{do}\ S\ \mathbf{od})^{k}]\!]([\![p \wedge B]\!]) \cup \mathcal{M}[\![skip]\!]([\![p \wedge \neg B]\!])$$

$= \qquad \{\text{Lemma 3.6(ii) und Semantik von } skip\}$

$$\mathcal{M}[\![(\mathbf{while}\ B\ \mathbf{do}\ S\ \mathbf{od})^{k}]\!](\mathcal{M}[\![S]\!]([\![p \wedge B]\!])) \cup [\![p \wedge \neg B]\!]$$

$\subseteq \qquad \{(3.16) \text{ und Monotonie von } \mathcal{M}[\![(\mathbf{while}\ B\ \mathbf{do}\ S\ \mathbf{od})^{k}]\!]\}$

$$\mathcal{M}[\![(\mathbf{while}\ B\ \mathbf{do}\ S\ \mathbf{od})^{k}]\!]([\![p]\!]) \cup [\![p \wedge \neg B]\!]$$

$\subseteq \qquad \{\text{Induktions-Annahme}\}$

$$[\![p \wedge \neg B]\!].$$

Damit ist der Induktionsschritt bewiesen. Also gilt

$$\bigcup_{k=0}^{\infty} \mathcal{M}[\![(\mathbf{while}\ B\ \mathbf{do}\ S\ \mathbf{od})^{k}]\!]([\![p]\!]) \subseteq [\![p \wedge \neg B]\!].$$

Nach Lemma 3.6(v) gilt für alle Zustandsmengen X

$$\mathcal{M}[\![\mathbf{while}\ B\ \mathbf{do}\ S\ \mathbf{od}]\!](X) = \bigcup_{k=0}^{\infty} \mathcal{M}[\![(\mathbf{while}\ B\ \mathbf{do}\ S\ \mathbf{od})^{k}]\!](X)$$

und daher auch

$$\mathcal{M}[\![\mathbf{while}\ B\ \mathbf{do}\ S\ \mathbf{od}]\!]([\![p]\!]) \subseteq [\![p \wedge \neg B]\!].$$

Somit ist die Schleifenregel korrekt im Sinne der partiellen Korrektheit. Man beachte, daß hier nichts über die totale Korrektheit ausgesagt wird.

KONSEQUENZREGEL

Nehmen wir an, daß

$$p \to q, \quad \mathcal{N}[\![S]\!]([\![p_1]\!]) \subseteq [\![q_1]\!] \text{ und } q_1 \to q$$

gelten. Dann gelten nach Lemma 2.5 die Inklusionen $[\![p]\!] \subseteq [\![p_1]\!]$ und $[\![q_1]\!] \subseteq [\![q]\!]$ und folglich wegen der Monotonie von $\mathcal{N}[\![S]\!]$

$$\mathcal{N}[\![S]\!]([\![p]\!]) \subseteq \mathcal{N}[\![S]\!]([\![p_1]\!]) \subseteq [\![q_1]\!] \subseteq [\![q]\!].$$

Damit ist die Konsequenzregel korrekt bezüglich der partiellen und totalen Korrektheit.

SCHLEIFE II

Nehmen wir an, daß

$$\mathcal{M}_{tot}[\![S]\!]([\![p \wedge B]\!]) \subseteq [\![p]\!], \tag{3.17}$$

$$\mathcal{M}_{tot}[\![S]\!]([\![p \wedge B \wedge t = z]\!]) \subseteq [\![t < z]\!], \tag{3.18}$$

und

$$p \to t \geq 0, \tag{3.19}$$

gelten, wobei z eine Integer-Variable ist, die nicht in p, B, t oder S vorkommt. Wir zeigen, daß dann

$$\perp \notin \mathcal{M}_{tot}[\![T]\!]([\![p]\!]) \tag{3.20}$$

für $T \equiv$ **while** B **do** S **od** gilt.

Annahme: Es gilt doch $\perp \in \mathcal{M}_{tot}[\![T]\!]([\![p]\!])$. Dann existiert eine unendliche Berechnung von T, die in einem Zustand σ' startet, für den $\sigma' \models p$ gilt. Wegen (3.19) ist $\sigma' \models t \geq 0$ und daher $\sigma'(t) \geq 0$. Wir wählen nun eine unendliche Berechnung ξ von T, die in einem Zustand σ mit $\sigma \models p$ startet, für den der Wert $\sigma(t)$ minimal ist. Da ξ unendlich ist, gilt $\sigma \models B$, und damit $\sigma \models p \wedge B$.

Sei $\tau = \sigma[z := \sigma(t)]$. Dann stimmt τ mit σ in allen Variabeln außer z überein. An z wird von τ der Wert $\sigma(t)$ zugewiesen. Dann gilt

$$
\begin{aligned}
&\tau(t) \\
= \quad &\{\text{Voraussetzung über } z, \text{ Lemma 2.8(i)}\} \\
&\sigma(t) \\
= \quad &\{\text{Definition von } \tau\} \\
&\tau(z),
\end{aligned}
$$

also $\tau \models t = z$. Mit der Voraussetzung über z gilt auch $\tau \models p \wedge B$, weil $\sigma \models p \wedge B$ gilt. Daher ist

$$\tau \models p \wedge B \wedge t = z. \tag{3.21}$$

Wegen der Monotonie von $\mathcal{M}_{tot}$ implizieren (3.17) und (3.18)

$$\mathcal{M}_{tot}[\![S]\!]([\![p \wedge B \wedge t = z]\!]) \subseteq [\![p \wedge t < z]\!],$$

da $[\![p \wedge B \wedge t = z]\!] \subseteq [\![p \wedge B]\!]$. Wegen (3.21) gibt es deshalb einen Zustand σ_1 mit

$$< S, \tau > \to^* < E, \sigma_1 > \tag{3.22}$$

und

$$\sigma_1 \models p \wedge t < z. \tag{3.23}$$

Es gilt $< T, \tau > \to < S;\, T, \tau >$ wegen (3.21) und der Definition der Semantik. Damit gilt $< T, \tau > \to^* < T, \sigma_1 >$ wegen (3.22). Nach der Wahl von τ und Lemma 3.7(ii) (Änderung und Zugriff) divergiert T von τ aus. Folglich divergiert T aufgrund von Lemma 3.2 (Determinismus) auch von σ_1 aus. Dabei gilt

$$
\begin{aligned}
&\sigma_1(t) \\
< \quad &\{(3.23)\} \\
&\sigma_1(z) \\
= \quad &\{(3.22), \text{ Änderungs- und Zugriffs-Lemma 3.7(i) und}
\end{aligned}
$$

$$\text{Voraussetzung über } z\}$$

$$\tau(z)$$
$$= \quad \{\text{Definition von } \tau\}$$
$$\sigma(t).$$

Widerspruch zur Wahl von σ mit minimalem Wert von t. Damit ist (3.20) bewiesen.

Schließlich folgt aus (3.17) die Inklusion $\mathcal{M}[\![S]\!]([\![p \wedge B]\!]) \subseteq [\![p]\!]$ und daher wegen der Korrektheit der Schleifenregel für partielle Korrektheit auch $\mathcal{M}[\![T]\!]([\![p]\!]) \subseteq [\![p \wedge \neg B]\!]$. Aber (3.20) bedeutet

$$\mathcal{M}_{tot}[\![T]\!]([\![p]\!]) = \mathcal{M}[\![T]\!]([\![p]\!])$$

und daher

$$\mathcal{M}_{tot}[\![T]\!]([\![p]\!]) \subseteq [\![p \wedge \neg B]\!].$$

Insgesamt haben wir also gezeigt, daß die Schleifenregel II korrekt im Sinne der totalen Korrektheit ist. $\qquad\qquad\qquad\qquad\qquad\qquad\qquad\qquad\quad \Box$

Aufgrund des Korrektheitssatzes schließen wir in konkreten Beispielen zur Programmverifikation häufig direkt von der Beweisbarkeit einer Korrektheitsformel auf deren Gültigkeit. Zum Beispiel lassen wir in einem Beweisstück wie dem folgenden die in Klammern stehenden Satzteile einfach weg: Wegen (der Gültigkeit) des Wertzuweisungsaxioms erhalten wir

$$\models \{x + 1 = y + 1\}\ x := x + 1\ \{x = y + 1\}$$

und

$$\models \{x = y + 1\}\ y := y + 1\ \{x = y\},$$

daher erhalten wir wegen (der Korrektheit) der Regel für sequentielle Komposition und (der Korrektheit) der Konsequenzregel

$$\models \{x = y\}\ x := x + 1;\ y := y + 1\ \{x = y\}.$$

3.4 Beweisskizzen

Es ist mühsam, formalen Beweisen zu folgen. Wir sind es einfach nicht gewohnt, einen Beweis Zeile für Zeile in kleinen, formalen Schritten durchzuführen. Besser wäre eine Präsentation des Beweises, in der die wichtigen Schritte klar herausgearbeitet sind.

Für Korrektheitsbeweise von deterministischen Programmen ist dieses Ziel erreichbar, indem wir die Struktur der Programme ausnutzen. Da die Beweisregeln der Syntax von Programmen folgen, kann die Struktur eines Programms auch zur Präsentation des Korrektheitsbeweises benutzt werden.

Wir können einen Beweis übersichtlich darstellen, indem wir in das Programm an geeigneten Stellen Zusicherungen als Kommentare einstreuen. Diese Art der Beweispräsentation wurde zuerst von Owicki und Gries [OG76a] eingeführt und heißt *Beweisskizze*.

Partielle Korrektheit

Beispiel 3.16 Wir betrachten noch einmal das Programm aus Beispiel 3.11 zur Division ganzer Zahlen. Der dort angegebene, auf den Fakten (3.5), (3.6) und (3.7) beruhende Korrektheitsbeweis kann wie folgt als Beweisskizze dargestellt werden:

$$\{x \geq 0 \wedge y \geq 0\}$$
$$quo := 0; \ rem := x;$$
$$\{\textbf{inv} : p\}$$
$$\textbf{while } rem \geq y \textbf{ do}$$
$$\quad \{p \wedge rem \geq y\}$$
$$\quad rem := rem - y; \ quo := quo + 1$$
$$\textbf{od}$$
$$\{p \wedge rem < y\}$$
$$\{quo \cdot y + rem = x \wedge 0 \leq rem < y\}$$

mit

$$p \equiv quo \cdot y + rem = x \wedge rem \geq 0.$$

Mit dem Schlüsselwort **inv** wird die Schleifeninvariante gekennzeichnet. Benachbarte Zusicherungen $\{q_1\}\{q_2\}$ beschreiben die Gültigkeit der Implikation $q_1 \rightarrow q_2$.

Die Beweise der Fakten (3.5), (3.6) und (3.7) können ebenfalls in Form von Beweisskizzen dargestellt werden. Als Beispiel sei hier eine Beweisskizze für (3.5) angegeben:

$$\{x \geq 0 \wedge y \geq 0\}$$
$$\{0 \cdot y + x = x \wedge x \geq 0\}$$
$$quo := 0$$
$$\{quo \cdot y + x = x \wedge x \geq 0\}$$
$$rem := x$$
$$\{p\}.$$

$\square$

Beweisskizzen sind also übersichtlich und sie können in verschiedenem Detaillierungsgrad angefertigt werden. In der folgenden formalen Definition stehe S^* stets für eine *kommentierte Version* des Programms S. Kommentiert heißt: es sind Zusicherungen r als Kommentare der Form $\{r\}$ oder $\{\textbf{inv} : r\}$ in S eingestreut.

Definition 3.17 (Beweisskizze: Partielle Korrektheit) Eine *Beweisskizze für partielle Korrektheit* ist ein kommentiertes Programm, das induktiv durch folgende Axiome und Regeln definiert ist. Dabei steht ein *Axiom* φ für die Aussage " φ ist eine Beweisskizze (für partielle Korrektheit)" und eine *Regel*

$$\frac{\varphi_1, \ldots, \varphi_k}{\varphi}$$

für die Aussage "Wenn $\varphi_1, \ldots, \varphi_k$ Beweisskizzen sind, dann ist auch φ eine Beweisskizze".

(i) $\{p\}$ *skip* $\{p\}$

(ii) $\{p[u := t]\}\; u := t\; \{p\}$

(iii) $\dfrac{\{p\}\; S_1^*\; \{r\}, \{r\}\; S_2^*\; \{q\}}{\{p\}\; S_1^*;\; \{r\}\; S_2^*\; \{q\}}$

(iv) $\dfrac{\{p \wedge B\}\; S_1^*\; \{q\}, \{p \wedge \neg B\}\; S_2^*\; \{q\}}{\{p\}\; \textbf{if } B \textbf{ then } \{p \wedge B\}\; S_1^*\; \{q\} \textbf{ else } \{p \wedge \neg B\}\; S_2^*\; \{q\} \textbf{ fi } \{q\}}$

(v) $\dfrac{\{p \wedge B\}\; S^*\; \{p\}}{\{\textbf{inv} : p\}\; \textbf{while } B \textbf{ do } \{p \wedge B\}\; S^*\; \{p\} \textbf{ od } \{p \wedge \neg B\}}$

(vi) $\dfrac{p \to p_1,\; \{p_1\}\; S^*\; \{q_1\},\; q_1 \to q}{\{p\}\{p_1\}\; S^*\; \{q_1\}\{q\}}$

(vii) $\dfrac{\{p\}\; S^*\; \{q\}}{\{p\}\; S^{**}\; \{q\}},$

wobei S^{**} aus S^* durch *Streichen* von Kommentaren der Form $\{r\}$ entsteht. Hingegen bleiben alle Kommentare der Form $\{\textbf{inv} : r\}$ stehen.

Eine Beweisskizze $\{p\}\; S^*\; \{q\}$ für partielle Korrektheit heißt *Standard-Beweisskizze*, falls innerhalb von S^* *vor* jedem Vorkommen eines Teilprogramms T von S genau eine Zusicherung, genannt $pre(T)$, als Kommentar steht und es sonst keine weiteren Zusicherungen in S^* gibt. $\square$

In einer Beweisskizze werden also einige der Zusicherungen, die im Beweis benutzt wurden, festgehalten. Schleifeninvarianten werden immer notiert. In Standard-Beweisskizzen $\{p\}\; S^*\; \{q\}$ steht hinter dem Gesamtprogramm S genau eine Zusicherung, nämlich q, und vor S genau zwei Zusicherungen, nämlich p und $pre(S)$. Falls $p \equiv pre(S)$ gilt, lassen wir eine der beiden Zusicherungen einfach weg.

Eine Standard-Beweisskizze ist nicht "minimal", da weitere Zusicherungen entfernt werden können. Zum Beispiel kann die Zusicherung $\{p \wedge B\}$ aus dem Kontext $\{\textbf{inv} : p\}\; \textbf{while } B \textbf{ do } \{p \wedge B\}\; S \textbf{ od } \{q\}$ abgeleitet werden. Standard-Beweisskizzen werden jedoch in den Kapiteln über parallele Programme benötigt.

Wie der folgende Satz zeigt, büßen wir bei der Untersuchung der partiellen Korrektheit mittels Standard-Beweisskizzen keine Allgemeinheit ein. Wir erinnern daran, daß $\vdash_{PD}$ die Beweisbarkeit in dem Beweissystem PD, das die Menge aller gültigen Zusicherungen einschließt, bezeichnet.

Satz 3.18

(i) Wenn $\{p\}\, S^*\, \{q\}$ eine Beweisskizze für partielle Korrektheit ist, so gilt $\vdash_{PD} \{p\}\, S\, \{q\}$.

(ii) Wenn $\vdash_{PD} \{p\}\, S\, \{q\}$ gilt, so gibt es eine Standard-Beweisskizze für partielle Korrektheit der Form $\{p\}\, S^*\, \{q\}$.

Beweis. (i) Induktion über die Länge des Beweises von $\{p\}\, S^*\, \{q\}$ mittels der oben angegebenen Axiome und Regeln. Betrachten wir zum Beispiel den Fall, daß im Beweis von $\{p\}\, S^*\, \{q\}$ zuletzt die Regel für sequentielle Komposition angewandt worden ist. Dann ist S^* von der Form $S_1^*;\, S_2^*$ und es gibt eine Zusicherung r, so daß sowohl $\{p\}\, S_1^*\, \{r\}$ als auch $\{r\}\, S_2^*\, \{q\}$ Standard-Beweisskizzen sind. Nach der Induktionsannahme gilt dann $\vdash_{PD} \{p\}\, S_1\, \{r\}$ und $\vdash_{PD} \{r\}\, S_2\, \{q\}$. Durch Anwendung der Regel für sequentielle Komposition ergibt sich daraus $\vdash_{PD} \{p\}\, S_1;\, S_2\, \{q\}$. Die übrigen Fälle sind genauso einfach zu beweisen.

(ii) Induktion über die Länge des Beweises von $\{p\}\, S\, \{q\}$ in PD. Betrachten wir zum Beispiel den Fall, daß im Beweis von $\{p\}\, S\, \{q\}$ zuletzt die Regel für bedingte Anweisungen angewandt worden ist. Dann gilt $S \equiv \textbf{if}\, B\, \textbf{then}\, S_1\, \textbf{else}\, S_2\, \textbf{fi}$ und es gibt nach der Induktionsannahme zwei Standard-Beweisskizzen für partielle Korrektheit der Form $\{p \wedge B\}\, S_1^*\, \{q\}$ und $\{p \wedge \neg B\}\, S_2^*\, \{q\}$. Dann gibt es auch eine Standard-Beweisskizze der Form $\{p\}\, S^*\, \{q\}$. Die anderen Fälle sind genauso einfach zu behandeln. $\qquad\square$

Beweisskizzen $\{p\}\, S^*\, \{q\}$ spiegeln die Eigenschaften der Berechnungen von S wider: Wenn die Berechnung von S eine mit einer Zusicherung r kommentierte Stelle erreicht, so gilt r. Genauer gesagt müssen wir das Fortschreiten der Berechnung von S mit der Transitionsrelation der operationellen Semantik in Verbindung bringen.

Dazu benötigen wir die Notation $\textbf{at}(T, S)$, die dasjenige Restprogramm von S bezeichnet, das in der Konfiguration steht, wenn in der Berechnung von S gerade das Teilprogramm T als nächstes zur Ausführung ansteht. Zum Beispiel soll für

$$S \equiv \textbf{while}\ x \geq 0\ \textbf{do if}\ y \geq 0\ \textbf{then}\ x := x - 1\ \textbf{else}\ y := y - 2\ \textbf{fi od}$$

und

$$T \equiv y := y - 2$$

gelten: $\textbf{at}(T, S) \equiv \textbf{at}(y := y - 2, S) \equiv y := y - 2;\, S$, da nach der Terminierung von $y := y - 2$ die gesamte Schleife S noch einmal ausgeführt werden muß.

Definition 3.19 Sei T ein Vorkommen eines Teilprogramms von S. Wir definieren das Programm $\mathbf{at}(T,S)$ induktiv wie folgt:

(i) Wenn $T \equiv S$ ist, so gilt $\mathbf{at}(T,S) \equiv S$.

(ii) Sei $S \equiv S_1$; S_2. Wenn T in S_1 vorkommt, so gilt $\mathbf{at}(T,S) \equiv \mathbf{at}(T; S_1)$; S_2. Wenn T in S_2 vorkommt, so gilt $\mathbf{at}(T,S) \equiv \mathbf{at}(T,S_2)$.

(iii) Sei $S \equiv \mathbf{if}\ B\ \mathbf{then}\ S_1\ \mathbf{else}\ S_2\ \mathbf{fi}$. Wenn T in S_i vorkommt, so gilt $\mathbf{at}(T,S) \equiv \mathbf{at}(T,S_i)$ $(i = 1,2)$.

(iv) Sei $S \equiv \mathbf{while}\ B\ \mathbf{do}\ S_1\ \mathbf{od}$. Wenn T in S_1 vorkommt, so gilt $\mathbf{at}(T,S) \equiv \mathbf{at}(T,S_1)$; S. $\qquad\qquad\square$

Wir können jetzt den gewünschten Satz formulieren:

Satz 3.20 (Starke Korrektheit) Sei $\{p\}\ S^*\ \{q\}$ eine Standard-Beweisskizze für partielle Korrektheit und es gelte

$$< S,\sigma > \to^* < R,\tau >$$

für einen p-Zustand σ, ein Restprogramm R und einen Zustand τ. Dann gilt

- entweder $R \equiv \mathbf{at}(T,S)$ für ein Teilprogramm T von S und $\tau \models pre(T)$

- oder $R \equiv E$ und $\tau \models q$.

Beweis. Es ist leicht einzusehen, daß entweder $R \equiv \mathbf{at}(T,S)$ für ein Teilprogramm T von S oder $R \equiv E$ gilt (Übungsaufgabe 3.11). Im ersten Fall setzen wir $r \equiv pre(T)$ und im zweiten Fall $r \equiv q$. Es ist dann $\tau \models r$ zu zeigen. Der Beweis erfolgt mit Induktion über die Länge n der Transitionsfolge

$$< S,\sigma > \to \ldots \to < R,\tau > .$$

Induktionsanfang: $n = 0$. Dann gilt $T \equiv S, r \equiv pre(S), p \to r$ und $\sigma = \tau$. Aus $\sigma \models p$ folgt daher $\tau \models r$.

Induktionsschritt: $n \to n + 1$. Dann existieren R' und τ' mit

$$< S,\sigma > \to^* < R',\tau' > \to < R,\tau > .$$

Es sind jetzt sechs Fälle zu unterscheiden, wie die letzte Transition aussehen kann. Wir betrachten hier zwei typische Fälle.

(a) Die letzte Transition bestehe aus der Ausführung einer Wertzuweisung, etwa $u := t$. Dann gilt $\mathcal{M}[\![u := t]\!](\tau') = \{\tau\}$ und $R' \equiv \mathbf{at}(u := t, S)$. Nach der Definition von Standard-Beweisskizze gibt es eine Zusicherung p' mit

$$pre(u := t) \to p'[u := t]$$

und

$$p' \to r.$$

Also gilt

$$pre(u := t) \to r[u := t].$$

Nach Induktionsvoraussetzung gilt $\tau' \models pre(u := t)$ und damit $\tau' \models r[u := t]$. Wegen $\mathcal{M}[\![u := t]\!](\tau') = \{\tau\}$ und wegen der Gültigkeit des Wertzuweisungsaxioms folgt $\tau \models r$.

(b) Die letzte Transition bestehe aus der erfolgreichen Auswertung eines Booleschen Ausdrucks B einer bedingten Anweisung **if** B **then** S_1 **else** S_2 **fi**. Dann ist $R' \equiv \mathbf{at}(T', S)$ mit

$$T' \equiv \mathbf{if}\ B\ \mathbf{then}\ S_1\ \mathbf{else}\ S_2\ \mathbf{fi}$$

und $R \equiv \mathbf{at}(T, S)$ mit

$$T \equiv S_1.$$

Nach der Definition von Standard-Beweisskizze gilt

$$pre(T') \land B \to r.$$

Nach der Induktionsvoraussetzung gilt $\tau' \models pre(T')$. Mit den Voraussetzungen des hier betrachteten Falls gilt $\tau' \models B$ und $\tau = \tau'$, also $\tau \models pre(T') \land B$ und damit $\tau \models r$. $\square$

Totale Korrektheit

Bisher haben wir nur Beweisskizzen für partielle Korrektheit betrachtet. Jetzt wollen wir diese Form der Beweispräsentation auf totale Korrektheit ausdehnen. Dazu betrachten wir kommentierte Versionen S^* und S^{**} von Programmen S, in denen auch Kommentare der Form $\{\mathbf{bd} : t\}$ eingestreut sind. Das Schlüsselwort **bd** steht für "bound" und weist darauf hin, daß t eine Schranken- bzw. Terminierungsfunktion ist.

Definition 3.21 (Beweisskizze: Totale Korrektheit) Eine Beweisskizze für *totale* Korrektheit ist ein kommentiertes Programm, das induktiv durch dieselben Axiome und Regeln wie in Definition 3.16 definiert ist, nur daß Regel (v) für Schleifen durch folgende Regel ersetzt wird:

(viii)

$$\frac{\begin{array}{l} \{p \land B\}\ S^*\ \{p\}, \\ \{p \land B \land t = z\}\ S^{**}\ \{t < z\}, \\ p \to t \geq 0 \end{array}}{\{\mathbf{inv} : p\}\{\mathbf{bd} : t\}\ \mathbf{while}\ B\ \mathbf{do}\ \{p \land B\}\ S^*\ \{p\}\ \mathbf{od}\ \{p \land \neg B\}}$$

wobei t ein Integer-Ausdruck ist und z eine Integer-Variable, die nicht in p, t, B oder S^{**} vorkommt.

Standard-Beweisskizzen $\{p\}\ S^*\ \{q\}$ für totale Korrektheit müssen dieselben Bedingungen für Zusicherungen erfüllen wie diejenigen für partielle Korrektheit.

□

Der Kommentar $\{\mathbf{bd} : t\}$ hält zwar die Terminierungsfunktion der Schleife **while** B **do** S **od** fest, nicht aber den zugehörigen Terminierungsbeweis, wie er in der Beweisskizze $\{p \wedge B \wedge t = z\}\ S^{**}\ \{t < z\}$ angegeben ist. Normalerweise ist dieser Beweis aber leicht zu rekonstruieren.

Man beachte, daß Regel (vii) weiterhin das Streichen von Kommentaren der Form $\{r\}$ erlaubt; Kommentare der Form $\{\mathbf{inv} : r\}$ und $\{\mathbf{bd} : t\}$ bleiben aus Gründen einer guten Programmdokumentation stehen.

Beispiel 3.22 Eine Beweisskizze für totale Korrektheit zum Programm DIV aus Beispiel 3.12 ist

$$
\begin{aligned}
&\{x \geq 0 \wedge y > 0\} \\
&quo := 0;\ rem := x; \\
&\{\mathbf{inv} : p'\}\{\mathbf{bd} : rem\} \\
&\mathbf{while}\ rem \geq y\ \mathbf{do} \\
&\quad \{p' \wedge rem \geq y\} \\
&\quad rem := rem - y;\ quo := quo + 1 \\
&\quad \{p'\} \\
&\mathbf{od} \\
&\{p' \wedge rem < y\} \\
&\{quo \cdot y + rem = x \wedge 0 \leq rem < y\},
\end{aligned}
$$

mit

$$
p' \equiv quo \cdot y + rem = x \wedge rem \geq 0 \wedge y > 0.
$$

Diese Beweisskizze gibt den Korrektheitsbeweis aus Beispiel 3.12 wieder. Die Terminierungsfunktion rem ist angegeben, nicht aber der Beweis der letzten beiden Prämissen der Schleifenregel II, also der beiden Korrektheitsformeln (3.13) und (3.14) aus Beispiel 3.12.

□

Programmdokumentation

Beweisskizzen sind sehr gut zur *Programmdokumentation* geeignet, denn sie erlauben es uns, wichtige Zusicherungen für die Korrektheit eines Programms festzuhalten, insbesondere die Invarianten und Terminierungsfunktionen von Schleifen.

3.5 Vollständigkeit

Für jedes Beweissystem K liegt die Frage nahe, ob es mächtig genug ist, d.h. ob alle semantisch gültigen Formeln in K tatsächlich bewiesen werden können. Dieses ist die Frage nach der *Vollständigkeit* des Beweissystems. Wir sind hier an der Vollständigkeit der Beweissysteme PD und TD interessiert. Wir definieren jedoch allgemeiner:

Definition 3.23 Sei K ein Beweissystem, mit dem Korrektheitsformeln über Programme einer bestimmten Klasse C bewiesen werden können. Dann heißt K *vollständig für partielle Korrektheit von Programmen aus C*, wenn für alle Korrektheitsformeln $\{p\}\ S\ \{q\}$ über Programme S aus C gilt:

$$\models \{p\}\ S\ \{q\} \text{ impliziert } \vdash_K \{p\}\ S\ \{q\},$$

und K heißt *vollständig für totale Korrektheit von Programmen aus C*, wenn für alle Korrektheitsformeln $\{p\}\ S\ \{q\}$ über Programme S aus C gilt:

$$\models_{tot} \{p\}\ S\ \{q\} \text{ impliziert } \vdash_K \{p\}\ S\ \{q\}.$$

Offensichtlich handelt es sich hierbei um die Umkehrung des Begriffes "Korrektheit" aus Defintion 3.13.   □

Es gibt verschiedene Gründe, warum die Beweissysteme PD und TD unvollständig sein könnten:

(1) Für die in der Konsequenzregel benutzten Zusicherungen gibt es kein vollständiges Beweissystem.

(2) Die in Korrektheitsbeweisen benötigten Zustandsmengen oder Terminierungsfunktionen können nicht in der logischen Sprache der Zusicherungen oder Ausdrücke formuliert werden.

(3) Die angegebenen Beweisregeln für deterministische Programme sind nicht mächtig genug.

Der Grund (1) trifft tatsächlich zu. Wir betrachten ja hier für die Zusicherungen eine feste Struktur, in der unter anderem die ganzen Zahlen enthalten sind. Aus dem *Unvollständigkeitssatz* von Gödel folgt, daß es für die Menge aller in einer solchen Struktur gültigen Zusicherungen kein vollständiges Beweissystem geben kann. Um diesem Problem aus dem Weg zu gehen, haben wir die Beweissysteme PD und TD bereits um die Menge aller gültigen Zusicherungen erweitert.

Der Grund (2) trifft zum Teil auch zu. Einerseits werden wir sehen, daß alle benötigten Zustandsmengen durch Zusicherungen definiert werden können; andererseits ist die in Kapitel 2 eingeführte Syntax der Ausdrücke nicht mächtig genug, um alle Terminierungsfunktionen ausdrücken zu können.

Deshalb bedeutet unsere Frage nach der Vollständigkeit von PD und TD gemäß (3) lediglich, ob die in diesen Beweissystemen für die Programmkonstrukte angegebenen Beweisregeln mächtig genug sind. Es wäre zum Beispiel denkbar, daß die Scheifenregel II in TD nicht ausreicht, um die totale Korrektheit von **while**-Schleifen nachzuweisen.

Wir werden jedoch zeigen, daß die Beweissysteme PD und TD in diesem Sinne vollständig sind. Zunächst untersuchen wir gemäß (2) die Ausdruckskraft der Zusicherungen und Ausdrücke. Dazu benötigen wir den Begriff der schwächsten Vorbedingung, der auf Dijkstra [Dij75] zurückgeht.

Definition 3.24 Sei S ein deterministisches Programm und Φ eine Menge von Zuständen. Dann definieren wir

$$wlp(S, \Phi) = \{\sigma \mid \mathcal{M}[\![S]\!](\sigma) \subseteq \Phi\}$$

und

$$wp(S, \Phi) = \{\sigma \mid \mathcal{M}_{tot}[\![S]\!](\sigma) \subseteq \Phi\}.$$

Die Zustandsmenge $wlp(S, \Phi)$ heißt *schwächste Vorbedingung für partielle Korrektheit* (engl. *weakest liberal precondition*) von S bezüglich Φ und $wp(S, \Phi)$ die *schwächste Vorbedingung für totale Korrektheit* (engl. *weakest precondition*) von S bezüglich Φ. $\qquad\square$

Anschaulich ist $wlp(S, \Phi)$ die Menge aller Zustände σ, so daß das Programm S, wenn es in σ gestartet wird und terminiert, einen Zustand in der Menge Φ abliefert. Ferner ist $wp(S, \Phi)$ die Menge aller Zustände σ, so daß S, wenn es in σ gestartet wird, auf jeden Fall terminiert, und zwar in einem Zustand in der Menge Φ.

Es läßt sich zeigen, daß diese Zustandsmengen im Sinne des folgenden Satzes durch Zusicherungen ausgedrückt oder *definiert* werden können.

Definition 3.25 Eine Zusicherung p *definiert* eine Zustandsmenge Φ, falls $[\![p]\!] = \Phi$ gilt. $\qquad\square$

Satz 3.26 (Definierbarkeit der schwächsten Vorbedingung)
Sei S ein deterministisches Programm und q eine Zusicherung. Dann gilt:

(i) Es gibt eine Zusicherung p, die $wlp(S, [\![q]\!])$ definiert, d.h. mit $[\![p]\!] = wlp(S, [\![q]\!])$.

(ii) Es gibt eine Zusicherung p, die $wp(S, [\![q]\!])$ definiert, d.h. mit $[\![p]\!] = wp(S, [\![q]\!])$.

Beweis. Einen Beweis dieses Satzes findet man im von J. Zucker geschriebenen Anhang des Buches von de Bakker [Bak80]. Wir wollen hier nicht auf die Details eingehen und nur erwähnen, daß die natürlichen Zahlen mit Addition und Multiplikation zur Kodierung oder *Gödelisierung* der Berechnungen von S ausgenutzt werden. $\qquad\qquad\Box$

Mit Hilfe des Definierbarkeits-Satzes können wir schwächste Vorbedingungen also syntaktisch ausdrücken. Deshalb treffen wir folgende Konvention: Für ein gegebenes deterministisches Programm S und eine gegebene Zusicherung q bezeichne $wlp(S,q)$ eine Zusicherung p, für die (i) gilt, und $wp(S,q)$ eine Zusicherung p, für die (ii) gilt. Man beachte den Unterschied zwischen $wlp(S,q)$ und $wlp(S,\Phi)$: ersteres ist eine Zusicherung und letzteres eine Menge von Zuständen. Entsprechendes gilt für $wp(S,q)$ und $wp(S,\Phi)$. Man beachte, daß $wlp(S,q)$ und $wp(S,q)$ nur bis auf logische Äquivalenz eindeutig definiert ist.

Die folgenden Eigenschaften über schwächste Vorbedingungen sind leicht zu zeigen.

Lemma 3.27 Für alle deterministischen Programme und Zusicherungen gilt:

(i) $wlp(skip, q) \leftrightarrow q$,

(ii) $wlp(u := t, q) \leftrightarrow q[u := t]$,

(iii) $wlp(S_1; S_2, q) \leftrightarrow wlp(S_1, wlp(S_2, q))$,

(iv) $wlp(\textbf{if } B \textbf{ then } S_1 \textbf{ else } S_2 \textbf{ fi}, q) \leftrightarrow$
      $(B \wedge wlp(S_1, q)) \vee (\neg B \wedge wlp(S_2, q))$,

(v) $wlp(S, q) \wedge B \rightarrow wlp(S_1, wlp(S, q))$,
      wobei $S \equiv \textbf{while } B \textbf{ do } S_1 \textbf{ od}$,

(vi) $wlp(S, q) \wedge \neg B \rightarrow q$,
      wobei $S \equiv \textbf{while } B \textbf{ do } S_1 \textbf{ od}$,

(vii) $\models \{p\}\ S\ \{q\}$ genau dann, wenn $p \rightarrow wlp(S, q)$.

Beweis. Siehe Übungsaufgabe 3.13. $\qquad\qquad\Box$

Aus (v) und (vii) folgt für $S \equiv \textbf{while } B \textbf{ do } S_1 \textbf{ od}$

$$\models \{wlp(S, q) \wedge B\}\ S_1\ \{wlp(S, q)\},$$

d.h. $wlp(S, q)$ ist eine Schleifeninvariante von S.

Lemma 3.28 Die Eigenschaften (i)–(vii) von Lemma 3.27 gelten auch, wenn wlp durch wp und $\models$ durch $\models_{tot}$ ersetzt wird.

Beweis. Siehe Übungsaufgabe 3.14. $\qquad\qquad\Box$

Der Definierbarkeits-Satz reicht aus, um die Vollständigkeit des Beweissystems PD zu beweisen. Für das Beweissystem TD benötigen wir jedoch noch eine zusätzliche Eigenschaft, nämlich daß alle zum Terminierungsnachweis benötigten Funktionen durch Integer-Ausdrücke dargestellt weren können.

Definition 3.29 Gegeben sei eine Schleife $S \equiv \textbf{while } B \textbf{ do } S_1 \textbf{ od}$ und eine Integer-Variable x, die in S nicht vorkommt. Wir betrachten die erweiterte Schleife

$$S_x \equiv x := 0; \ \textbf{while } B \textbf{ do } x := x + 1; \ S_1 \textbf{ od}$$

und einen Zustand σ, von dem aus S terminiert, also mit $\mathcal{M}_{tot}[\![S]\!](\sigma) \neq \{\bot\}$. Dann gilt $\mathcal{M}_{tot}[\![S_x]\!](\sigma) = \{\tau\}$ für einen Zustand $\tau \neq \bot$. Mit $iter(S, \sigma)$ bezeichnen wir die natürliche Zahl $\tau(x)$. □

Anschaulich ist $iter(S, \sigma)$ die Anzahl der Scheifeniterationen in der Berechnung von S, die in σ startet. Diese Anzahl ist durch S und σ eindeutig bestimmt. Zu fest vorgegebener Schleife S können wir $iter(S, \sigma)$ als partiell definierte Funktion in σ auffassen, deren Definitionsbereich aus allen Zuständen σ mit $\mathcal{M}_{tot}[\![S]\!](\sigma) \neq \{\bot\}$ besteht.

Wir bemerken, daß diese Funktion berechenbar ist. Die erweiterte Schleife S_x kann nämlich durch eine Turingmaschine simuliert werden, die mit Hilfe eines Zählers x die Anzahl der Scleifeninvarianten berechnet.

Definition 3.30 Die Menge aller Integer-Ausdrücke heißt *ausdruckskräftig*, falls es für jede **while**-Schleife S einen Integer-Ausdruck t gibt, so daß

$$\sigma(t) = iter(S, \sigma)$$

für jeden Zustand σ mit $\mathcal{M}_{tot}[\![S]\!](\sigma) \neq \{\bot\}$ gilt. □

Ausdruckskraft besagt also, daß für jede Schleife die Anzahl der Schleifeniterationen mit einem Integer-Ausdruck beschrieben werden kann. Während die in Kapitel 2 eingeführten Zusicherungen ausreichen, um die Definierbarkeit der schwächsten Vorbedingung zu garantieren (Satz 3.26), reichen die dort eingeführten Integer-Ausdrücke nicht aus, um Ausdruckskraft sicherzustellen.

Mit den dort genannten Funktionssymbolen $+$ und $\cdot$ für Addition und Multiplikation lassen sich nur Polynome als Integer-Ausdrücke darstellen. Es ist aber leicht möglich, eine terminierende **while**-Schleife S zu schreiben, deren Anzahl der Schleifeniterationen ein exponentielles Wachstum hat, zum Beispiel mit $iter(S, \sigma) = 2^{\sigma(x)}$. Dann ist $iter(S, \sigma)$ nicht durch einen Integer-Ausdruck in der Syntax aus Kapitel 2 beschreibbar.

Um Ausdruckskraft sicherzustellen, wird eine Erweiterung der Integer-Ausdrücke benötigt, in der alle partiell definierten berechenbaren Funktionen beschreibbar sind. Wir wollen eine solche Erweiterung hier aber nicht näher ausführen.

Satz 3.31 (Vollständigkeit)

(i) Das Beweissystem PD ist vollständig für partielle Korrektheit von deterministischen Programmen.

(ii) Für ausdruckskräftige Integer-Ausdrücke ist das Beweissystem TD vollständig für totale Korrektheit von deterministischen Programmen.

Beweis. *Die folgende Argumentation kann beim ersten Lesen dieses Buches überschlagen werden, ohne daß dadurch das Verständnis der späteren Kapitel beeinträchtigt wird.*

(i) *partielle Korrektheit*: Wir beweisen zunächst, daß für alle deterministischen Programme S und alle Zusicherungen q

$$\vdash_{PD} \{wlp(S, q)\}\ S\ \{q\}. \tag{3.24}$$

gilt. Dazu benutzen wir Induktion über den Aufbau von S und wenden dabei die Eigenschaften (i)–(vi) von Lemma 3.27 an.

Induktionsanfang: Für die *skip*-Anweisung und der Wertzuweisung gilt die Behauptung offensichtlich.

Induktionsschritt: Der Fall der sequentiellen Komposition ist klar. Wir betrachten daher den Fall der bedingten Anweisung $S \equiv$ **if** B **then** S_1 **else** S_2 **fi** genauer. Nach Lemma 3.27(iv) gilt

$$wlp(S, q) \land B \to wlp(S_1, q) \tag{3.25}$$

und

$$wlp(S, q) \land \neg B \to wlp(S_2, q). \tag{3.26}$$

Nach Induktionsvoraussetzung gilt

$$\vdash_{PD} \{wlp(S_1, q)\}\ S_1\ \{q\} \tag{3.27}$$

und

$$\vdash_{PD} \{wlp(S_2, q)\}\ S_2\ \{q\}. \tag{3.28}$$

Wird nun die Konsequenzregel auf (3.25) und (3.27) bzw. (3.26) und (3.28) angewandt, erhalten wir

$$\vdash_{PD} \{wlp(S, q) \land B\}\ S_1\ \{q\}$$

und

$$\vdash_{PD} \{wlp(S, q) \land \neg B\}\ S_2\ \{q\}.$$

Daraus folgt (3.24) mit Hilfe der Regel für bedingte Anweisungen.

Abschließend betrachten wir den Fall der Schleife $S \equiv$ **while** B **do** S_1 **od**. Nach Induktionsvoraussetzung gilt

$$\vdash_{PD} \{wlp(S_1, wlp(S, q))\}\ S_1\ \{wlp(S, q)\}.$$

Nach Lemma 3.27(v) und der Konsequenzregel gilt

$$\vdash_{PD} \{wlp(S, q) \land B\}\ S_1\ \{wlp(S, q)\},$$

d.h. $wlp(S, q)$ ist eine Invariante für die Schleife S. Daraus folgt mit der Schleifenregel

$$\vdash_{PD} \{wlp(S, q)\} \; S \; \{wlp(S, q) \wedge \neg B\}.$$

Schließlich gilt mit Lemma 3.27(vi) und der Konsequenzregel

$$\vdash_{PD} \{wlp(S, q)\} \; S \; \{q\}.$$

Damit ist (3.24) insgesamt bewiesen. Mit dieser Vorbereitung können wir die Vollständigkeit von PD leicht zeigen. Es gelte

$$\models \{p\} \; S \; \{q\}.$$

Nach Lemma 3.27(vii) gilt dann

$$p \rightarrow wlp(S, q).$$

Mit (3.24) und der Konsequenzregel folgt daraus

$$\vdash_{PD} \{p\} \; S \; \{q\}.$$

(ii) *totale Korrektheit*: Wir gehen etwas anders als bei (i) vor und zeigen direkt mit Induktion über den Aufbau von deterministischen Programmen S:

$$\models_{tot} \{p\} \; S \; \{q\} \text{ impliziert } \vdash_{TD} \{p\} \; S \; \{q\}.$$

Der Beweis der Fälle *skip*, Wertzuweisung, sequentielle Komposition und bedingte Anweisung ist ähnlich wie in (i) zu führen, wobei statt Lemma 3.27 jetzt Lemma 3.28 benutzt wird.

Der wesentliche Unterschied tritt bei der Behandlung der Schleife $S \equiv$ **while** B **do** S_1 **od** auf. Es gelte $\models_{tot} \{p\} \; S \; \{q\}$. Wir zeigen zunächst

$$\vdash_{TD} \{wp(S, q)\} \; S \; \{q\}, \tag{3.29}$$

weil daraus – analog zu (i) – mit Lemma 3.28(vii) und der Konsequenzregel die Behauptung $\vdash_{TD} \{p\} \; S \; \{q\}$ folgt. Nach Lemma 3.28(vii) wissen wir

$$\models_{tot} \{wp(S_1, wp(S, q))\} \; S_1 \; \{wp(S, q)\}.$$

Also gilt mit der Induktionsvoraussetzung

$$\vdash_{TD} \{wp(S_1, wp(S, q))\} \; S_1 \; \{wp(S, q)\}.$$

Mit Lemma 3.28(v) folgt daraus

$$\vdash_{TD} \{wp(S, q) \wedge B\} \; S_1 \; \{wp(S, q)\}. \tag{3.30}$$

Wir wollen jetzt die Schleifenregel II anwenden. Mit (3.30) haben wir bereits $wp(S, q)$ als Invariante der Schleife S gefunden. Wir benötigen aber noch eine geeignete Terminierungsfunktion.

Laut Voraussetzung gibt es einen Integer-Ausdruck t, so daß $\sigma(t) = iter(S,\sigma)$ für alle Zustände σ mit $\mathcal{M}_{tot}[\![S]\!](\sigma) \neq \{\bot\}$ gilt. Mit der Definition von $wp(S,q)$ und t folgt

$$\models_{tot} \{wp(S,q) \wedge B \wedge t = z\}\ S_1\ \{t < z\}, \tag{3.31}$$

wobei z eine Integer-Variable ist, die nicht in t, B und S vorkommt, und

$$wp(S,q) \to t \geq 0. \tag{3.32}$$

Nach der Induktionsvoraussetzung impliziert (3.31) die Aussage

$$\vdash_{TD} \{wp(S,q) \wedge B \wedge t = z\}\ S_1\ \{t < z\}. \tag{3.33}$$

Die Anwendung der Schleifenregel II auf (3.30), (3.33) und (3.32) liefert

$$\vdash_{TD} \{wp(S,q)\}\ S\ \{wp(S,q) \wedge \neg B\}. \tag{3.34}$$

Aus (3.34) folgt mit Lemma 3.28(vi) und der Konsequenzregel dann (3.29). Damit ist alles bewiesen. $\qquad\Box$

Ähnliche Vollständigkeitssätze können auch für die in späteren Kapiteln betrachteten Beweissysteme hergeleitet werden. Die Vorgehensweise ist ähnlich wie im obigen Beweis: es ist jeweils eine Induktion über den Aufbau der betrachteten Programme zu führen. Dabei werden schwächste Vorbedingungen oder ähnliche Begriffe zur Konstruktion der benötigten Zusicherungen benutzt.

Allerdings sind die Vollständigkeitsbeweise für die Beweissysteme für parallele und verteilte Programme im Detail recht kompliziert. Wir werden deshalb keine weiteren Vollständigkeitsbeweise mehr führen und uns stattdessen auf die Anwendung der Beweissysteme zur Verifikation konkreter Programme konzentrieren.

3.6 Zusätzliche Axiome und Regeln

Neben Beweisskizzen gibt es noch ein weiteres Hilfsmittel, um Beweise übersichtlich darzustellen, nämlich die Benutzung zusätzlicher Axiome und Regeln, die es uns erlauben, verschiedene Korrektheitsformeln über dasselbe Programm zu beweisen und dann miteinander zu kombinieren.

Im Falle von deterministischen Programmen sind zusätzliche Regeln eigentlich überflüssig, da wir nach dem Vollständigkeitssatz 3.31 jede gültige Korrektheitsformel bereits mit den Axiomen und Regel der Beweissysteme PD und TD beweisen können.

Trotzdem sind die folgenden Regeln auch dort zur Abkürzung anderweitig langer Beweise hilfreich. Wir werden diese Regeln in Beweisen der partiellen und totalen Korrektheit für alle in diesem Buch betrachteten Programmklassen benutzen.

AXIOM A1:   INVARIANZ

$$\{p\}\ S\ \{p\}\ ,$$

wobei $free(p) \cap change(S) = \emptyset$.

REGEL A2:   DISJUNKTION

$$\frac{\{p\}\ S\ \{q\},\{r\}\ S\ \{q\}}{\{p \vee r\}\ S\ \{q\}}$$

REGEL A3:   KONJUNKTION

$$\frac{\{p_1\}\ S\ \{q_1\},\{p_2\}\ S\ \{q_2\}}{\{p_1 \wedge p_2\}\ S\ \{q_1 \wedge q_2\}}$$

REGEL A4: $\exists$-EINFÜHRUNG

$$\frac{\{p\}\ S\ \{q\}}{\{\exists x : p\}\ S\ \{q\}}\ ,$$

wobei x weder in S noch in $free(q)$ vorkommt.

REGEL A5:   INVARIANZ

$$\frac{\{r\}\ S\ \{q\}}{\{p \wedge r\}\ S\ \{p \wedge q\}}\ ,$$

wobei $free(p) \cap change(S) = \emptyset$.

Das Axiom A1 gilt nur im Sinne der partiellen Korrektheit; die Regeln A2–A5 sind korrekt sowohl für partielle als auch für totale Korrektheit. Diese Aussage gilt für beliebige Programme S, deren Semantik der partiellen bzw. totalen Korrektheit durch eine Abbildung

$$\mathcal{N}[S] : \Sigma \to \mathcal{P}(\Sigma \cup \{\perp, \mathbf{fail}, \Delta\})$$

gegeben ist, die den im Lemma 3.7 über Änderung und Zugriff genannten Aussagen genügt. Alle in diesem Buch betrachteten Programme werden dieser Bedingung genügen. Für sie gilt der folgende Satz:

Satz 3.32 Im folgenden betrachten wir nur Programme S, die den eben genannten Bedingung genügen.

(i) Axiom A1 gilt im Sinne der partiellen Korrektheit für beliebige dieser Programme.

(ii) Die Regeln A2-A5 sind korrekt für die partielle Korrektheit beliebiger dieser Programme.

(iii) Die Regeln A2-A5 sind korrekt für die totale Korrektheit beliebiger dieser Programme.

Beweis. Siehe Übungsaufgabe 3.15.   □

Natürlich sind auch andere zusätzliche Regeln vorstellbar, aber bis zum letzten Kapitel 8 werden wir mit den hier genannten zusätzlichen Regeln auskommen.

Konvention. Im folgenden werden wir die Axiome und Regeln A1–A5 jedem Beweissystem für partielle Korrektheit und die Regeln A2–A5 jedem Beweissystem für totale Korrektheit hinzufügen.

3.7 Systematische Entwicklung korrekter Programme

Wir stellen jetzt einen Ansatz von Dijkstra [Dij76] vor, nach dem Programme zusammen mit ihrem Korrektheitsbeweis entwickelt werden können. Wir folgen dabei der Darstellung von Gries [Gri82], so daß wir uns bei der Programmentwicklung von dem Beweissystem TD leiten lassen. Insbesondere sollen alle betrachteten Korrektheitsformeln im Sinne der totalen Korreketheit gelten.

Der wichtigste Punkt im Ansatz von Dijkstra ist die systematische Entwicklung von Schleifen. Nehmen wir an, daß wir ein Programm R der Form

$$R \equiv T; \textbf{ while } B \textbf{ do } S \textbf{ od}$$

konstruieren wollen, das für eine gegebene Vorbedingung r und Nachbedingung q die Korrektheitsformel

$$\{r\} \, R \, \{q\} \tag{3.35}$$

erfüllt. Um triviale Lösungen für R auszuschließen (vgl. die Bemerkungen in Beispiel 3.11), fordern wir üblicherweise, daß gewisse Variablen in r und q, etwa $x_1, \ldots, x_n$, von R nicht verändert werden dürfen, d.h. wir fordern

$$x_1, \ldots, x_n \notin change(R).$$

Um (3.35) im Beweissystem TD zu beweisen, genügt es, eine Schleifeninvariante p und eine Terminierungsfunktion t zu finden, die den folgenden fünf Bedingungen genügen:

1. p gilt zu Beginn der Schleife, d.h. es gilt $\{r\} \, T \, \{p\}$;

2. p ist tatsächlich eine Schleifeninvariante, d.h. es gilt $\{p \wedge B\} \, S \, \{p\}$;

3. bei Terminierung der Schleife gilt q, d.h. es gilt $p \wedge \neg B \rightarrow q$;

4. p impliziert $t \geq 0$, also formal $p \rightarrow t \geq 0$;

5. der Wert von t nimmt mit jeder Iteration der Schleife ab, d.h. es gilt $\{p \wedge B \wedge t = z\}\ S\ \{t < z\}$, wobei z eine neue Variable ist.

Diese fünf Bedingungen können übersichtlicher in Form einer Beweisskizze für totale Korrektheit dargestellt werden:

$$
\begin{array}{l}
\{r\} \\
T; \\
\{\textbf{inv} : p\}\{\textbf{bd} : t\} \\
\textbf{while } B \textbf{ do} \\
\quad \{p \wedge B\} \\
\quad S \\
\quad \{p\} \\
\textbf{od} \\
\{p \wedge \neg B\} \\
\{q\}
\end{array}
$$

Wenn nur r und q gegeben sind, besteht der erste Schritt in der Entwicklung von R im Finden einer geeigneten Schleifeninvarianten p. Eine Heuristik dafür ist, *die Nachbedingung q zu verallgemeinern, indem eine Konstante durch eine Variable ersetzt wird.* Sehen wir uns diese Heuristik für ein einfaches Beispiel genauer an.

Summations-Problem

Gegeben sei ein Feld a vom Typ **integer** $\rightarrow$ **integer** und eine Integer-Konstante N mit $N > 0$. Das Problem ist, ein Programm SUM zu schreiben, das in einer Integer-Variablen x die Summe aller Elemente im Abschnitt $a[0 : N - 1]$ von a berechnet. Dabei fordern wir $a \notin change(SUM)$.

Um dieses Problem als Korrektheitsformel $\{r\}\ SUM\ \{q\}$ zu spezifizieren, betrachten wir als Vorbedingung

$$r \equiv N > 0$$

und als Nachbedingung

$$q \equiv x = \Sigma_{i=0}^{N-1}\ a[i].$$

Die Bedingung q besagt, daß x die Summe aller Elemente des Abschnitts $a[0 : N - 1]$ speichert.

Unser Ziel ist, ein Programm SUM der Form

$$SUM \equiv T;\ \textbf{while } B \textbf{ do } S \textbf{ od}$$

zu entwickeln. Um eine Invariante p für die Schleife S zu finden, ersetzen wir in der Nachbedingung q die Konstante N durch eine neue Variable k und schränken deren Wertebereich geeignet ein. Diese Überlegungen führen zu

$$p \equiv 0 \leq k \leq N \wedge x = \Sigma_{i=0}^{k-1} a[i]$$

als Vorschlag für die Invariante des zu entwickelnden Programms SUM.

Wir versuchen nun die Bedingungen 1–5 durch geeignete Wahlen von B, S und t zu erfüllen.

Zu 1. Um $\{r\}\ T\ \{p\}$ zu erreichen, wählen wir $T \equiv k := 0;\ x := 0$.

Zu 3. Um $p \wedge \neg B \rightarrow q$ zu erreichen, wählen wir $B \equiv k \neq N$.

Zu 4. Wegen $p \rightarrow N - k \geq 0$ wählen wir $t \equiv N - k$ als Terminierungsfunktion.

Zu 5. Damit der Wert von t mit jeder Iteration durch die Schleife abnimmt, fügen wir die Wertzuweisung $k := k + 1$ in den Schleifenrumpf ein.

Zu 2. Damit erhalten wir folgende, noch unvollständige Beweisskizze

```
{r}
k := 0;  x := 0;
{inv : p}{bd : t}
while k ≠ N do
    {p ∧ k ≠ N}
    S₁;
    {p[k := k + 1]}
    k := k + 1
    {p}
od
{p ∧ k = N}
{q},
```

in der S_1 noch zu entwickeln bleibt.

Dazu vergleichen wir die Vor- und Nachbedingung von S_1. Die Vorbedingung $p \wedge k \neq N$ impliziert

$$0 \leq k + 1 \leq N \wedge x = \Sigma_{i=0}^{k-1} a[i]$$

und die Nachbedingung $p[k := k + 1]$ ist äquivalent zu

$$0 \leq k + 1 \leq N \wedge x = (\Sigma_{i=0}^{k-1} a[i]) + a[k].$$

Es ist leicht einzusehen, daß ein Addieren von $a[k]$ zu x diese beiden Bedingungen ineinander "überführt". Deshalb wählen wir

$$S_1 \equiv x := x + a[k].$$

Damit ist auch sichergestellt, daß p eine Schleifeninvariante ist.

Insgesamt haben wir also das folgende Programm SUM zusammen mit seinem Korrektheitsbeweis entwickelt:

$$SUM \equiv k := 0; \; x := 0;$$
$$\textbf{while } k \neq n \textbf{ do}$$
$$x := x + a[k];$$
$$k := k + 1$$
$$\textbf{od}.$$

3.8 Fallstudie: Minimale Abschnittssumme

Wir betrachtem hier ein Beispiel von Gries [Gri82]. Gegeben sei der Abschnitt $a[0 : N-1]$ eines Feldes a vom Typ **integer** $\rightarrow$ **integer**, wobei N eine Integer-Konstante mit $N > 0$ sei. Für Abschnitte $a[i : j]$ innerhalb von $a[0 : N-1]$, also mit $0 \leq i \leq j < N$, sei die Summe durch

$$s_{i,j} \equiv \Sigma_{k=i}^{j} a[k]$$

gegeben. Ein *Abschnitt minimaler Summe* von $a[0 : N-1]$ ist ein Abschnitt $a[i : j]$, für den die Summe von $a[i : j]$ minimal unter allen Abschnitten von $a[0 : N-1]$ ist. Diese Summe heißt auch *minimale Abschnittssumme*.

Zum Beispiel besitzt $a[0 : 4] = (5, -3, 2, -4, 1)$ genau einen Abschnitt minimaler Summe, nämlich $a[1 : 3] = (-3, 2, -4)$. Die minimale Abschnittssumme ist -5. Dagegen besitzt $a[0 : 4] = (5, 2, 5, 4, 2)$ zwei Abschnitte minimaler Summe, nämlich $a[1 : 1]$ und $a[4 : 4]$. Die minimale Abschnittssumme ist 2.

Das Problem ist, ein Programm *MINSUM* zu schreiben, das zu einem gegebenen Abschnitt $a[0 : N-1]$ in einer Variablen *sum* die minimale Abschnittssumme von $a[0 : N-1]$ berechnet. Dabei fordern wir $a \notin change(MINSUM)$. Mit anderen Worten: wir möchten ein Programm *MINSUM* der Form

$$MINSUM \equiv T; \textbf{ while } B \textbf{ do } S \textbf{ od}$$

entwickeln, für das die Korrektheitsformel

$$\{N > 0\} \; MINSUM \; \{q\}$$

mit

$$q \equiv sum = min \; \{s_{i,j} \mid 0 \leq i \leq j < N\}$$

gilt. Wie im vorangegangenen Beispiel *SUM* versuchen wir eine Invariante p für die Schleife S zu finden, indem wir in der Nachbedingung q die Konstante N durch eine neue Variable k ersetzen und deren Wertebereich geeignet einschränken. Als abkürzende Schreibweise führen wir für $k \in \{1, ..., N\}$ ein:

$$s_k \equiv min \; \{s_{i,j} \mid 0 \leq i \leq j < k\}.$$

Dann haben wir $q \equiv sum = s_n$ und

$$p \equiv 1 \leq k \leq N \wedge sum = s_k.$$

Wir versuchen nun die Bedingungen 1–5 durch geeignete Wahlen von B, S und t zu erfüllen.

Zu 1. Um $\{n > 0\}\, T\, \{p\}$ zu erreichen, wählen wir als Initialisierung $T \equiv k := 1;\ sum := a[0]$.

Zu 3. Um $p \wedge \neg B \to q$ zu erreichen, wählen wir $B \equiv k \neq N$.

Zu 4. Wegen $p \to N - k \geq 0$ wählen wir $t \equiv N - k$ als Terminierungsfunktion.

Zu 5. Damit der Wert von t mit jeder Iteration durch die Schleife abnimmt, fügen wir die Wertzuweisung $k := k + 1$ in den Schleifenrumpf ein.

Zu 2. Damit erhalten wir folgende, noch unvollständige Beweisskizze

$$
\begin{aligned}
&\{N > 0\} \\
&k := 1;\ sum := a[0]; \\
&\{\mathbf{inv} : p\}\{\mathbf{bd} : t\} \\
&\mathbf{while}\ k \neq N\ \mathbf{do} \\
&\qquad \{p \wedge k \neq N\} \\
&\qquad S_1; \\
&\qquad \{p[k := k + 1]\} \\
&\qquad k := k + 1 \\
&\qquad \{p\} \\
&\mathbf{od} \\
&\{p \wedge k = N\} \\
&\{q\},
\end{aligned}
$$

in der S_1 noch zu entwickeln bleibt.

Dazu vergleichen wir die Vor- und Nachbedingung von S_1. Es gilt

$$
p \wedge k \neq N \ \to\ 1 \leq k + 1 \leq N \wedge sum = s_k
$$

und

$$
\begin{aligned}
& p[k := k + 1] \\
\leftrightarrow\ & 1 \leq k + 1 \leq N \wedge sum = s_{k+1} \\
\leftrightarrow\ & 1 \leq k + 1 \leq N \wedge sum = min\,\{s_{i,j} \mid 0 \leq i \leq j < k + 1\} \\
\leftrightarrow\ & \quad \{\text{wegen}\ \{s_{i,j} \mid 0 \leq i \leq j < k + 1\} = \\
& \qquad \{s_{i,j} \mid 0 \leq i \leq j < k\} \cup \{s_{i,k} \mid 0 \leq i < k + 1\}\} \\
& \quad \text{und}\ \ min(A \cup B) = min\,\{minA, minB\}\} \\
& 1 \leq k + 1 \leq N \wedge sum = min(s_k, min\,\{s_{i,k} \mid 0 \leq i < k + 1\}).
\end{aligned}
$$

Als Abkürzung führen wir jetzt für $k \in \{1, \ldots, n\}$ ein:

$$
t_k \equiv min\,\{s_{i,k-1} \mid 0 \leq i < k\}.
$$

Damit ergibt sich

$$p[k := k+1] \leftrightarrow 1 \leq k+1 \leq N \wedge sum = min(s_k, t_{k+1}).$$

Es leicht nachzuprüfen, daß die Vorbedingung $1 \leq k+1 \leq N \wedge sum = s_k$ in die Nachbedingung $1 \leq k+1 \leq N \wedge sum = min(s_k, t_{k+1})$ durch die Wertzuweisung

$$S_1 \equiv sum := min(sum, t_{k+1}). \tag{2}$$

"überführt" wird, wobei zuvor allerdings t_{k+1} zu berechnen ist. Die Frage ist, wie dieses am besten geschieht.

Lösung 1: Direkte Berechnung. Die direkte Berechnung von t_{k+1} führt zu dem Programm

```
k := 1;  sum := a[0];
while k ≠ N do
      sum := min(sum, t_{k+1});
      k := k + 1
od
```

mit

$$t_{k+1} \equiv min\ \{s_{i,k} \mid 0 \leq i < k+1\}.$$

Diese Berechnung von t_{k+1} benötigt eine Anzahl von Schritten, die proportional zu k ist. Da die Schleife für $k = 1, \ldots, N$ durchlaufen wird, benötigt das obige Programm eine Anzahl von Schritten, die proportional zu

$$\Sigma_{k=1}^{N}\ k = \frac{N \cdot (N+1)}{2}$$

ist, also proportional zu N^2.

Lösung 2: Effizientere Berechnung. Wir können eine effizienteres Programm entwickeln, indem wir eine neue Variable x einführen, die vor der Wertzuweisung (2) an sum den Wert $x = t_{k+1}$ hält. Dazu müssen wir die Invariante p entsprechend verstärken. Da zu Beginn der k-ten Iteration der Schleife erst die Summen $s_{i,j}$ mit $i \leq j < k$ untersucht sind, wählen wir als neue Invariante

$$p^* \equiv p \wedge x = t_k \equiv 1 \leq k \leq N \wedge sum = s_k \wedge x = t_k$$

und *wiederholen* damit den Entwicklungsprozeß. Wir übernehmen die Terminierungsfunktion $t = N - k$ und fügen die Initialisierung $x := a[0]$ hinzu. Damit erhalten wir die folgende Beweisskizze für totale Korrektheit

```
{n > 0}
k := 1;  sum := a[0];  x := a[0];
{inv : p*}{bd : t}
while k ≠ N do
      {p* ∧ k ≠ N}
      S_1*;
```

$$\{p^*[k := k+1]\}$$
$$k := k+1$$
$$\{p^*\}$$
$$\mathbf{od}$$
$$\{p^* \wedge k = N\}$$
$$\{q\},$$

in der $S_1{}^*$ noch zu entwickeln bleibt. Dazu vergleichen wir wieder die Vor- und Nachbedingung von $S_1{}^*$. Es gilt

$$p^* \wedge k \neq N \;\rightarrow\; 1 \leq k+1 \leq N \wedge sum = s_k \wedge x = t_k$$

und

$$p^*[k := k+1]$$
$$\leftrightarrow \quad 1 \leq k+1 \leq N \wedge sum = s_{k+1} \wedge x = t_{k+1}$$
$$\leftrightarrow \quad \{\text{siehe } p[k := k+1]\}$$
$$1 \leq k+1 \leq N \wedge sum = min(s_k, t_{k+1}) \wedge x = t_{k+1}$$
$$\leftrightarrow \quad 1 \leq k+1 \leq N \wedge sum = min(s_k, x) \wedge x = t_{k+1}$$

Um den Anschluß an die Vorbedingung zu erhalten, drücken wir t_{k+1} mit Hilfe von t_k aus:

$$t_{k+1}$$
$$= \quad \{\text{Definition von } t_k\}$$
$$min \; \{s_{i,k} \mid 0 \leq i < k+1\}$$
$$= \quad \{\text{Assoziativität von } min\}$$
$$min(min \; \{s_{i,k} \mid 0 \leq i < k\}, \; s_{k,k})$$
$$= \quad \{s_{i,k} = s_{i,k-1} + a[k]\}$$
$$min(min \; \{s_{i,k-1} + a[k] \mid 0 \leq i < k\}, \; a[k])$$
$$= \quad \{\text{Eigenschaft von } min\}$$
$$min(min \; \{s_{i,k-1} \mid 0 \leq i < k\} + a[k], \; a[k])$$
$$= \quad \{\text{Definition von } t_k\}$$
$$min(t_k + a[k], a[k]).$$

Also gilt

$$p^*[k := k+1]$$
$$\leftrightarrow \quad 1 \leq k+1 \leq N \wedge sum = min(s_k, x) \wedge x = min(t_k + a[k], a[k]).$$

Mit dem Wertzuweisungsaxiom, der Regel für sequentielle Komposition und der Konsequenzregel ist es nun leicht nachzuprüfen, daß die Vorbedingung

$$1 \leq k+1 \leq N \wedge sum = s_k \wedge x = t_k$$

in die Nachbedingung

$$1 \leq k+1 \leq N \,\wedge\, sum = min(s_k, x) \,\wedge\, x = min(t_k + a[k], a[k])$$

durch das Programmstück

$$S_1^* \;\equiv\; x := min(x + a[k], a[k]); \;\; sum := min(sum, x)$$

"überführt" wird.

Damit haben wir folgendes Programm *MINSUM* zusammen mit seinem Korrektheitsbeweis entwickelt:

$$
\begin{aligned}
MINSUM \equiv\; &k := 1; \;\; sum := a[0]; \;\; x := a[0];\\
&\textbf{while } k \neq N \textbf{ do}\\
&\qquad x := min(x + a[k], a[k]);\\
&\qquad sum := min(sum, x);\\
&\qquad k := k + 1\\
&\textbf{od}.
\end{aligned}
$$

MINSUM benötigt nur noch eine Anzahl von Schritten, die proportional zu N ist. Dieser Wert ist sogar optimal für das Problem der minimalen Abschnittssumme, da jedes Element von $a[0 : N-1]$ wenigstens einmal gelesen werden muß.

3.9 Übungsaufgaben

Aufgabe 3.1 Beweisen Sie Lemma 3.6.

Aufgabe 3.2 Beweisen Sie Lemma 3.7.

Aufgabe 3.3 Beweisen Sie für $\mathcal{N} = \mathcal{M}$ und $\mathcal{N} = \mathcal{M}_{tot}$ die Eigenschaften

(i) $\mathcal{N}[\![\textbf{if } B \textbf{ then } S_1 \textbf{ else } S_2 \textbf{ fi}]\!] = \mathcal{N}[\![\textbf{if } \neg B \textbf{ then } S_2 \textbf{ else } S_1 \textbf{ fi}]\!]$,

(ii) $\mathcal{N}[\![\textbf{while } B \textbf{ do } S \textbf{ od}]\!] =$
$\mathcal{N}[\![\textbf{if } B \textbf{ then } S; \textbf{ while } B \textbf{ do } S \textbf{ od else } skip \textbf{ fi}]\!]$.

Aufgabe 3.4 Welche der folgenden Korrektheitsformeln gilt im Sinne der partiellen Korrektheit ?

(i) $\{\textbf{true}\} \; x := 100 \; \{\textbf{true}\}$,

(ii) $\{\textbf{true}\} \; x := 100 \; \{x = 100\}$,

(iii) $\{x = 50\} \; x := 100 \; \{x = 50\}$,

(iv) $\{y = 50\}\ x := 100\ \{y = 50\}$,

(v) $\{\textbf{true}\}\ x := 100\ \{\textbf{false}\}$,

(vi) $\{\textbf{false}\}\ x := 100\ \{x = 50\}$.

Geben Sie sowohl eine informelle Begründung als auch einen formalen Beweis im Beweissystem PD an. Welche der obigen Korrektheitsformeln gilt im Sinne der totalen Korrektheit ?

Aufgabe 3.5 Gegeben sei das Programm

$$S \ \equiv\ z := x;\ x := y;\ y := z.$$

Beweisen Sie die Korrektheitsformel

$$\{x = x_0 \land y = y_0\}\ S\ \{x = y_0 \land y = x_0\}$$

im Beweissystem PD. Was besagt die Korrektheitsformel anschaulich?

Aufgabe 3.6 Das folgende "Vorwärtsaxiom" für die Wertzuweisung wurde von Floyd [Flo67] für den Fall von einfachen Variablen und von de Bakker [Bak80] für den Fall von indizierten Variablen vorgeschlagen:

$$\{p\}\ u := t\ \{\exists y : (p[u := y] \land u = t[u := y])\}.$$

 (i) Beweisen Sie die Gütigkeit des Axioms. Zeigen Sie, daß es im Beweissystem PD hergeleitet werden kann. Zeigen Sie, daß in PD benutzte Axiom 2 für die Wertzuweisung aus dem obigen Axiom und der Konsequenzregel hergeleitet werden kann.

 (ii) Zeigen Sie, daß das einfache "Wertzuweisungs-Axiom"

$$\{\textbf{true}\}\ u := t\ \{u = t\}$$

im allgemeinen falsch ist. Unter welchen Bedingungen für u und t ist es wahr ?

Aufgabe 3.7 Beweisen Sie die Korrektheitsformel

$$\{\textbf{true}\}\ \textbf{while true do}\ x := x - 1\ \textbf{od}\ \{\textbf{false}\}$$

im Beweissystem PD. Untersuchen Sie, wo ein Beweisversuch der Formel im Beweissystem TD scheitert.

Aufgabe 3.8 Das folgende Programm S berechnet das Produkt zweier natürlicher Zahlen x und y:

$$S \equiv prod := 0; \ count := y;$$
$$\textbf{while } count > 0 \textbf{ do}$$
$$prod := prod + x;$$
$$count := count - 1$$
$$\textbf{od } .$$

Dabei seien $x, y, prod$ und $count$ Integer-Variablen.

(i) Geben Sie die Berechnung von S an, die im Zustand σ mit $\sigma(x) = 4$ und $\sigma(y) = 3$ startet.

(ii) Beweisen Sie die Korrektheitsformel

$$\{x \geq 0 \wedge y \geq 0\} \ S \ \{prod = x \cdot y\}$$

im Beweissystem TD.

(iii) Geben Sie eine Korrektheitsformel für S an, die ausdrückt, daß die Ausführung von S den Wert der Variablen x und y nicht verändert.

(iv) Bestimmen Sie die schwächste Vorbedingung $wp(S, \textbf{true})$.

Aufgabe 3.9 Die *Fibonacci-Zahlen* F_n sind induktiv wie folgt definiert:

$$\begin{aligned} F_0 &= 0, \\ F_1 &= 1, \\ F_n &= F_{n-1} + F_{n-2} \text{ für } n \geq 2. \end{aligned}$$

Nehmen Sie an, daß es in der Sprache der Zusicherungen das Funktionssymbol *fib* vom Typ **integer** $\rightarrow$ **integer**, so daß für alle $n \geq 0$ der Ausdruck $fib(n)$ die Fibonacci-Zahl F_n bezeichnet.

(i) Beweisen Sie die Korrektheitsformel

$$\{n \geq 0\} \ S \ \{x = fib(n)\}$$

für das Programm

$$S \equiv x := 0; \ y := 1; \ count := n;$$
$$\textbf{while } count > 0 \textbf{ do}$$
$$h := y; \ y := x + y; \ x := h;$$
$$count := count - 1$$
$$\textbf{od } ,$$

wobei x, y, n, h und $count$ Integer-Variablen sind.

(ii) Sei a ein Feld vom Typ **integer** $\rightarrow$ **integer**. Entwickeln Sie ein deterministisches Programm S' mit $n \notin var(S')$, für das die Korrektheitsformel

$$\{n \geq 0\}\ S'\ \{\forall(0 \leq k \leq n) : a[k] = fib(k)\}$$

im Sinne der totalen Korrektheit gilt.

Aufgabe 3.10 Für deterministische Programme S und Boolesche Ausdrücke B sei die **repeat**-Schleife wie folgt definiert:

$$\textbf{repeat}\ S\ \textbf{until}\ B\ \equiv\ S;\ \textbf{while}\ \neg B\ \textbf{do}\ S\ \textbf{od}.$$

(i) Geben Sie Transitionsaxiome oder -regeln zur Beschreibung der operationellen Semantik der **repeat**-Schleife an.

(ii) Zeigen Sie, daß die folgende Beweisregel korrekt im Sinne der partiellen Korrektheit ist:

$$\frac{\{p\}\ S\ \{q\}, q \wedge \neg B \rightarrow p}{\{p\}\ \textbf{repeat}\ S\ \textbf{until}\ B\ \{q \wedge B\}}.$$

Geben Sie auch eine korrekte Beweisregel für die totale Korrektheit der **repeat**-Schleife an.

(iii) Beweisen Sie für $\mathcal{N} = \mathcal{M}$ und $\mathcal{N} = \mathcal{M}_{tot}$ die Eigenschaft

$$\mathcal{N}[\![\textbf{repeat repeat}\ S\ \textbf{until}\ B_1\ \textbf{until}\ B_2]\!] = \mathcal{N}[\![\textbf{repeat}\ S\ \textbf{until}\ B_1 \wedge B_2]\!].$$

Aufgabe 3.11 Es gelte $< S, \sigma > \rightarrow^* < R, \tau >$ für $R \not\equiv E$. Zeigen Sie, daß es ein Teilprogramm T von S mit $R \equiv \mathbf{at}(T, S)$ gibt. (*Hinweis.* Zeigen Sie mit Induktion nach der Länge der Berechnung, daß R eine sequentielle Komposition von Teilprogrammen von S ist.)

Aufgabe 3.12 Betrachten Sie das Programm DIV aus Beispiel 3.11 und die Zusicherung

$$q \equiv quo \cdot y + rem = x \wedge 0 \leq rem < y.$$

Bestimmen Sie die Vorbedingungen $wlp(DIV, q)$ und $wp(DIV, q)$.

Aufgabe 3.13 Beweisen Sie Lemma 3.27. (*Hinweis.* Benutzen Sie zum Nachweis der Eigenschaft (ii) das Substitutions-Lemma 2.9.)

Aufgabe 3.14 Beweisen Sie Lemma 3.28. (*Hinweis.* Benutzen Sie für (i) wiederum das Substitutions-Lemma 2.9.)

Aufgabe 3.15 Beweisen Sie Satz 3.32.

3.10 Bibliographische Anmerkungen

In diesem Kapitel haben wir nur die einfachste Klasse von deterministischen Programmen betrachtet, die häufig auch als die Klasse der **while**-Programme bezeichnet wird. Diese Klasse ist als Kern in allen imperativen Programmiersprachen enthalten; in diesem Buch dient sie als Ausgangspunkt für die Untersuchung von parallelen und verteilten Programmen.

Der in diesem Kapitel vorgestellte Ansatz zur Programmverifikation wird häufig als *Hoaresche Logik* bezeichnet. Seit dem grundlegenden Aufsatz von Hoare [Hoa69] ist diese Logik in Hunderten von Arbeiten untersucht und auf zahlreiche weitere Programmkonstrukte erweitert worden. Der Aufsatz von Apt [Apt81] bietet einen Überblick über dieses große Gebiet. Jones zeichnet in [Jon92] die geschichtliche Entwicklung der Programmverifikation nach.

Eine umfassendere Darstellung Hoarescher Logik findet sich in den Büchern von de Bakker [Bak80] und Reynolds [Rey81] sowie von Tucker und Zucker [TZ88]. Neben der Hoareschen Logik sind noch weitere Ansätze zur Verifikation deterministischer Programme entwickelt worden, zum Beispiel auf der Grundlage der in diesem Buch nicht behandelten denotationellen Semantik. Zur Einführung hierzu sei das Buch von Loeckx and Sieber [LS87] empfohlen. Dort finden sich auch weitere Literaturhinweise.

Wir geben jetzt einige Erläuterungen zu dem hier vorgestellten Ansatz der Hoareschen Logik. Das Axiom für die Wertzuweisung für einfache Variablen stammt von Hoare [Hoa69] und das für indizierte Variablen von de Bakker [Bak80]. Andere Axiome für Wertzuweisungen an indizierte Variablen sind von Hoare und Wirth [HW73], Gries [Gri78] sowie Apt [Apt81] vorgeschlagen worden. Die Beweisregeln für sequentielle Komposition und Schleifen sowie die Konsequenzregel sind von Hoare [Hoa69] übernommen worden. Die Regel für bedingte Anweisungen stammt von Lauer [Lau71]; dort ist auch der erste Korrektheitsbeweis für eine Erweiterung des Beweissystems PD zu finden. Die Schleifenregel II für totale Korrektheit geht auf Dijkstra [Dij82, S. 217–219] zurück.

Der Vollständigkeitsbeweis für das Beweissystem PD ist ein Spezialfall eines allgemeiner formulierten Vollständigkeitsresultats von Cook [Coo78]. Der Vollständigkeitsbeweis für das Beweissystem TD ist eine Modifikation eines entsprechenden Beweises von Harel [Har79]. In diesem Buch betrachten wir stets eine feste logische Struktur mit festem Datenbereich und fester Interpretation aller Konstanten. Im Gegensatz dazu formulieren Cook [Coo78] und Harel [Har79] ihre Vollständigkeitssätze für gewisse Klassen von logischen Strukturen.

Aufsehen hat seinerzeit eine Arbeit von Clarke [Cla79] erregt, in der gezeigt wird, daß es für deterministische Programme mit einem sehr reichhaltigen Prozedurkonzept prinzipiell unmöglich ist, ein vollständiges Hoaresches Beweissystem zu finden, selbst wenn man sich auf logische Strukuren mit einem endlichen Datenbereich einschränkt. Diese Arbeit hat eine Vielzahl von Nachfolgeuntersuchungen über die Möglichkeit angeregt, für Programme mit eingeschränktem Prozedurkonzept vollständige Hoaresche Beweissysteme zu erhalten, u.a.

[Old81, DJ83, Old84]. Ein interessanter Überblick über diese Untersuchungen zur Vollständigkeit Hoarescher Logik findet sich in dem Aufsatz [Cla85].

Die im Abschnitt 3.6 genannten zusätzlichen Axiome und Regeln zählen nach Zwiers [Zwi89] zu den sogenannten *Adaptationsregeln*. Solche Regeln gestatten es, eine gegebene Korrektheitsformel über ein Programm auf andere Vor- und Nachbedingung anzupassen, zu *adaptieren*, ohne das Programm selbst zu verändern. Das Invarianzaxiom und die Konjunktionsregel stammen von Gorelick [Gor75], die Regel zur $\exists$-Einführung geht auf Harel [Har79] zurück.

Zwiers zeigt in [Zwi89], daß solche Regeln entscheidend für die sogenannte *modulare Verifikation* sind, bei der Programmkomponenten nur durch ihre Spezifikation, nicht aber durch ihren Programmtext gegeben sind. Der Name "Adaptionsregel" geht auf Hoare [Hoa71] zurück; der Begriff ist in dem Artikel von Olderog [Old83] weiter untersucht worden.

Mit der Programmverifikation verwandt ist die *Programmanalyse* [Hec77, MJ81]. Während es bei der Programmverifikation um den Nachweis von allgemeinen Ein/Ausgabe-Eigenschaften geht, konzentriert sich die Programmanalyse auf einfache Eigenschaften des Programmablaufes, z.B. ob ein Wert auf einem Programmpfad mehrfach berechnet wird. In einem solchen Fall kann die Effizienz des Programms gesteigert werden, indem dieser Wert in einer Hilfsvariablen gespeichert wird.

Während die Programmverifikation im allgemeinen nicht automatisch durchgeführt werden kann, ist das Ziel der Programmanalyse ihre automatische Durchführung. Dazu werden die Programme *abstrakt interpretiert*, d.h. statt der hier betrachteten Struktur mit ganzen Zahlen werden bei der Programmanalyse Strukturen mit endlichen Datenbereichen betrachtet. In diesem Fall können Schleifeninvarianten effektiv berechnet werden und damit die Programmanalyse automatisch durchgeführt werden. Neuere Forschungen auf diesem Gebiet befassen sich sich mit der Analyse von Programmen mit Prozeduren [Bou90, KS92, Kno94].

4. Disjunkte parallele Programme

In Kapitel 1 haben wir bereits gesehen, daß parallele Programme schwierig zu verstehen sein können. Deshalb werden wir sie schrittweise einführen. In diesem Kapitel betrachten wir nur die einfachste Form von Parallelismus, den sogenannten disjunkten Parallelismus. Disjunktheit bedeutet, daß die Komponenten auf gemeinsame Variablen nur Lesezugriff haben.

Viele Eigenschaften paralleler Programme können bereits für diese einfache Programmklasse erklärt werden. In Kapitel 5 werden wir dann gemeinsame Variablen mit Schreibzugriff betrachten, und in Kapitel 6 werden wir Synchronisation hinzufügen. Disjunkter Parallelismus ist auch ein guter Startpunkt, um verteilte Programme in Kapitel 8 einzuführen.

Unter welcher Bedingung hat die parallele Ausführung von Programmen dieselbe Wirkung wie eine sequentielle Ausführung? Genauer formuliert: gibt es ein einfaches syntaktisches Kriterium, das garantiert, daß alle Berechnungen eines parallelen Programms zu der sequentiellen Ausführung seiner Komponenten äquivalent ist? Diese Fragen haben Hoare zur Einführung des Begriffes "disjunkter Parallelismus" angeregt [Hoa72, Hoa75], den wir in diesem Kapitel eingehend studieren werden.

4.1 Syntax

Zwei deterministische Programme S_1 und S_2 heißen *disjunkt*, wenn keines von beiden die Variablen verändern kann, auf die das andere zugreifen kann, d.h. wenn

$$change(S_1) \cap var(S_2) = \emptyset$$

und

$$var(S_1) \cap change(S_2) = \emptyset$$

gilt. Wir benutzen hier die Notation $change(S)$ aus Kapitel 3, die für ein beliebiges Programm S die Menge aller einfachen Variablen und Feldvariablen bezeichnet, die von S verändert werden können, d.h. die auf linken Seiten von Wertzuweisungen vorkommen.

Beispiel 4.1 Die Programme $x := z$ und $y := z$ sind disjunkt, da folgendes gilt: $change(x := z) = \{x\}$, $var(y := z) = \{y, z\}$ und $var(x := z) = \{x, z\}, change(y := z) = \{y\}$.

Andererseits sind die Programme $x := z$ und $y := x$ nicht disjunkt, weil $x \in change(x := z) \cap var(y := x)$ gilt. Ebenso sind die Programme $a[1] := z$ und $y := a[2]$ nicht disjunkt, weil $a \in change(a[1] := z) \cap var(y := a[2])$ gilt. $\square$

Disjunkte parallele Programme werden durch dieselben Produktionsregeln wie deterministische Programme in Kapitel 3 generiert, nur daß jetzt noch die folgende Produktionsregel für *disjunkte parallele Komposition* hinzugefügt wird:

$$S ::= [S_1 \| \ldots \| S_n]$$

wobei $n > 1$ gilt und $S_1, \ldots, S_n$ paarweise disjunkte deterministische Programme sind, die auch als *(sequentielle) Komponenten* von S bezeichnet werden. Der Einfachheit halber betrachten wir in diesem Buch keinen geschachtelten Parallelismus; wir erlauben dagegen Parallelismus innerhalb von sequentieller Komposition, bedingten Anweisungen und **while**-Schleifen.

Es ist nützlich, den Begriff Disjunktheit auf Ausdrücke und Zusicherungen auszudehnen. Ein *Ausdruck t* und ein Programm S heißen *disjunkt*, wenn S die Variablen in t nicht verändern kann, d.h. wenn

$$change(S) \cap var(t) = \emptyset$$

gilt. Entsprechend heißen eine *Zusicherung p* und eine Programm S *disjunkt*, wenn

$$change(S) \cap var(p) = \emptyset$$

gilt.

4.2 Semantik

Wir definieren jetzt eine operationelle Semantik für disjunkte parallele Programme. Anschaulich kann ein disjunktes paralleles Programm $[S_1 \| \ldots \| S_n]$ eine Transition ausführen, wenn eines seiner Komponenten S_i mit $i \in \{1, \ldots, n\}$ diese Transition ausführen kann. Diese Art, die Ausführung eines parallelen Programms durch das Mischen der Ausführungen der Komponenten zu modellieren, wird *Interleaving* genannt. Eine formale Definition erhalten wir, indem wir das Transitionssystem für deterministische Programme durch folgende Transitionsregel erweitern:

(viii)
$$\frac{< S_i, \sigma > \; \to \; < T_i, \tau >}{< [S_1\|\ldots\|S_i\|\ldots\|S_n], \sigma > \; \to \; < [S_1\|\ldots\|T_i\|\ldots\|S_n], \tau >} \; ,$$

wobei $i \in \{1, \ldots, n\}$ gilt.

Berechnungen von disjunkten parallelen Programmen sind genauso definiert wie die von deterministischen Programmen. Zum Beispiel ist

$$< [x := 1\|y := 2\|z := 3], \sigma >$$
$$\to \quad < [E\|y := 2\|z := 3], \sigma[x := 1] >$$
$$\to \quad < [E\|E\|z := 3], \sigma[x := 1][y := 2] >$$
$$\to \quad < [E\|E\|E], \sigma[x := 1][y := 2][z := 3] >$$

eine Berechnung des Programms $[x := 1\|y := 2\|z := 3]$, die im Zustand σ startet.

Bekanntlich steht das leere Programm E für Terminierung. Zum Beispiel bezeichnet $[E\|y := 2\|z := 3]$ ein paralleles Programm, dessen erste Komponente terminiert ist. Wir wollen jetzt die anschauliche Vorstellung ausdrücken, daß ein paralleles Programm $S \equiv [S_1\|\ldots\|S_n]$ genau dann terminiert, wenn alle Komponenten $S_1, \ldots, S_n$ terminieren. Dazu identifizieren wir

$$[E\|\ldots\|E] \equiv E.$$

Mit dieser Identifikation können wir die Definition 3.1 einer terminierenden Berechnung auch für parallele Programme beibehalten. Zum Beispiel ist die letzte Konfiguration der obigen Berechnung mit der terminierenden Konfiguration

$$< E, \sigma[x := 1][y := 2][z := 3] >$$

gleichzusetzen.

Durch eine einfache Analyse der Transitionsregeln für disjunkte parallele Programme ergibt sich sofort das folgende Lemma.

Lemma 4.2 (Keine Blockierung) Jede Konfiguration $< S, \sigma >$ mit $S \not\equiv E$ besitzt eine Folgekonfiguration in der Transitionsrelation $\to$. $\square$

Wird ein disjunktes paralleles Programm $S \equiv [S_1\|\ldots\|S_n]$ also in einem Zustand σ gestartet, terminiert es entweder in einem Endzustand oder es divergiert; andere Möglichkeiten gibt es nicht. Deshalb führen wir genau wie bei deterministischen Programmen zwei Ein/Ausgabe-Semantiken für disjunkte parallele Programme ein.

Definition 4.3 Für disjunkte parallele Programme S und Zustände σ ist

(i) die *Semantik der partiellen Korrektheit* eine Abbildung

$$\mathcal{M}[S] : \Sigma \to \mathcal{P}(\Sigma)$$

mit

$$\mathcal{M}[S](\sigma) = \{\tau \mid < S, \sigma > \to^* < E, \tau >\}$$

(ii) und die *Semantik der totalen Korrektheit* eine Abbildung

$$\mathcal{M}_{tot}[\![S]\!] : \Sigma \to \mathcal{P}(\Sigma) \cup \{\bot\}$$

mit

$$\mathcal{M}_{tot}[\![S]\!](\sigma) = \mathcal{M}[\![S]\!](\sigma) \cup \{\bot \mid S \text{ kann von } \sigma \text{ aus divergieren}\}.$$

Dabei ist $\bot$ der Fehlerzustand, der für Divergenz steht. $\Box$

Determinismus

Ein semantischer Unterschied zwischen deterministischen und disjunkten parallelen Programmen ist, daß es jetzt vom selben Startzustand aus mehrere Berechnungen geben kann. Deshalb gilt ein einfacher Determinismus wie in Lemma 3.2 nicht mehr. Wir können jedoch zeigen, daß alle Berechnungen eines disjunkten parallelen Programms, die im selben Anfangszustand starten, auch dasselbe Ergebnis abliefern. Wir beobachten hier also eine schwächere Form von Determinismus, wonach die Semantik $\mathcal{M}_{tot}[\![S]\!](\sigma)$ für jedes disjunkte parallele Programm und jeden Zustand σ genau ein Element enthält, entweder einen normalen Endzustand τ oder den Fehlerzustand $\bot$.

Wir wollen dieses Ergebnis zeigen, indem wir einige Eigenschaften allgemeiner *Ersetzungssysteme* herleiten und anwenden.

Definition 4.4 Ein *Ersetzungssystem* ist ein Paar $(A, \to)$, wobei A eine Menge ist und $\to$ eine binäre Relation auf A, also $\to \subseteq A \times A$. Wenn $a \to b$ gilt, so sagen wir, daß a durch b *ersetzt* werden kann. Mit $\to^*$ sei die reflexive transitive Hülle von $\to$ bezeichnet.

Wir sagen, daß $\to$ die *Diamant-Eigenschaft* erfüllt, falls für alle $a, b, c \in A$ mit $b \neq c$ aus

$$\begin{array}{ccc} & a & \\ \swarrow & & \searrow \\ b & & c \end{array}$$

stets folgt, daß es ein $d \in A$ gibt mit

$$\begin{array}{ccc} b & & c \\ \searrow & & \swarrow \\ & d. & \end{array}$$

$\to$ heißt *konfluent* – man sagt dafür auch: besitzt die *Church-Rosser-Eigenschaft* –, falls für alle $a, b, c \in A$ aus

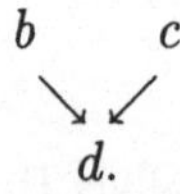

$$\begin{array}{ccc} & a & \\ {}^*\swarrow & & \searrow^* \\ b & & c \end{array}$$

stets folgt, daß es ein $d \in A$ gibt mit

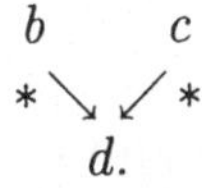

Das folgende Lemma von Newman [New42] ist für unsere Anwendung wichtig:

Lemma 4.5 (Konfluenz) Für alle Ersetzungssysteme $(A, \to)$ gilt: Wenn die Relation $\to$ die Diamant-Eigenschaft erfüllt, ist sie konfluent.

Beweis. Wir nehmen an, daß $\to$ die Diamant-Eigenschaft erfüllt. Mit $\to^n$ sei das n-fache Relationenprodukt von $\to$ bezeichnet. Dann läßt sich leicht mit Induktion nach n zeigen: Für alle $n \geq 0$ folgt aus $a \to b$ und $a \to^n c$, daß es ein $i \leq n$ und ein $d \in A$ mit $b \to^i d$ und $c \to^\epsilon d$ gibt. Dabei gelte $c \to^\epsilon d$ genau dann, wenn $c \to d$ oder $c = d$ gilt. Im Induktionschritt wird die Diamant-Eigenschaft benutzt. Damit haben wir bewiesen: Aus $a \to b$ und $a \to^* c$ folgt, daß es ein $d \in A$ mit $b \to^* d$ und $c \to^* d$ gibt.

Als nächstes wird mit Induktion nach m gezeigt: Für alle $m \geq 0$ folgt aus $a \to^m b$ und $a \to^* c$, daß es ein $d \in A$ mit $b \to^* d$ und $c \to^* d$ gibt. Im Induktionschritt wird die obige Aussage benutzt. $\square$

Um mit unendlichen Ersetzungsfolgen fertig zu werden, benötigen wir das folgende Lemma:

Lemma 4.6 Sei $(A, \to)$ ein Ersetzungssystem, wobei $\to$ die Diamant-Eigenschaft erfülle, und seien $a, b, c \in A$ mit $a \to b$, $a \to c$ und $b \neq c$. Dann gilt: Wenn es eine unendliche Ersetzungsfolge $a \to b \to \ldots$ durch b gibt, so gibt es auch eine unendliche Ersetzungsfolge $a \to c \to \ldots$ durch c.

Beweis. Gegeben sei eine unendliche Ersetzungsfolge $a_0 \to a_1 \to \ldots$ mit $a_0 = a$ und $a_1 = b$.

Fall 1. Es gibt ein $i \geq 0$ mit $c \to^* a_i$.

Dann ist $a \to c \to^* a_i \to \ldots$ die gewünschte unendliche Folge durch c.

Fall 2. Es gibt kein $i \geq 0$ mit $c \to^* a_i$.

Dann konstruieren wir mit Induktion nach i eine unendliche Ersetzungsfolge $c_0 \to c_1 \to \ldots \to c_i \to \ldots$, so daß $c_0 = c$ und $a_i \to c_i$ für alle $i \geq 0$ gilt.
Induktionsanfang: $i = 0$. Wir haben c_0 bereits definiert, und es gilt $a_0 = a \to c = c_0$.
Induktionsschritt: $i \to i + 1$. Nach Induktionsvoraussetzung gilt $a_i \to c_i$ mit $c \to^* c_i$. Natürlich gilt $a_i \to a_{i+1}$. Nach der Voraussetzung von Fall 2 folgt daraus $c_i \neq a_{i+1}$. Wegen der Diamant-Eigenschaft von $\to$ gibt es dann ein Element $c_{i+1} \in A$ mit $a_{i+1} \to c_{i+1}$ und $c_i \to c_{i+1}$. $\square$

Definition 4.7 Sei $(A, \rightarrow)$ ein Ersetzungssystem und $a \in A$. Ein Element b heißt $\rightarrow$-maximal, falls es kein $c \in A$ mit $b \rightarrow c$ gibt. Wir definieren nun

$$Ergebnis(a) \;=\; \{b \mid a \rightarrow^* b \text{ und } b \text{ ist } \rightarrow\text{-maximal}\}$$
$$\cup \; \{\perp \mid \text{ es gibt eine unendliche Ersetzungsfolge}$$
$$a \rightarrow a_1 \rightarrow \ldots\}$$

$\square$

Lemma 4.8 Sei $(A, \rightarrow)$ ein Ersetzungssystem, wobei $\rightarrow$ die Diamant-Eigenschaft erfülle. Dann besteht die Menge $Ergebnis(a)$ für jedes $a \in A$ aus genau einem Element.

Beweis. Wir zeigen zunächst die Eindeutigkeit von $\rightarrow$-maximalen Elementen. Angenommen, es gilt $a \rightarrow^* b$ und $a \rightarrow^* c$, wobei b und c beide $\rightarrow$-maximal sind. Nach dem Konfluenz-Lemma gibt es dann ein Element $d \in A$ mit $b \rightarrow^* d$ und $c \rightarrow^* d$, und aus der Maximalität von b und c folgt $b = d = c$.

Damit enthält die Menge $\{b \mid a \rightarrow^* b \text{ und } b \text{ ist } \rightarrow\text{-maximal}\}$ höchstens ein Element. Falls diese Menge leer ist, gibt es eine unendliche Ersetzungsfolge, die in a startet. Also gilt $Ergebnis(a) = \{\perp\}$.

Andernfalls ist von a aus genau ein maximales Element erreichbar, etwa b. Wir zeigen, daß es dann von a aus keine unendliche Ersetzungsfolge gibt.

Annahme: Es gibt doch eine unendliche Ersetzungsfolge $a \rightarrow a_1 \rightarrow \ldots$. Wir betrachten außerdem die endliche Folge $b_0 \rightarrow b_1 \rightarrow \ldots \rightarrow b_k$ von $b_0 = a$ nach $b_k = b$. Sei jetzt $b_0 \rightarrow \ldots \rightarrow b_\ell$ das längste Präfix von $b_0 \rightarrow \ldots \rightarrow b_k$, das Anfangsstück einer unendlichen Ersetzungsfolge $a \rightarrow c_1 \rightarrow c_2 \rightarrow \ldots$ ist. Dann ist ℓ wohldefiniert, und es gilt $b_\ell = c_\ell$ und $\ell < k$, denn $b_k = b$ ist $\rightarrow$-maximal. Also gilt $b_\ell \rightarrow b_{\ell+1}$ und $b_\ell \rightarrow c_{\ell+1}$. Nach Definition von ℓ gilt $b_{\ell+1} \neq c_{\ell+1}$. Daher gibt es nach Lemma 5.4 eine unendliche Ersetzungsfolge $b_\ell \rightarrow b_{\ell+1} \rightarrow \ldots$ durch $b_{\ell=1}$. *Widerspruch* zur Wahl von ℓ. $\square$

Wir wollen jetzt Lemma 4.8 auf den Fall disjunkter paralleler Programme anwenden. Dazu benötigen wir folgendes Lemma.

Lemma 4.9 (Diamant-Eigenschaft) Sei S ein disjunktes paralleles Programm und σ ein Zustand. Dann gibt es für jede Situation

$$< S, \sigma >$$
$$\swarrow \quad \searrow$$
$$< S_1, \sigma_1 > \neq < S_2, \sigma_2 >,$$

eine Konfiguration $< T, \tau >$ mit

$$< S_1, \sigma_1 > \qquad < S_2, \sigma_2 >$$
$$\searrow \quad \swarrow$$
$$< T, \tau >.$$

Beweis. Nach dem Determinismus-Lemma 3.2 und der Interleaving-Transitionsregel (viii) ist das Programm S von der Form $[T_1\|\ldots\|T_n]$, wobei $T_1,\ldots,T_n$ paarweise disjunkte deterministische Komponenten sind. Ferner entstehen S_1 und S_2 aus S, indem zwei dieser Komponenten, etwa T_i und T_j mit $i \neq j$, eine Transition ausführen, d.h. es gibt zwei deterministische Programme T_i' und T_j' mit

$$S_1 = [T_1\|\ldots\|T_i'\|\ldots\|T_n],$$
$$S_2 = [T_1\|\ldots\|T_j'\|\ldots\|T_n],$$
$$< T_i, \sigma > \; \to \; < T_i', \sigma_1 >,$$
$$< T_j, \sigma > \; \to \; < T_j', \sigma_2 > .$$

Wir wählen dann T und τ wie folgt:

$$T = [T_1'\|\ldots\|T_n']$$

wobei für $k \in \{1,\ldots,n\}$ mit $k \neq i$ und $k \neq j$

$$T_k' = T_k$$

gilt und für jede Variable u

$$\tau(u) = \begin{cases} \sigma_1(u) \, , & \text{falls} \quad u \in change(T_i), \\ \sigma_2(u) \, , & \text{falls} \quad u \in change(T_j), \\ \sigma(u) & \text{sonst.} \end{cases}$$

Wegen der Disjunktheit von T_i und T_j ist der Zustand τ wohldefiniert. Mit Hilfe des Änderungs- und Zugriffs-Lemmas 3.7 prüft man leicht nach, daß $< S_1, \sigma_1 > \; \to \; < T, \tau >$ und $< S_2, \sigma_2 > \; \to \; < T, \tau >$ gilt. $\square$

Daraus erhalten wir als unmittelbare Folgerung das gewünschte Resultat:

Lemma 4.10 (Determinismus) Für jedes disjunkte parallele Programm S und jeden Zustand σ besitzt $\mathcal{M}_{tot}[\![S]\!](\sigma)$ genau ein Element.

Beweis. Wir wenden die Lemmata 4.8 und 4.9 an und nutzen aus, daß für jeden Zustand σ gilt: $|\mathcal{M}_{tot}[\![S]\!](\sigma)| = |Ergebnis(< S, \sigma >)|$. $\square$

Sequentialisierung

Mit Hilfe des Determinismus-Lemmas können wir sehr leicht zeigen, daß disjunkter Parallelismus zu sequentieller Komposition reduziert werden kann. Aus dieser Reduktionseigenschaft können wir in Abschnitt 4.4 eine erste, sehr einfache Beweisregel für disjunkten Parallelismus gewinnen.

Um die Berechnungen von sequentiellen und parallelen Programmen zueinander in Beziehung zu setzen, führen wir den folgenden allgemeinen Äquivalenzbegriff ein.

Definition 4.11 Zwei Berechnungen heißen *Ein/Ausgabe-äquivalent* oder kurz *E/A-äquivalent*, wenn sie beide im selben Zustand starten und entweder beide unendlich oder beide endlich sind und dann auch beide denselben Endzustand abliefern. Zu den Endzuständen rechnen wir später auch Fehlerzustände wie Δ und **fail**. $\square$

Lemma 4.12 (Sequentialisierung) Seien $S_1, \ldots, S_n$ paarweise disjunkte deterministische Programme. Dann gilt

$$\mathcal{M}[\![S_1 \| \ldots \| S_n]\!] = \mathcal{M}[S_1; \ldots; S_n],$$

und

$$\mathcal{M}_{tot}[\![S_1 \| \ldots \| S_n]\!] = \mathcal{M}_{tot}[S_1; \ldots; S_n].$$

Beweis. Wir nennen eine Berechnung von $[S_1 \| \ldots \| S_n]$ *sequentiell*, falls die Komponenten $S_1, \ldots, S_n$ in der folgenden Reihenfolge ausgeführt werden: zuerst wird ausschließlich S_1 ausgeführt, dann wird – sofern S_1 terminiert – ausschließlich S_2 ausgeführt, usw. für $S_3, \ldots, S_n$.

Wir behaupten: jede Berechnung von $S_1; \ldots; S_n$ ist E/A-äquivalent zu einer sequentiellen Berechnung von $[S_1 \| \ldots \| S_n]$.

In einer Berechnung von $S_1; \ldots; S_n$ ist nämlich jede Konfiguration von der Form

$$< T; \; S_{k+1}; \; \ldots; \; S_n, \tau > .$$

Wenn wir jede dieser Konfigurationen durch

$$< [E \| \ldots \| E \| T \| S_{k+1} \| \ldots \| S_n], \tau >$$

ersetzen, entsteht eine E/A-äquivalente sequentielle Berechnung von $[S_1 \| \ldots \| S_n]$.

Aus der Behauptung folgt, daß für jeden Zustand σ

$$\mathcal{M}_{tot}[S_1; \; \ldots; \; S_n](\sigma) \subseteq \mathcal{M}_{tot}[\![S_1 \| \ldots \| S_n]\!](\sigma).$$

gilt. Nach den Determinismus-Lemmata 3.2 und 4.10 enthalten die Mengen auf beiden Seiten der Inklusion genau ein Element. Daher gilt sogar die Gleichheit für die Semantik $\mathcal{M}_{tot}$. Insbesondere folgt daraus die entsprechende Gleichung für $\mathcal{M}$, also

$$\mathcal{M}[S_1; \; \ldots; \; S_n](\sigma) = \mathcal{M}[\![S_1 \| \ldots \| S_n]\!](\sigma).$$

Damit ist das Lemma vollständig bewiesen. $\square$

4.3 Verifikation

Partielle und totale Korrektheit von disjunkten parallelen Programmen $S \equiv [S_1 \| \ldots \| S_n]$ ist genau wie für deterministische Programme definiert. Für partielle Korrektheit ist also definiert

$$\models \{p\}\ S\ \{q\} \text{ genau dann, wenn } \mathcal{M}_{tot}[\![S]\!]([\![p]\!]) \subseteq [\![q]\!]$$

und für totale Korrektheit

$$\models_{tot} \{p\}\ S\ \{q\} \text{ genau dann, wenn } \mathcal{M}_{tot}[\![S]\!]([\![p]\!]) \subseteq [\![q]\!].$$

Parallele Komposition

Aus dem Sequentialisierungs-Lemma 4.12 können wir folgende sehr einfache Beweisregel für disjunkte parallele Programme gewinnen:

REGEL 8:   SEQUENTIALISIERUNG

$$\frac{\{p\}\ S_1;\ \ldots;\ S_n\ \{q\}}{\{p\}\ [S_1\|\ldots\|S_n]\ \{q\}}$$

Nach dem Sequentialisierungs-Lemma 4.12 ist diese Regel sowohl für partielle als auch totale Korrektheit korrekt. Fügen wir sie den Systemen PD bzw. TD für partielle bzw. totale Korrektheit von deterministischen Programmen hinzu, so entsteht ein korrektes Beweissystem für partielle bzw. totale Korrektheit von disjunkten parallelen Programmen. Wir betrachten ein einfaches Verifikationsbeispiel.

Beispiel 4.13 Wir wollen

$$\models_{tot} \{x = y\}\ [x := x + 1\|y := y + 1]\ \{x = y\}$$

zeigen, d.h. wenn x und y anfangs denselben Wert haben, so gilt dieses auch bei Terminierung des Programms. Nach Regel 8 genügt es,

$$\models_{tot} \{x = y\}\ x := x + 1;\ y := y + 1\ \{x = y\}$$

zu zeigen. Dies ist aber eine einfache Übungsaufgabe für das Beweissystem TD aus Kapitel 3. $\qquad\square$

Leider hat die Sequentialisierungsregel 8 einen entscheidenden methodischen Nachteil. Um die Prämisse zu zeigen, müssen gemäß der Regel für sequentielle Komposition die Korrektheitsformeln

$$\{p\}\ S_1\ \{r_1\}, \ldots, \{r_{i-1}\}\ S_i\ \{r_i\}, \ldots, \{r_{n-1}\}\ S_n\ \{q\}$$

für passende Zusicherungen $r_1, \ldots, r_{n-1}$ gezeigt werden. Dazu müssen die Vor- und Nachbedingungen für die verschiedenen Komponenten von $[S_1\|\ldots\|S_n]$ genau zueinander passen. Diese Bedingung widerspricht der Vorstellung von disjunktem Parallelismus, wonach $S_1, \ldots, S_n$ unabhängige Programme sind.

Unser Ziel ist deshalb eine Beweisregel, die die Ein/Ausgabe-Spezifikationen der einzelnen Komponenten $S_1, \ldots, S_n$ einfach durch *Konjunktion* miteinander verknüpft. Wir benutzen dazu die folgende Beweisregel für disjunkte parallele Programme, die von Hoare [Hoa72] vorgeschlagen wurde.

REGEL 9:   DISJUNKTER PARALLELISMUS

$$\frac{\{p_i\}\ S_i\ \{q_i\},\, i \in \{1, \ldots, n\}}{\{\bigwedge_{i=1}^{n}\ p_i\}\ [S_1\|\ldots\|S_n]\ \{\bigwedge_{i=1}^{n}\ q_i\}}$$

wobei $free(p_i, q_i) \cap change(S_j) = \emptyset$ für $i \neq j$ gilt.

Die Prämissen der Regel sind in den Beweissystemen PD bzw. TD für deterministische Programme zu beweisen. Je nachdem, ob PD oder TD gewählt wird, gilt die Konklusion der Regel im Sinne der partiellen oder totalen Korrektheit.

Diese Beweisregel ist *kompositionell* (vgl. Abschnitt 3.3), denn das Ein/Ausgabe-Verhalten eines disjunkten parallelen Programmen ergibt sich aus dem Ein/Ausgabe-Verhalten seiner Komponenten-Programme durch einfache logische Konjunktion der zugehörigen Vor- und Nachbedingungen. Dieser Zusammenhang zwischen paralleler Komposition und logischer Konjunktion stellt auch das Grundmuster für kompliziertere Beweisregeln dar, die wir später zur parallelen Komposition von parallelen Programmen mit gemeinsamen Schreibvariablen und Synchronisation in den Kapiteln 5 und 6 vorstellen werden.

Wir wollen zunächst die Forderung nach der Disjunktheit der Vor- und Nachbedingungen mit den Komponenten-Programmen untersuchen. Diese Forderung ist für die Korrektheit der Beweisregel tatsächlich notwendig. Ohne sie könnten wir nämlich aus den offensichtlich gültigen Korrektheitsformeln

$$\{y = 1\}\ x := 0\ \{y = 1\} \text{ und } \{\textbf{true}\}\ y := 0\ \{\textbf{true}\}$$

die Konklusion

$$\{y = 1\}\ [x := 0\|y := 0]\ \{y = 1\}$$

gewinnen, die natürlich falsch ist.

Andererseits ist Regel 9 wegen dieser Forderung auch *schwächer* als Regel 8. Zum Beispiel können wir die Korrektheitsformel

$$\{x = y\}\ [x := x + 1\|y := y + 1]\ \{x = y\}$$

aus Beispiel 4.13 mit Regel 9 nicht mehr beweisen (siehe Übungsaufgabe 4.9). Anschaulich liegt das Problem daran, daß wir in einer einzigen Zusicherung p_i oder q_i keine Beziehung zwischen Variablen ausdrücken können, die in verschiedenen Komponenten vorkommen, etwa die Beziehung $x = y$. Im folgenden sehen wir uns genauer an, wo ein Beweisversuch mit Regel 9 steckenbleibt.

Wir wählen zunächst eine neue Variable z. Dann läßt sich leicht

$$\{x = z\}\ x := x + 1\ \{x = z + 1\}$$

und

$$\{y = z\}\ y := y + 1\ \{y = z + 1\}$$

beweisen. Mit Hilfe von Regel 9 erhalten wir daraus

$$\{x = z \wedge y = z\}\ [x := x + 1 \| y := y + 1]\ \{x = z + 1 \wedge y = z + 1\}.$$

Eine Anwendung der Konsequenzregel ergibt dann

$$\{x = z \wedge y = z\}\ [x := x + 1 \| y := y + 1]\ \{x = y\}.$$

Leider können wir jetzt nicht einfach die Vorbedingung $x = z \wedge y = z$ durch $x = y$ ersetzen, weil die Implikation

$$x = y \rightarrow x = z \wedge y = z$$

falsch ist. Andererseits gilt natürlich

$$\{x = y\}\ z := x\ \{x = z \wedge y = z\}.$$

Mit der Regel für sequentielle Komposition erhalten wir daher

$$\{x = y\}\ z := x;\ [x := x + 1 \| y := y + 1]\ \{x = y\}. \tag{4.1}$$

Um den Beweis zu beenden, brauchen wir nur noch die Wertzuweisung $z := x$ zu streichen. Aber läßt sich ein solcher Schritt rechtfertigen?

Hilfsvariablen

Allgemeiner wollen wir folgenden Ansatz präzisieren. Zuerst wird ein gegebenes Programm um Wertzuweisungen an sogenannte Hilfsvariablen erweitert. Dann wird die Korrektheit des erweiterten Programms bewiesen. Zum Schluß werden die hinzugefügten Wertzuweisungen mit Hilfe einer neu zu formulierenden Beweisregel wieder beseitigt.

Wir benötigen dazu eine Sorte von Hilfsvariablen, die weder den Kontrollfluß noch den Datenfluß eines Programmes beeinflußt, sondern lediglich zusätzliche Informationen über die Programmausführung ausdrückt.

Definition 4.14 Sei A eine Menge von einfachen Variablen in einem Programm S. Dann heißt A eine *Menge von Hilfsvariablen* von S, falls jede Variable aus A in S nur in Wertzuweisungen der Form $z := t$ mit $z \in A$ vorkommt.   □

Da Hilfsvariablen nicht in Booleschen Ausdrücken vorkommen, können sie den Kontrollfluß von S nicht beeinflussen, und da sie nicht in Wertzuweisungen an Variablen außerhalb von A vorkommen, können sie nicht den Datenfluß von S beeinflussen. Betrachten wir dazu als Beispiel das obige Programm

$$S \equiv z := x;\ [x := x + 1 \| y := y + 1].$$

Dann sind

$$\emptyset, \{y\}, \{z\}, \{x, z\}, \{y, z\}, \{x, y, z\}$$

sämtliche Mengen von Hilfsvariablen von S.

Wir können jetzt die angekündigte Beweisregel einführen; sie geht auf Owicki und Gries [OG76a] zurück:

REGEL 10:   HILFSVARIABLEN

$$\frac{\{p\}\ S\ \{q\}}{\{p\}\ S_0\ \{q\}}$$

wobei es eine Menge A von Hilfsvariablen von S mit $free(q) \cap A = \emptyset$ gibt, so daß S_0 aus S durch das Streichen aller Wertzuweisungen an Variablen aus A entsteht.

Ein naives Streichen von Wertzuweisungen kann jedoch zu unvollständigen Programmen führen. Als Beispiel sei die Hilfsvariablenmenge $A = \{y\}$ des Programms

$$S \equiv z := x;\ [x := x + 1 \| y := y + 1],$$

betrachtet. Durch Streichen der Wertzuweisung $y := y + 1$ ergäbe sich

$$z := x;\ [x := x + 1 \| \ \bullet\ ]$$

mit einem "Loch" $\bullet$ in der zweiten Komponente. Wir vereinbaren, daß wir solche "Löcher" durch *skip* ausfüllen. In unserem Beispiel erhalten wir also

$$S' \equiv z := x;\ [x := x + 1 \| skip].$$

Wir bemerken, daß die Regel 10 genau wie die Regel 9 sowohl für Beweise partieller Korrektheit als auch für Beweise totaler Korrektheit eingesetzt werden kann.

Beispiel 4.15 Als Anwendung von Regel 10 zeigen wir jetzt, wie der Beweis des laufenden Beispiels beendet werden kann. Wir erinnern daran, daß wir mit der Regel für disjunkten Parallelismus bereits die Korrektheitsformel (10), d.h.

$$\{x = y\}\ z := x;\ [x := x + 1 \| y := y + 1]\ \{x = y\}$$

bewiesen haben. Mit der Regel für Hilfsvariablen können wir die Wertzuweisung an die Variable z streichen und erhalten damit die gewünschte Korrektheitsformel

$$\{x = y\}\ [x := x + 1 \| y := y + 1]\ \{x = y\}.$$

In diesem Beweis haben wir die Hilfsvariable z dazu benutzt, um den Wert der Programmvariablen x und y miteinander in Beziehung zu setzen. Im allgemeinen werden Hilfsvariablen dazu benutzt, um zusätzliche Informationen über die Programmausführung zu beschreiben, die nicht direkt mit Hilfe der vorhandenen Programmvariablen ausgedrückt werden können. Diese Zusatzinformationen ermöglichen dann erst den Korrektheitsbeweis.   □

Für Beweise partieller Korrektheit disjunkter paralleler Programme werden wir das folgende Beweissystem PP benutzen:

> BEWEISSYSTEM PP
> Dieses System besteht aus den Axiomen
> und Regeln 1–6, 9, 10 und A1–A5.

Für Beweise totaler Korrektheit disjunkter paralleler Programme werden wir das folgende Beweissystem TP benutzen:

> BEWEISSYSTEM TP
> Dieses System besteht aus den Axiomen
> und Regeln 1–4, 6–7, 9, 10 und A2–A5.

Beweisskizzen für partielle und totale Korrektheit paralleler Programme werden durch die Axiome und Regeln für deterministische Programme erzeugt, erweitert um die folgende Regel für parallele Komposition:

(ix)
$$\frac{\{p_i\}\ S_i^*\ \{q_i\},\, i \in \{1,\dots,n\}}{\{\bigwedge_{i=1}^n\ p_i\}\ [\{p_1\}\ S_1^*\ \{q_1\}\|\cdots\|\{p_n\}\ S_n^*\ \{q_n\}]\ \{\bigwedge_{i=1}^n\ q_i\}}.$$

Ob einige Variablen als Hilfsvariablen benutzt werden, ist aus einer gegebenen Beweisskizze nicht ersichtlich; diese Information muß zusätzlich gegeben werden.

Beispiel 4.16 Die folgende Beweisskizze präsentiert den Beweis der Korrektheitsformel (4.1) in den Beweissystemen PP und TP:

$$\begin{aligned}
&\{x = y\}\\
&z := x;\\
&\{x = z \wedge y = z\}\\
&[\ \{x = z\}\ x := x + 1\ \{x = z + 1\}\\
&\|\ \{y = z\}\ y := y + 1\ \{y = z + 1\}]\\
&\{x = z + 1 \wedge y = z + 1\}\\
&\{x = y\}.
\end{aligned}$$

Hier wird z wie eine gewöhnliche Programmvariable behandelt. Wenn z als Hilfsvariable benutzt werden soll, so muß – wie in Beispiel 5.13 – die entsprechende Anwendung von Regel 10 besonders genannt werden.   □

Korrektheit der Beweissysteme

Wir beenden diesen Abschnitt mit dem Beweis der Korrektheit der eingeführten Beweissysteme PP und TP. Dazu genügt es, die Korrektheit der neuen Regeln 9 und 10 nachzuweisen.

Lemma 4.17 Die Regel für disjunkten Parallelismus (Regel 9) ist korrekt für partielle und totale Korrektheit von disjunkten parallelen Programmen.

Beweis. Wir betrachten zunächst den Fall der partiellen Korrektheit und nehmen an, daß die Prämissen von Regel 9 in diesem Sinne für gewisse p_i's, q_i's und S_i's, $i \in \{1, \ldots, n\}$ mit $free(p_i, q_i) \cap change(S_j) = \emptyset$ für $i \neq j$ gelten.

Wegen der Korrektheit des Invarianzaxioms (Axiom A1 – siehe Satz 3.32) gilt

$$\models \{p_i\}\ S_j\ \{p_i\} \tag{4.2}$$

und

$$\models \{q_i\}\ S_j\ \{q_i\} \tag{4.3}$$

für $i, j \in \{1, \ldots, n\}$ mit $i \neq j$. Wegen der Korrektheit der Konjunktionsregel (Regel A3 – siehe Satz 3.32) folgt aus (4.2) und (4.3) und der angenommenen Gültigkeit der Prämissen von Regel 9:

$$\models \{\textstyle\bigwedge_{i=1}^n p_i\}\ S_1\ \{q_1 \wedge \textstyle\bigwedge_{i=2}^n p_i\},$$
$$\models \{q_1 \wedge \textstyle\bigwedge_{i=2}^n p_i\}\ S_2\ \{q_1 \wedge q_2 \wedge \textstyle\bigwedge_{i=3}^n p_i\},$$
$$\ldots$$
$$\models \{\textstyle\bigwedge_{i=1}^{n-1} q_i \wedge p_n\}\ S_n\ \{\textstyle\bigwedge_{i=1}^n q_i\}.$$

Wegen der Korrektheit der Regel für sequentielle Komposition folgt

$$\models \{\textstyle\bigwedge_{i=1}^n p_i\}\ S_1;\ \ldots;\ S_n\ \{\textstyle\bigwedge_{i=1}^n q_i\}.$$

Wegen der Korrektheit der Sequentialisierungsregel (Regel 8) erhalten wir daraus die Gültigkeit der Konklusion von Regel 9, d.h.

$$\models \{\textstyle\bigwedge_{i=1}^n p_i\}\ [S_1\|\ldots\|S_n]\ \{\textstyle\bigwedge_{i=1}^n q_i\}.$$

Der Fall der totalen Korrektheit kann ähnlich bewiesen werden, allerdings ist die Invarianzregel (Regel A5) anstelle des Invarianzaxioms einzusetzen. $\square$

Um die Korrektheit der Regel für Hilfsvariablen zu beweisen, benötigen wir folgendes Lemma, das es uns erlaubt, eine *skip*-Anweisung in ein disjunktes paralleles Programm einzufügen, ohne seine Semantik zu verändern.

Lemma 4.18 (Stottern) Sei S ein disjunktes paralleles Programm. Das Programm S^* entstehe aus S, indem ein Vorkommen eines Teilprogramms T von S durch "*skip*; T" oder "T; *skip*" ersetzt wird. Dann gilt

$$\mathcal{M}[\![S]\!] = \mathcal{M}[\![S^*]\!]$$

und

$$\mathcal{M}_{tot}[\![S]\!] = \mathcal{M}_{tot}[\![S^*]\!].$$

Beweis. Siehe Übungsaufgabe 4.4. $\qquad\qquad\square$

Der Name "Stotter-Lemma" rührt von der Vorstellung her, daß wir durch das Einfügen einer *skip*-Anweisung in S ein Programm S^* erhalten, in dessen Berechnungen sich gewisse Zustände wiederholen.

Lemma 4.19 Die Regel für Hilfsvariablen (Regel 10) ist korrekt für partielle und totale Korrektheit von disjunkten parallelen Programmen.

Beweis. Sei S ein disjunktes paralleles Programm und A eine Menge einfacher Variablen. Wir sagen, A *paßt zu* S, falls $A \cap var(S)$ eine Menge von Hilfsvariablen von S ist. Mit $S[A := skip]$ bezeichnen wir dasjenige Programm, das aus S entsteht, indem alle Wertzuweisungen an Variablen aus A durch *skip* ersetzt werden, und mit $S[A := E]$ dasjenige Programm, das aus S entsteht, indem alle Wertzuweisungen an Variablen aus A gestrichen (bzw. durch die leere Anweisung E ersetzt) werden.

Wir nehmen jetzt an, daß A zu S paßt. Dann greifen weder die Booleschen Ausdrücke in S noch die Wertzuweisungen an Variablen außerhalb von A auf die Variablen aus A zu. Daher gilt für jede Berechnung von S, die in σ startet, etwa

$$< S, \sigma > \;\rightarrow\; < S_1, \sigma_1 > \;\rightarrow\; \ldots \;\rightarrow\; < S_i, \sigma_i > \;\rightarrow\; \ldots, \qquad (4.4)$$

daß die entsprechende Berechnung von $S[A := skip]$, die in σ startet, von der Form

$$< S[A := skip], \sigma > \;\rightarrow\; < S_1', \sigma_1' > \;\rightarrow\; \ldots \;\rightarrow\; < S_i', \sigma_i' > \;\rightarrow\; \ldots \qquad (4.5)$$

ist, wobei für alle i gilt:

$$A \text{ paßt zu } S_i, \;\; S_i' \equiv S_i[A := skip], \;\; \sigma_i'[Var - A] = \sigma_i[Var - A]. \qquad (4.6)$$

Umgekehrt gilt auch: wenn (4.5) eine Berechnung von $S[A := skip]$ ist, die in σ startet, dann ist die entsprechende Berechnung von S von der Form (4.4), wobei (4.6) gilt. Daraus folgt

$$\mathcal{M}[\![S]\!](\sigma) = \mathcal{M}[\![S[A := skip]]\!](\sigma) \;\mathbf{mod}\; A$$

und entsprechend für $\mathcal{M}_{tot}$ anstelle von $\mathcal{M}$. Dabei benutzen wir die in Abschnitt 2.2 eingeführte **mod**-Notation.

Da das Programm $S[A := skip]$ aus $S[A := E]$ entsteht, indem einige *skip*-Anweisungen eingefügt werden, erhalten wir mit dem Stotter-Lemma 4.18:

$$\mathcal{M}[\![S[A := E]]\!](\sigma) = \mathcal{M}[\![S[A := skip]]\!](\sigma)$$

und entsprechend für $\mathcal{M}_{tot}$ anstelle von $\mathcal{M}$. Damit gilt

$$\mathcal{M}[\![S]\!](\sigma) = \mathcal{M}[\![S[A := E]\!]\!](\sigma) \bmod A \tag{4.7}$$

und

$$\mathcal{M}_{tot}[\![S]\!](\sigma) = \mathcal{M}_{tot}[\![S[A := E]\!]\!](\sigma) \bmod A. \tag{4.8}$$

Aus (4.7) folgt, daß für jede Zusicherung p

$$\mathcal{M}[\![S]\!]([\![p]\!]) = \mathcal{M}[\![S[A := E]\!]\!]([\![p]\!]) \bmod A$$

gilt. Nach dem Koinzidenz-Lemma 2.8(ii) gilt deshalb für jede Zusicherung q mit $free(q) \cap A = \emptyset$

$$\mathcal{M}[\![S]\!]([\![p]\!]) \subseteq [\![q]\!] \text{ genau dann, wenn } \mathcal{M}[\![S[A := E]\!]\!]([\![p]\!]) \subseteq [\![q]\!].$$

Damit ist die Regel 10 korrekt für Beweise partieller Korrektheit. Der Fall der totalen Korrektheit wird entsprechend behandelt, wobei auf (4.8) anstelle von (4.7) zurückgegriffen wird. □

Korollar 4.20 (Korrektheit)

(i) Das Beweissystem PP ist korrekt für partielle Korrektheit von disjunkten parallelen Programmen.

(ii) Das Beweissystem TP ist korrekt für totale Korrektheit von disjunkten parallelen Programmen.

Beweis. Die Korrektheitsbeweise aller übrigen Axiome und Regeln aus PP und TP können unverändert aus Kapitel 3 übernommen werden, da sie auf den Lemmata 3.6 und 3.7 beruhen, die auch für disjunkte parallele Programme gelten (siehe Übungsaufgaben 4.1 und 4.2). □

4.4 Fallstudie: Finde Positives Element

Wir betrachten jetzt ein Problem, das auf Owicki und Gries [OG76a] zurückgeht. Gegeben ist ein Feld a vom Typ **integer** $\to$ **integer** und eine Konstante $N \geq 1$. Die Aufgabe ist, ein Programm $FIND$ zu schreiben, das den kleinsten Index $k \in \{1, \ldots, N\}$ mit

$$a[k] > 0$$

findet, sofern ein solches Element von a existiert, und sonst den Wert $k = N+1$ abliefert. Das Programm $FIND$ soll also die Ein/Ausgabe-Spezifikation

$$\begin{aligned}
&\{N \geq 1\}\\
&FIND\\
&\{1 \leq k \leq N + 1 \wedge \forall (1 \leq l < k) : a[l] \leq 0 \wedge (k \leq N \to a[k] > 0)\}
\end{aligned} \tag{4.9}$$

im Sinne der totalen Korrektheit erfüllen. Um triviale Lösungen auszuschließen, verlangen wir $a \notin change(FIND)$.

Zur Beschleunigung der Berechnung zerlegen wir $FIND$ in zwei Komponenten, die parallel ausgeführt werden: Die erste Komponente S_1 sucht nach einem ungeraden Index k und die zweite Komponente S_2 nach einem geraden Index k. Die Komponente S_1 benutzt eine Integer-Variable i, um den momentan untersuchten ungeraden Index zu speichern, und eine Integer-Variable $oddtop$, um das Ende der Suche zu erkennen:

$$S_1 \equiv \textbf{while } i < oddtop \textbf{ do}$$
$$\textbf{if } a[i] > 0 \textbf{ then } oddtop := i$$
$$\textbf{else } \; i := i + 2 \textbf{ fi}$$
$$\textbf{od}.$$

Die Komponente S_2 benutzt entsprechende Variablen j und $eventop$:

$$S_2 \equiv \textbf{while } j < eventop \textbf{ do}$$
$$\textbf{if } a[j] > 0 \;\; \textbf{then } eventop := j$$
$$\textbf{else } \; j := j + 2 \textbf{ fi}$$
$$\textbf{od}.$$

Das parallele Programm $FIND$ ist dann wie folgt definiert:

$$FIND \;\equiv\; i := 1; \; j := 2; \; oddtop := N + 1; \; eventop := N + 1;$$
$$[S_1 \| S_2];$$
$$k := min(oddtop, eventop).$$

Dies ist eine Version des Programms $FINDPOS$ aus dem Aufsatz von Owicki und Gries [OG76a], in der die Schleifenbedingungen so vereinfacht wurden, daß ein disjunktes paralleles Programm entsteht. Das ursprüngliche Programm $FINDPOS$ ist effizienter und wird im Abschnitt 5.6 behandelt.

Um zu zeigen, daß $FIND$ die Ein/Ausgabe-Spezifikation (4.9) erfüllt, untersuchen wir zunächst seine sequentiellen Komponenten. Die Komponente S_1 sucht nach einem ungeraden Index und speichert das Ergebnis in der Variablen $oddtop$ ab. Es sollte deshalb

$$\{i = 1 \land oddtop = N + 1\} \; S_1 \; \{q_1\} \tag{4.10}$$

im Sinne der totalen Korrektheit gelten, wobei q_1 die folgende Version der Nachbedingung von (4.9) ist:

$$q_1 \;\equiv\; \quad 1 \leq oddtop \leq N + 1$$
$$\land \quad \forall l : (odd(l) \land 1 \leq l < oddtop \rightarrow a[l] \leq 0)$$
$$\land \quad (oddtop \leq N \rightarrow a[oddtop] > 0).$$

Entsprechend sollte die zweite Komponente S_2 die Korrektheitsformel

$$\{j = 2 \land eventop = N + 1\} \; S_2 \; \{q_2\} \tag{4.11}$$

erfüllen, wobei

$$q_2 \equiv \quad 2 \leq eventop \leq N + 1$$
$$\land \quad \forall l : (even(l) \land 1 \leq l < eventop \rightarrow a[l] \leq 0)$$
$$\land \quad (eventop \leq N \rightarrow a[eventop] > 0)$$

gilt. Die Booleschen Ausdrücke $odd(l)$ und $even(l)$ beschreiben, daß l ungerade bzw. gerade ist.

Wir beweisen jetzt (4.10) und (4.11) mit dem Beweissystem TD für totale Korrektheit von deterministischen Programmen. Wir beginnen mit (4.10). Dazu brauchen wir eine geeignete Schleifeninvariante p_1 und eine geeignete Terminierungsfunktion t_1 für S_1.

Als Schleifeninvariante wählen wir die folgende Verallgemeinerung der Nachbedingung q_1, in der die Laufvariable i der Schleife von S_1 berücksichtigt wird:

$$p_1 \equiv \quad 1 \leq oddtop \leq N + 1 \land odd(i) \land 1 \leq i \leq oddtop + 1$$
$$\land \quad \forall l : (odd(l) \land 1 \leq l < i \rightarrow a[l] \leq 0)$$
$$\land \quad (oddtop \leq N \rightarrow a[oddtop] > 0).$$

Als Terminierungsfunktion wählen wir

$$t_1 \equiv oddtop + 1 - i.$$

Es ist klar, daß die Invariante p_1 die Bedingung $t_1 \geq 0$ impliziert.

Wir rechtfertigen diese Wahlen durch die folgende Beweisskizze für totale Korrektheit von S_1:

```
{inv : p₁}{bd : t₁}
while i < oddtop do
    {p₁ ∧ i < oddtop}
    if a[i] > 0  then {p₁ ∧ i < oddtop ∧ a[i] > 0}
                 {     1 ≤ i ≤ N + 1 ∧ odd(i) ∧ 1 ≤ i ≤ i + 1
                  ∧ ∀l : (odd(l) ∧ 1 ≤ l < i → a[l] ≤ 0)
                  ∧ (i ≤ N → a[i] > 0)}
                 oddtop := i
                 {p₁}
            else {p₁ ∧ i < oddtop ∧ a[i] ≤ 0}
                 {     1 ≤ oddtop ≤ N + 1 ∧ odd(i + 2)
                  ∧ 1 ≤ i + 2 ≤ oddtop + 1
                  ∧ ∀l : (odd(l) ∧ 1 ≤ l < i + 2 → a[l] ≤ 0)
                  ∧ (oddtop ≤ N → a[oddtop] > 0)}
                 i := i + 2
                 {p₁}
    fi
    {p₁}
od
{p₁ ∧ oddtop ≤ i}
{q₁}.
```

Es ist leicht einzusehen, daß alle Paare von benachbarten Zusicherungen in dieser Beweisskizze logische Implikationen darstellen. Außerdem ist es klar, daß der Wert der Terminierungsfunktion t_1 mit jeder Iteration durch die Schleife abnimmt.

Für die zweite Komponente S_2 wählen wir die Invariante p_2 und die Terminierungsfunktion entsprechend:

$$
\begin{aligned}
p_2 \;\equiv\;\quad & 2 \leq eventop \leq N + 1 \land even(j) \land 2 \leq j \leq eventop + 1 \\
\land\;\; & \forall l : (even(l) \land 1 \leq l < j \to a[l] \leq 0) \\
\land\;\; & (eventop \leq N \to a[eventop] > 0),
\end{aligned}
$$

und

$$
t_2 \equiv eventop + 1 - j.
$$

Der Beweis von (4.11) mit p_2 und t_2 ist symmetrisch zu (4.10) und wird deshalb weggelassen.

Auf (4.10) und (4.11) können wir jetzt die Regel für parallele Komposition anwenden, da die Disjunktheitsbedingungen der Regel erfüllt sind. Wir erhalten damit

$$
\begin{aligned}
& \{p_1 \land p_2\} \\
& [S_1 \| S_2] \\
& \{q_1 \land q_2\}.
\end{aligned}
\tag{4.12}
$$

Um den Korrektheitsbeweis zu beenden, benutzen wir die folgenden Beweisskizzen für die Initialisierung

$$
\begin{aligned}
& \{N \geq 1\} \\
& i := 1; \; j := 2; \; oddtop := N + 1; \; eventop := N + 1; \\
& \{p_1 \land p_2\}
\end{aligned}
\tag{4.13}
$$

und die Schlußbehandlung

$$
\begin{aligned}
& \{q_1 \land q_2\} \\
& \{\quad 1 \leq min(oddtop, eventop) \leq N + 1 \\
& \quad\land\; \forall (1 \leq l < min(oddtop, eventop)) : a[l] \leq 0 \\
& \quad\land\; (min(oddtop, eventop) \leq N \to a[min(oddtop, eventop)] > 0)\} \\
& k := min(oddtop, eventop) \\
& \{1 \leq k \leq N + 1 \;\land\; \forall (1 \leq l < k) : a[l] \leq 0 \;\land\; (k \leq N \to a[k] > 0)\}.
\end{aligned}
\tag{4.14}
$$

Durch Anwendung der Regel für sequentielle Komposition auf (4.12), (4.13) und (4.14) erhalten wir die gewünschte Korrektheitsformel (4.9) für das Programm *FIND*.

4.5 Übungsaufgaben

Aufgabe 4.1 Beweisen Sie Lemma 3.6 für disjunkte parallele Programme.

Aufgabe 4.2 Beweisen Sie das Änderungs- und Zugriffs-Lemma 3.7 für disjunkte parallele Programme.

Aufgabe 4.3 Seien x und y zwei verschiedene Integer-Variablen und s und t Integer-Ausdrücke, die auch freie Variablen enthalten können. Geben Sie eine Bedingung für s und t an, unter der

$$\mathcal{M}[\![x := s;\ y := t]\!] = \mathcal{M}[\![y := t;\ x := s]\!]$$

gilt, und begründen Sie Ihre Antwort.

Aufgabe 4.4 Beweisen Sie das Stotter-Lemma 4.18.

Aufgabe 4.5 Gegeben sei eine Berechnung ξ eines disjunkten parallelen Programms $S \equiv [S_1 \|\ldots\| S_n]$. Jedes in ξ auftretende Programm besteht aus der parallelen Komposition von n Komponenten. Um die Transitionen der einzelnen Komponenten unterscheiden zu können, beschriften wir die Transitionspfeile $\rightarrow$ und schreiben

$$< U, \sigma > \ \xrightarrow{i}\ < V, \tau >,$$

falls $i \in \{1, \ldots, n\}$ gilt und $< U, \sigma > \ \rightarrow\ < V, \tau >$ eine Transition ist, die durch Aktivierung der i-ten Komponenten von U verursacht wird. Die beschrifteten Pfeile $\xrightarrow{i}$ sind Relationen zwischen Konfigurationen, die in der Gesamttransitionsrelation $\rightarrow$ enthalten sind.

Für beliebige zweistellige Relationen $\rightarrow_1$ und $\rightarrow_2$ ist die *Komposition* $\rightarrow_1 \circ \rightarrow_2$ bekanntlich wie folgt definiert:

$$a \rightarrow_1 \circ \rightarrow_2 b \ , \text{ falls es ein } c \text{ mit } a \rightarrow_1 c \text{ und } c \rightarrow_2 b \text{ gibt.}$$

Wir sagen, daß $\rightarrow_1$ und $\rightarrow_2$ *kommutieren*, falls

$$\rightarrow_1 \circ \rightarrow_2 \ = \ \rightarrow_2 \circ \rightarrow_1$$

gilt. Beweisen Sie, daß die Transitionsrelationen $\xrightarrow{i}$ und $\xrightarrow{j}$ für alle $i, j \in \{1, \ldots, n\}$ mit $i \neq j$ kommutieren.
(*Hinweis.* Benutzen Sie das Änderungs- und Zugriffs-Lemma 3.7.)

Aufgabe 4.6 Beweisen Sie

$$\mathcal{M}_{tot}[\![[S_1 \|\ldots\| S_n]]\!] = \mathcal{M}_{tot}[\![S_1;\ \ldots;\ S_n]\!]$$

mit Hilfe von Aufgabe 4.5

Aufgabe 4.7 Ein Programm S heiße *determiniert*, wenn $\mathcal{M}_{tot}[\![S]\!](\sigma)$ für alle Zustände σ eine Einermenge ist.

Beweisen Sie folgende Aussagen: Wenn S_1, S_2 determiniert sind und B ein Boolescher Ausdruck ist, so gilt:

(i) $S_1;\ S_2$ ist determiniert,

(ii) **if** B **then** S_1 **else** S_2 **fi** ist determiniert,

(iii) **while** B **do** S_1 **od** ist determiniert.

Aufgabe 4.8 Beweisen Sie das Determinismus-Lemma 4.10 neu mit Hilfe der Aufgaben 4.6 und 4.10.

Aufgabe 4.9 Zeigen Sie, daß die Korrektheitsformel

$$\{x = y\}\ [x := x + 1 \| y := y + 1]\ \{x = y\}$$

kein Theorem der Beweissysteme PD + Regel 9 und TD + Regel 9 ist.

Aufgabe 4.10 Beweisen Sie die Korrektheitsformel

$$\{x = y\}\ [x := x + 1 \| y := y + 1]\ \{x = y\}$$

im Beweissystem PD + Regel A4 + Regel 9.

4.6 Bibliographische Anmerkungen

Das Symbol $\|$ für die parallele Komposition von Programmen stammt von Hoare [Hoa72]. Die hier vorgestellte Interleaving-Semantik ist das am weitesten verbreitete Modell für Parallelismus. Alternativen dazu sind die Semantik des maximalen Parallelismus von Salwicki und Müldner [SM81] sowie Semantiken, die auf partiellen Ordnungen unter den Konfigurationen von Berechnungen beruhen [Bes89, FPZ93].

Überblicksaufsätze über allgemeine Ersetzungssysteme, wie wir sie in Abschnitt 4.2 benutzt haben, sind von Dershowitz und Jouannaud [DJ90] sowie von Klop [Klo90] geschrieben worden.

Die Sequentialisierungs-Regel 8 und die Regel 9 für disjunkten Parallelismus wurden zuerst von Hoare [Hoa75] diskutiert, allerdings auf der Grundlage einer informellen Semantik. Das Sequentialisierungs-Lemma 4.12 beruht darauf, daß die Transitionsschritte disjunkter Programme miteinander kommutieren (vgl. Übungsaufgaben 4.5 und 4.6). Die Kommutativität nicht disjunkter Anweisungen wird von Best und Lengauer [BL89] untersucht.

Die Notwendigkeit von zusätzlichen Hilfsvariablen in Korrektheitsbeweisen wurde zuerst von Clint [Cli73] erkannt. Eine Kritik an der Benutzung von Hilfsvariablen mit unendlichem Wertebereich wurde von Clarke [Cla80] vorgetragen. Der Name "Stotter-Lemma" geht auf Überlegungen von Lamport [Lam83] zurück, wonach Semantiken von Programmen gegenüber Stottern, d.h. dem endlichmaligen Einfügen von Zustandswiederholungen, invariant bleiben sollten.

Das in der Fallstudie 4.5 betrachtete Programm *FIND* ist eine disjunkte Version des parallelen Programms *FINDPOS* von Rosen [Ros74]. Der angegebene Korrektheitsbeweis ist eine Variante des entsprechenden Beweises von Owicki und Gries [OG76a].

5. Parallele Programme mit gemeinsamen Variablen

Disjunkter Parallelismus ist eine sehr eingeschränkte Form von Parallelismus. In Anwendungen kommt es häufig vor, daß sich parallel arbeitetende Komponenten Ressourcen wie Datenbanken, Drucker oder Datenbusse teilen. Eine gemeinsame Benutzung von Ressourcen ist notwendig, wenn es zu kostspielig ist, jede Komponente mit einer eigenen Kopie zu versorgen. Dies ist zum Beispiel bei großen Datenbanken der Fall. Eine gemeinsame Benutzung ist sogar wünschenswert, wenn dadurch Kommunikation zwischen verschiedenen Komponenten ermöglicht wird, etwa im Falle eines gemeinsamen Datenbusses. Diese Form des Parallelismus wollen wir durch parallele Programme mit Variablen modellieren, die von mehreren Komponenten gemeinsam gelesen und verändert werden können.

Der Entwurf und Korrektheitsnachweis von parallelen Programmen mit gemeinsamen Variablen ist sehr viel anspruchsvoller als bei disjunkten parallelen Programmen. Dies liegt daran, daß sich die einzelnen Komponenten eines parallelen Programms in die Abläufe anderer Komponenten durch Veränderung der gemeinsamen Variablen einmischen können. Diese Form der Einmischung wird auch *Interferenz* genannt. Um den Grad der Einmischung möglichst klein zu halten, läßt man Interferenzen nur an bestimmten Stellen innerhalb von Komponenten zu. Dazu führen wir in diesem Kapitel als neues syntaktisches Konstrukt sogenannte *atomare Bereiche* ein, deren Ausführungen von anderen Komponenten nicht unterbrochen werden dürfen, in denen Interferenzen also nicht zugelassen sind.

5.1 Zugriff auf gemeinsame Variablen

Während das Ein/Ausgabe-Verhalten eines disjunkten parallelen Programms allein aus der Kenntnis des Ein/Ausgabe-Verhaltens der Komponenten bestimmt werden kann, müssen bei Programmen mit gemeinsamen Variablen die möglichen Programmausführungen miteinbezogen werden.

Beispiel 5.1 Gegeben seien zwei Programme

$$S_1 \equiv x := x + 2 \text{ und } S_1' \equiv x := x + 1; \; x := x + 1.$$

Isoliert betrachtet, besitzen beide Programme genau dasselbe Ein/Ausgabe-Verhalten, nämlich die Erhöhung des Wertes der Variablen x um 2. Werden S_1 und S_1' jedoch parallel zur Komponente

$$S_2 \equiv x := 0$$

ausgeführt, so ergibt sich ein Unterschied: Wenn

$$[S_1 \| S_2]$$

terminiert, kann x den Wert 0 oder 2 haben, je nachdem, ob S_1 oder S_2 zuerst ausgeführt wurde. Wenn dagegen

$$[S_1' \| S_2]$$

terminiert, kann x den Wert 0,1 oder 2 haben. Der Wert 1 wird abgeliefert, wenn S_2 zwischen den beiden Wertzuweisungen von S_1' ausgeführt wird.   □

Dieses Beispiel zeigt, daß das Ein/Ausgabe-Verhalten eines parallelen Programms mit gemeinsamen Variablen ganz entscheidend von der Art und Weise abhängt, in welcher Reihenfolge die Komponenten während der Programmausführung auf die gemeisamen Variablen zugreifen. Wir müssen daher diesen Zugriff genau verstehen. Dazu benötigen wir den Begriff der atomaren Aktion.

Unter einer *Aktion A* verstehen wir eine Anweisung oder einen Booleschen Ausdruck. Eine Aktion A innerhalb einer Komponente S_i eines parallelen Programms $S \equiv [S_1 \| \ldots \| S_n]$ mit gemeinsamen Variablen wird *unteilbar* oder *atomar* genannt, falls während der Ausführung von A die in A vorkommenden Variablen nur von A, nicht aber von anderen Komponenten S_j mit $j \neq i$ verändert werden dürfen/können. Die Computer-Hardware stellt sicher, daß gewisse Aktionen atomar sind.

Die Ausführung einer einzelnen Komponente S_i kann man sich als eine Ausführungsfolge der atomaren Aktionen von S_i vorstellen. Die Ausführung verschiedener Komponenten schreitet *asynchron* voran, d.h. es kann keine Annahme über die relative Geschwindigkeit getroffen werden, mit der die einzelnen Komponenten ihre atomaren Aktionen ausführen.

Die Ausführung von atomaren Aktionen verschiedener Komponenten eines parallelen Programms kann man sich als zeitlich überlappend vorstellen, solange keine der beteiligten Aktionen die gemeinsamen Variablen einer anderen Aktion verändert. Aufgrund dieser Einschränkung ist es möglich, den Effekt der überlappenden Ausführung von atomaren Aktionen verschiedener Komponenten durch eine nicht-überlappende Vermischung oder *Interleaving* der sequentiellen Ausführung der einzelnen Komponenten in beliebiger Reihenfolge zu modellieren.

Auf die Frage, welche Größe realistischerweise für eine atomare Aktion angenommen werden kann, gehen wir in den Abschnitten 5.3 und 5.4 ein.

5.2 Syntax

Parallele Programme mit gemeinsamen Variablen erhalten wir, indem wir die Disjunktheitsforderung bei der parallelen Komposition fallenlassen. Zusätzlich dürfen innerhalb der parallen Komposition atomare Bereiche auftreten. Diese Bereiche werden durch Klammern $\langle$ und $\rangle$ abgegrenzt.

Genauer definieren wir zunächst *Komponenten-Programme* oder kurz *Komponenten* als Programme, die durch die Produktionsregeln für deterministische Programme aus Kapitel 3 sowie die folgende Produktionsregel für atomare Bereiche generiert werden:

$$S ::= \langle S_0 \rangle$$

wobei S_0 schleifenfrei ist und keine weiteren atomaren Bereiche enthält.

Parallele Programme mit gemeinsamen Variablen (oder kurz *parallele Programme*) werden durch die Produktionsregeln für Komponenten-Programme sowie die folgende Produktionsregel für parallele Komposition generiert:

$$S ::= [S_1 \| \ldots \| S_n]$$

wobei $n > 1$ gilt und $S_1, \ldots, S_n$ Komponenten-Programme sind. Wie bisher erlauben wir keinen geschachtelten Parallelismus, aber wir erlauben Parallelismus innerhalb von sequentieller Komposition, bedingten Anweisungen und **while**-Schleifen.

Anschaulich erhalten wir eine Ausführung von $[S_1 \| \ldots \| S_n]$, indem wir die atomaren, d.h. ununterbrechbaren Schritte der Komponenten-Programme $S_1, \ldots, S_n$ vermischen. Definitionsgemäß werden alle

- Boolesche Ausdrücke,

- Wertzuweisungen und *skip*-Anweisungen und

- atomare Bereiche

als atomare Schritte ausgewertet oder ausgeführt. Durch die Forderung, daß atomare Bereiche schleifenfrei sein müssen, stellen wir sicher, daß diese atomaren Schritte stets terminieren. Insgesamt terminiert die Ausführung eines parallelen Programms $[S_1 \| \ldots \| S_n]$ genau dann, wenn die Ausführungen jedes Komponenten-Programms terminiert.

Der Einfachheit halber identifizieren wir

$$\langle A \rangle \equiv A,$$

falls A eine *atomare Anweisung* ist, d.h. eine Wertzuweisung oder eine *skip*-Anweisung. Unter einem *normalen* Teilprogramm eines Programms S verstehen wir ein Teilprogramm von S, das nicht innerhalb eines atomaren Bereichs von S vorkommt. Zum Beispiel sind die Wertzuweisung $x := 0$, der atomare Bereich $\langle x := x + 2;\ z := 1 \rangle$ und das Programm $x := 0;\ \langle x := x + 2;\ z := 1 \rangle$ die einzigen normalen Teilprogramme von $x := 0;\ \langle x := x + 2;\ z := 1 \rangle$. Wir benötigen diesen Begriff später bei der Definition von Interferenz-Freiheit.

5.3 Semantik

Wie bei disjunkten parallelen Programmen definieren wir die operationelle Semantik von parallelen Programmen mit gemeinsamen Variablen als eine Erweiterung des Transitionssystems für deterministische Programme.

Für die in Komponenten-Programmen auftretenden atomaren Bereiche führen wir folgende Transitionsregel ein:

(ix) $\qquad \dfrac{< S, \sigma > \rightarrow^* < E, \tau >}{< \langle S \rangle, \sigma > \rightarrow < E, \tau >}$.

Diese Regel formalisiert die anschauliche Vorstellung, daß ein atomarer Bereich in einem Schritt ausgeführt wird. Die ganze terminierende Ausführung von S wird nämlich zu einem Transitionschritt des atomaren Bereiches $\langle S \rangle$ reduziert. Diese Reduktion macht im Kontext einer parallelen Komposition ein Einmischen von anderen Komponenten in der Ausführung von $\langle S \rangle$ unmöglich.

Die parallele Komposition wird dabei mit der bereits in Kapitel 4 vorgestellten Interleaving-Transitionsregel (xiii) modelliert:

$$\frac{< S_i, \sigma > \rightarrow < T_i, \tau >}{< [S_1\|\ldots\|S_i\|\ldots\|S_n], \sigma > \rightarrow < [S_1\|\ldots\|T_i\|\ldots\|S_n], \tau >},$$

wobei $i \in \{1, \ldots, n\}$ gilt.

Wie in Abschnitt 4.2 gilt das folgende Lemma:

Lemma 5.2 (Keine Blockierung) Jede Konfiguration $< S, \sigma >$ mit $S \not\equiv E$ besitzt eine Folgekonfiguration in der Transitionsrelation $\rightarrow$. $\qquad\square$

Deshalb führen wir wie in Abschnitt 4.2 zwei Semantiken paralleler Programme ein, die Semantik $\mathcal{M}$ der partiellen Korrektheit und die Semantik $\mathcal{M}_{tot}$ der totalen Korrektheit. Die Definitionen sind wörtlich aus den Kapiteln 3 bzw. 4 zu übernehmen.

Im Abschnitt 5.1 haben wir bereits angedeutet, daß sich parallele Programme mit gemeinsamen Variablen nichtdeterministisch verhalten können. Jetzt beschreiben wir diesen Nichtdetermnismus genauer:

Lemma 5.3 (Beschränkter Nichtdeterminismus) Sei S ein paralleles Programm und σ ein Zustand. Dann ist die Menge $\mathcal{M}_{tot}[\![S]\!](\sigma)$ endlich oder sie enthält $\bot$.

Dieses Lemma steht in einem scharfen Kontrast zum Determinismus-Lemma 4.10 für disjunkten Parallelismus. Der Beweis beruht auf einem einfachen Lemma über die Transitionsrelation $\rightarrow$ und einem wichtigen Resultat über Bäume, dem Lemma von König [Kön27] (siehe auch Knuth [Knu68, S. 381]).

Lemma 5.4 Für jedes parallele Programm S und jeden Zustand σ besitzt die Konfiguration $< S, \sigma >$ nur endlich viele Nachfolger in der Transitionsrelation $\rightarrow$.

Beweis. Diese Aussage folgt sofort aus den Transitionsaxiomen und -regeln (i)–(ix) zur Definition der Relation $\rightarrow$. $\square$

Lemma 5.5 von König Jeder endlich verzweigte Baum ist entweder endlich oder besitzt einen unendlichen Pfad.

Beweis. Gegeben sie ein unendlich großer, aber nur endlich verzweigter Baum T. Dann konstruieren wir einen unendlichen Pfad in T, d.h. eine unendliche Folge

$$\xi : N_0 \ N_1 \ N_2 \ \ldots$$

von Knoten aus T, wobei für jedes $i \geq 0$ der Knoten N_{i+1} ein Nachfolgeknoten von N_i ist. Wir konstruieren ξ mit Induktion nach i so, daß jeder Knoten N_i die Wurzel eines unendlichen Teilbaumes von T ist.
Induktionsanfang: $i = 0$. Als Knoten N_0 wählen wir die Wurzel von T.
Induktionschritt: $i \rightarrow i + 1$. Nach Induktionsvoraussetzung ist N_i die Wurzel eines unendlichen Teilbaumes von T. Da T endlich verzweigt ist, gibt es nur endlich viele Nachfolgeknoten $M_1, ..., M_n$ von N_i. Daher ist wenigstens einer dieser Nachfolgeknoten, etwa M_j, die Wurzel eines unendlichen Teilbaumes von T. Als Knoten N_{i+1} wählen wir dann M_j. $\square$

Wir kommen nun zum

Beweis von Lemma 5.3. Nach dem obigen Lemma über die Transitionsrelation kann die Menge aller Berechnungen von S, die im Zustand σ starten, als endlich verzweigter Berechnungsbaum dargestellt werden. Nach dem Lemma von König ist dieser Baum entweder endlich oder er besitzt einen unendlichen Pfad. Wenn der Berechnungsbaum endlich ist, so ist auch die Menge $\mathcal{M}[\![S]\!](\sigma)$ endlich, und wenn der Baum einen unendlichen Pfad enthält, so kann S von σ aus divergieren, d.h. es gilt $\bot \in \mathcal{M}[\![S]\!](\sigma)$. $\square$

Atomarität

Die oben eingeführten Transitionsregeln zeigen, daß die hier benutzte Semantik für Parallelismus die Auswertung von Boolesche Ausdrücken sowie die Ausführung von Wertzuweisungen, *skip*-Anweisungen und atomare Bereichen als atomare Aktionen modelliert. Die Frage ist, ob dieses Modell für übliche Computer-Hardware realistisch ist. Die Antwort ist "nein". Realistisch ist dagegen die Annahme, daß ein einzelner Lese- oder Schreibzugriff auf eine gemeinsame Variable als atomare Aktion implementiert ist.

Als Beispiel betrachten wir das Programm

$$S \equiv [x := y \| y := x].$$

Die Ausführung der Wertzuweisung $x := y$ besteht dann aus zwei atomaren Aktionen, zuerst einem Lesezugriff auf y und anschließend einem Schreibzugriff auf x. Entsprechendes gilt für $y := x$. Deshalb liefert eine Berechnung von S, die mit den Werten $x = 1$ und $y = 2$ startet, einen der folgenden drei Endzustände ab:

(i) $x = y = 2$,

(ii) $x = y = 1$,

(iii) $x = 2$ und $y = 1$.

Der Endzustand (iii) wird erreicht, wenn die Variablen x und y zunächst beide gelesen werden und dann beide beschrieben werden. In unserer Semantik von Parallelismus wird dieser Endzustand jedoch nicht erreicht, weil die beiden Wertzuweisungen insgesamt als unteilbare Aktionen modelliert werden.

Glücklicherweise kann diese Diskrepanz zwischen modellierter und realistischer Atomarität leicht überbrückt werden. Durch die Einführung zusätzlicher Variablen kann nämlich jedes Komponenten-Programm in ein Programm transformiert werden, bei dem jede atomare Aktion nur noch einen Lese- oder Schreibzugriff auf gemeinsame Variablen enthält. Zum Beispiel kann das obige Programm S in

$$S' \equiv [AC_1 := y; \ x := AC_1 \| AC_2 := x; \ y := AC_2]$$

transformiert werden. Die neuen Variablen AC_i modellieren lokale Akkumulatoren wie sie von Computern üblicherweise zur Auswertung von Wertzuweisungen benutzt werden. Die operationelle Semantik von S' spiegelt damit genau die Ausführung des ursprünglichen Programms S auf einer üblichen Computer-Hardware wider. Insbesondere sind die drei Endzustände (i)–(iii) in unserer Semantik für S' möglich.

In unserer operationellen Semantik von Parallelismus wurde die Größe der atomaren Aktionen so gewählt, daß sich eine einfache Definition ergibt. Diese Definiton ist zwar nicht realistisch, aber für Programme, bei denen alle Booleschen Ausdrücke, Wertzuweisungen und atomaren Bereiche höchstens einen

Lese- oder Schreibzugriff auf gemeinsame Variablen enthalten, modelliert diese Definition genau die Programmausführung auf üblicher Computer-Hardware.

Ferner ist es für Korrektheitsbeweise von parallelen Programmen vorteilhaft, nicht an eine starre Größe von atomaren Aktionen gebunden zu sein, wie sie durch die Computer-Hardware vorgegeben ist, sondern daß diese Größe frei gewählt werden kann. Dazu dienen die atomare Bereiche der Form $\langle S_0 \rangle$. Frei gewählte Atomarität wird auch als *virtuelle Atomarität* bezeichnet.

Zusammenfassend beobachten wir folgendes:

- Je kleiner die atomaren Aktionen, desto realistischer das Programm.

- Je größer die atomaren Aktionen, desto einfacher der Korrektheitsbeweis des Programms.

Für weitere Erläuterungen dieser Beobachtung verweisen wir auf das Ende von Abschnitt 5.4 und die Abschnitte 5.7 und 5.8.

5.4 Verifikation: Partielle Korrektheit

Komponenten-Programme

Die partielle Korrektheit von Komponenten-Programmen wird mit den Beweisregeln des Systems PD für die partielle Korrektheit von deterministischen Programmen und der folgenden Regel für atomare Bereiche bewiesen:

REGEL 11:   ATOMARER BEREICH

$$\frac{\{p\}\ S\ \{q\}}{\{p\}\ \langle S \rangle\ \{q\}}$$

Diese Regel ist offensichtlich korrekt für die partielle (und auch die hier nicht betrachtete totale) Korrektheit von Komponenten-Programmen, denn die Wahl der Atomarität hat keinen Einfluß auf das Ein/Ausgabe-Verhalten einzelner Komponenten-Programme.

Beweisskizzen für die partielle Korrektheit von Komponenten-Programmen sind durch die Regeln (i)–(vii) für Beweisskizzen für deterministische Programme und die folgende Regel definiert:

(x)

$$\frac{\{p\}\ S^*\ \{q\}}{\{p\}\ \langle S^* \rangle\ \{q\}},$$

wobei S^* wie üblich für eine kommentierte Version von S steht.

Eine Beweisskizze für partielle Korrektheit $\{p\}\, S^*\, \{q\}$ heißt *Standard-Beweisskizze*, falls innerhalb von S vor jedem Vorkommen eines *normalen* Teilprogramms T von S genau eine Zusicherung, genannt $pre(T)$, als Kommentar steht und es sonst keine weiteren Zusicherungen in S^* gibt. Nach der Definition von "normal" gibt es also keine Zusicherungen innerhalb von atomaren Bereichen in S. Anschaulich gesprochen sind solche Zusicherungen nicht nötig, da atomare Bereiche in Kontext eines parallelen Programms als ein Transitionsschritt ausgeführt werden und wir in Standard-Beweisskizzen genau die Stellen mit Zusicherungen kommentieren wollen, an denen sich eine andere Komponente einmischen kann. Wir werden dieses genauer im Zusammenhang mit dem Begriff der Interferenz-Freiheit erklären.

Für deterministische Programme haben wir den Zusammenhang zwischen Standard-Beweisskizzen und Berechnungen im Starken Korrektheits-Satz 3.20 beschrieben. Für Komponenten-Programme können wir ein entsprechendes Resultat formulieren. Dazu übernehmen wir die Notation $\mathbf{at}(T, S)$ aus Definition 3.19, nur daß T jetzt für ein Vorkommen eines normalen Teilprogramms in einem Komponenten-Programm S steht. In dieser induktiven Definition brauchen wir keinen neuen Fall zu betrachten, da normale Teilprogramme stets außerhalb von atomaren Bereichen liegen.

Lemma 5.6 (Starke Korrektheit von Komponenten-Programmen)
Sei S ein Komponenten-Programm und $\{p\}\, S^*\, \{q\}$ eine zugehörige Standard-Beweisskizze für partielle Korrektheit. Es gelte

$$< S, \sigma > \to^* < R, \tau >$$

für einen p-Zustand σ, ein Restprogramm R und einen Zustand τ. Dann gilt

- entweder $R \equiv \mathbf{at}(T, S)$ für ein normales Teilprogramm T von S und $\tau \models pre(T)$

- oder $R \equiv E$ und $\tau \models q$.

Beweis. Wir führen dieses Lemma auf Satz 3.20 zurück. Indem wir alle Klammern $\langle$ und $\rangle$ aus S und der Standard-Beweisskizze $\{p\}\, S^*\, \{q\}$ entfernen, erhalten wir ein deterministisches Programm S_1 und eine zugehörige Beweisskizze $\{p\}\, S_1^*\, \{q\}$. Indem wir zusätzlich geeignete Zusicherungen vor jedes Teilprogramm von S_1 einfügen, das einem nicht-normalem Teilprogramm von S entspricht, also innerhalb eines atomaren Bereichs von S liegt, erhalten wir eine Standard-Beweisskizze $\{p\}\, S_1^{**}\, \{q\}$ für die partielle Korrektheit von S_1, auf die der Satz 3.20 anwendbar ist.

Nach der Transitionsregel (ix) für atomare Bereiche gilt:

$$< S, \sigma > \to^* < R, \tau > \quad \text{genau dann, wenn} \quad < S_1, \sigma > \to^* < R_1, \tau >$$

wobei R_1 aus R durch Entfernen aller Klammern $\langle$ und $\rangle$ entsteht. Durch Betrachten der Standard-Beweisskizze $\{p\}\, S_1^{**}\, \{q\}$ und Anwenden von Satz 3.20 auf $< S_1, \sigma > \to^* < R_1, \tau >$ folgt die Aussage des Lemmas. $\qquad\square$

Dieser Abschnitt hat gezeigt, daß sich die in Kapitel 3 für deterministische Programme eingeführten Verifikationsmethoden leicht auf Komponenten-Programme mit atomaren Bereichen erweitern lassen.

Keine Kompositionalität des Ein/Ausgabe-Verhaltens

Schwieriger ist die Behandlung der parallelen Komposition. Bereits im Beispiel 5.1 haben wir gesehen, daß sich das Ein/Ausgabe-Verhalten eines parallelen Programmes mit gemeinsamen Variablen nicht allein aus den Ein/Ausgabe-Verhalten seiner Komponenten bestimmen läßt. Wir verdeutlichen diese Aussage hier, indem wir Korrektheitsformeln für die in Beispiel 5.1 betrachteten Programme untersuchen.

Isoliert betrachtet besitzen die Komponenten-Programme $x := x + 2$ und $x := x + 1;\ x := x + 1$ dasselbe Ein/Ausgabe-Verhalten. Für alle Zusicherungen p und q gilt nämlich

$$\models \{p\}\ x := x + 2\ \{q\} \text{ genau dann, wenn } \models \{p\}\ x := x + 1;\ x := x + 1\ \{q\}\ .$$

Die parallele Komposition mit $x := 0$ führt jedoch zu unterschiedlichen Ein/Ausgabe-Verhalten. Einerseits gilt

$$\models \{\mathbf{true}\}\ [x := x + 2 \| x := 0]\ \{x = 0 \lor x = 2\}$$

und andererseits

$$\not\models \{\mathbf{true}\}\ [x := x + 1;\ x := x + 1 \| x := 0]\ \{x = 0 \lor x = 2\},$$

weil x zur Terminierung auch den Wert 1 annehmen kann.

Wir fassen diese Beobachtung in der Feststellung zusammen: Das Ein/Ausgabe-Verhalten von parallelen Programmen mit gemeinsamen Variablen ist *nicht kompositionell*, d.h. es gibt keine Beweisregel, die aus Ein/Ausgabe-Spezifikationen $\{p_i\}\ S_i^*\ \{q_i\}$ für die Komponenten S_i eine (nicht triviale) Ein/Ausgabe-Spezifikation $\{p\}\ [S_1 \| \ldots \| S_n]\ \{q\}$ für das parallele Programm herleitet. Bei disjunkten parallelen Programmen ist dieses bekanntlich möglich: Wir brauchen lediglich die logische Konjunktionen $p \equiv \bigwedge_{i=1}^{n} p_i$ und $q \equiv \bigwedge_{i=1}^{n} q_i$ zu betrachten.

Bei parallelen Programmen $[S_1 \| \ldots \| S_n]$ mit gemeinsamen Variablen müssen wir vielmehr untersuchen, *wie* das Ein/Ausgabe-Verhalten zustandekommt, indem wir jede Aktion in den Berechnungen der Komponenten-Programme S_i einzeln betrachten.

Parallele Komposition: Interferenz-Freiheit

Dazu verfolgen wir den Ansatz von Owicki und Gries [OG76a] und betrachten für Komponenten-Programme anstelle von Korrektheitsformeln jetzt Standard-Beweisskizzen, da diese außer Vor- und Nachbedingungen auch alle Zwischenzusicherungen enthalten. Nach dem Starken Korrektheits-Lemma 5.6 geben diese

Zusicherungen über den Verlauf der Berechnungen Auskunft: Eine solche Zusicherung r gilt gerade, wenn die Berechnung des Komponenten-Programms die mit r kommentierte Stelle erreicht.

Leider wird diese Eigenschaft verletzt, wenn wir mehrere Komponenten-Programme parallel ausführen. Betrachten wir zum Beispiel die Standard-Beweisskizzen

$$\{x = 0\}\ x := x + 2\ \{x = 2\}$$

und

$$\{x = 0\}\ x := 0\ \{\textbf{true}\}$$

und eine Berechnung des parallelen Programms $[x := x + 2 \| x := 0]$, die in einem Zustand mit $x = 0$ startet. Im Endzustand dieser Berechnung braucht die Nachbedingung $x = 2$ von $x := x + 2$ nicht mehr zu gelten, weil die Wertzuweisung $x := 0$ die Variable x auf 0 gesetzt haben könnte.

Der Fehler liegt daran, daß diese Beweisskizzen nicht die mögliche Einmischung oder Interferenz der jeweils anderen Komponenten berücksichtigen. Diese Überlegungen bringen uns zum zentralen Begriff der *Interferenz-Freiheit* von Owicki and Gries [OG76a].

Definition 5.7 (Interferenz-Freiheit: Partielle Korrektheit)

(i) Sei S ein Komponenten-Programm und $\{p\}\ S^*\ \{q\}$ eine zugehörige Standard-Beweisskizze für partielle Korrektheit. Sei ferner A ein Programmstück mit der Vorbedingung $pre(A)$ aus einer anderen Beweiskizze. Dann *interferiert A nicht mit $\{p\}\ S^*\ \{q\}$*, falls

- für alle Zusicherungen r in $\{p\}\ S^*\ \{q\}$ die Korrektheitsformel

$$\{r \wedge pre(A)\}\ A\ \{r\}$$

  im Sinne der partiellen Korrektheit gilt.

(ii) Sei $[S_1 \| \ldots \| S_n]$ ein paralleles Programm. Standard-Beweisskizzen $\{p_i\}\ S_i^*\ \{q_i\}$ mit $i \in \{1, \ldots, n\}$ für partielle Korrektheit heißen *interferenz-frei*, falls keine normale Wertzuweisung und kein atomarer Bereich A eines Komponenten-Programms S_i mit der Beweisskizze $\{p_j\}\ S_j^*\ \{q_j\}$ eines anderen Komponenten-Programms S_j mit $i \neq j$ interferiert. $\qquad\Box$

Anschaulich bedeutet Interferenz-Freiheit, daß die Ausführung der atomaren Aktionen eines Komponenten-Programms keine der Zusicherungen in der Beweisskizze eines anderen Komponenten-Programms verletzt.

Nach diesen Vorbereitungen können wir jetzt die folgende Konjunktionsregel für die allgemeine parallele Komposition formulieren.

REGEL 12:   PARALLELISMUS MIT GEMEINSAMEN VARIABLEN

> Die Standard-Beweisskizzen $\{p_i\}\ S_i^*\ \{q_i\}$,
> $i \in \{1, \ldots, n\}$, sind interferenz-frei.

$$\{\textstyle\bigwedge_{i=1}^n\ p_i\}\ [S_1\|\ldots\|S_n]\ \{\textstyle\bigwedge_{i=1}^n\ q_i\}$$

Die Konklusion dieser Regel ist genau dieselbe wie die von Regel 9 für disjunkten Parallelismus. Die Prämissen sind jedoch sehr viel komplizierter. Anstatt einfach gegebene Korrektheitsformeln $\{p_i\}\ S_i\ \{q_i\}$ auf Disjunktheit zu überprüfen, müssen jetzt die *Beweise* dieser Korrektheitsformeln in Gestalt von Standard-Beweisskizzen $\{p_i\}\ S_i^*\ \{q_i\}$ auf Interferenz-Freiheit getestet werden.

Die Einschränkung auf *Standard*-Beweisskizzen minimiert zwar die Anzahl der in diesem Test zu betrachtenden Zusicherungen, dennoch sind dadurch Korrektheitsbeweise von parallelen Programmen weitaus aufwendiger als die von sequentiellen Programmen. Im Falle von zwei Komponenten-Programmen der Längen ℓ_1 und ℓ_2 sind durch diesen Test $\ell_1 \times \ell_2$ zusätzliche Korrektheitsformeln zu beweisen. In konkreten Beispielen sind die meisten dieser Formeln jedoch trivialerweise erfüllt, einfach weil viele Wertzuweisungen oder atomare Bereiche A auf Interferenz-Freiheit mit Zusicherungen zu überprüfen sind, die disjunkt von A sind.

Beispiel 5.8 Als eine erste Anwendung von Regel 12 wollen wir die partielle Korrektheit der parallelen Programme aus Abschnitt 5.1 beweisen.

(i) Zuerst betrachten wir das Programm $[x := x + 2\|x := 0]$. Die Standard-Beweisskizzen

$$\{x = 0\}\ x := x + 2\ \{x = 2\}$$

und

$$\{\textbf{true}\}\ x := 0\ \{x = 0\}$$

sind offensichtlich korrekt, aber nicht interferenz-frei. Zum Beispiel bleibt die Zusicherung $x = 0$ unter der Ausführung von $x := x+2$ nicht erhalten. Genauso wenig bleibt $x = 2$ unter der Ausführung von $x := 0$ nicht erhalten.

Durch Abschwächung der Nachbedingungen erhalten wir Standard-Beweisskizzen

$$\{x = 0\}\ x := x + 2\ \{x = 0 \lor x = 2\}$$

und

$$\{\textbf{true}\}\ x := 0\ \{x = 0 \lor x = 2\},$$

die interferenz-frei sind. Zum Beispiel interferiert die Wertzuweisung $x := x+2$ nicht mit der Nachbedingung der zweiten Beweisskizze, weil die Korrektheitsformel

$$\{x = 0 \land (x = 0 \lor x = 2)\}\ x := x+2\ \{x = 0 \lor x = 2\}$$

gilt. Deshalb liefert Regel 12

$$\{x = 0\} \; [x := x + 2 \| x := 0] \; \{x = 0 \lor x = 2\}.$$

(ii) Als nächstes betrachten wir $[x := x + 1; \; x := x + 1 \| x := 0]$ und dazu die Standard-Beweisskizzen

$$\{x = 0\}$$
$$x := x + 1;$$
$$\{x = 0 \lor x = 1\}$$
$$x := x + 1$$
$$\{\mathbf{true}\}$$

und

$$\{\mathbf{true}\} \; x := 0 \; \{x = 0 \lor x = 1 \lor x = 2\}.$$

Um die Interferenz-Freiheit nachzuweisen, sind 7 Korrektheitsformeln zu überprüfen, die offensichtlich allesamt gelten. Damit liefert Regel 12

$$\{x = 0\} \; [x := x + 1; \; x := x + 1 \| x := 0] \; \{x = 0 \lor x = 1 \lor x = 2\}.$$

(iii) Zum Abschluß betrachten wir eine Version des letzten Programms, wo die erste Komponente in einen atomaren Bereich verwandelt ist. Da die Standard-Beweisskizzen

$$\{x = 0\} \; \langle x := x + 1; \; x := x + 1 \rangle \; \{\mathbf{true}\}$$

und

$$\{\mathbf{true}\} \; x := 0 \; \{x = 0 \lor x = 2\}$$

offensichtlich interferenz-frei sind, liefert Regel 12 die Korrektheitsformel

$$\{x = 0\} \; [\langle x := x + 1; \; x := x + 1 \rangle \| x := 0] \; \{x = 0 \lor x = 2\}.$$

Wir sehen, daß sich der atomare Bereich $\langle x := x + 1; \; x := x + 1 \rangle$ im Kontext der parallelen Kompositon mit $x := 0$ genauso verhält wie die Wertzuweisung $x := x + 2$. $\qquad\qquad \square$

Notwendigkeit von Hilfsvariablen

Im Beispiel 5.6(i) haben wir die Korrektheitsformel

$$\{x = 0\} \; [x := x + 2 \| x := 0] \; \{x = 0 \lor x = 2\}$$

mit der Regel 12 bewiesen. Aus der Semantik für Parallelismus folgt, daß die Nachbedingung auch von der schwächeren Vorbedingung $\mathbf{true}$ aus erreicht wird. Diese stärkere Korrektheitsformel kann jedoch nicht mehr mit der Regel 12 allein bewiesen werden. Genauer gilt:

Lemma 5.9 Die Korrektheitsformel

$$\{\mathbf{true}\} \; [x := x + 2 \| x := 0] \; \{x = 0 \lor x = 2\} \qquad\qquad (5.1)$$

kann in dem Beweissystem PD + Regel 12 nicht bewiesen werden.

Beweis. *Annahme*: Die Korrektheitsformel (5.1) kann doch im Beweissystem PD + Regel 12 bewiesen werden. Dann gibt es interferenz-freie Standard-Beweisskizzen

$$\{p_1\}\ x := x + 2\ \{q_1\}$$

und

$$\{p_2\}\ x := 0\ \{q_2\}$$

und es gelten die Implikationen

$$\mathbf{true} \rightarrow p_1 \wedge p_2 \tag{5.2}$$

und

$$q_1 \wedge q_2 \rightarrow x = 0 \vee x = 2. \tag{5.3}$$

Mit (5.2) sind die Zusicherungen p_1 und p_2 beide äquivalent zu **true**.

Also gilt mit der Konsequenzregel $\{\mathbf{true}\}\ x := x + 2\ \{q_1\}$. Nach dem Korrektheitssatz 3.14 für deterministische Programme ist daher die Zusicherung $q_1[x := x + 2]$ wahr. Da die Variable x mit einer beliebigen ganzen Zahl belegt werden kann, ist auch die Zusicherung

$$q_1 \tag{5.4}$$

wahr. Entsprechend gilt $\{\mathbf{true}\}\ x := 0\ \{q_2\}$ und daher mit dem Korrektheitssatz 3.14

$$q_2[x := 0]. \tag{5.5}$$

Wegen der Interferenz-Freiheit gilt für $A \equiv x := x + 2$ und $pre(A) \equiv p_1 \leftrightarrow \mathbf{true}$ die Korrektheitsformel $\{q_2 \wedge \mathbf{true}\}\ x := x + 2\ \{q_2\}$, also

$$q_2 \rightarrow q_2[x := x + 2]. \tag{5.6}$$

Mit Induktion folgt aus (5.5) und (5.6)

$$\forall x : (x \geq 0 \wedge even(x) \rightarrow q_2), \tag{5.7}$$

wobei $even(x)$ gilt, falls x gerade ist. Mit (5.3) und (5.4) folgt aus (5.7)

$$\forall x : (x \geq 0 \wedge even(x) \rightarrow x = 0 \vee x = 2).$$

Widerspruch. $\qquad\qquad\qquad\qquad\qquad\qquad\qquad\qquad\qquad\qquad\quad$ $\square$

Wir haben gezeigt, daß in jeder interferenz-freien Beweisskizze der obigen Form die Nachbedingung q_2 von $x := 0$ für alle geraden $x \geq 0$ gelten würde, obwohl sie nur für $x = 0$ oder $x = 2$ gelten soll. Diese Diskrepanz liegt daran, daß wir am Wert der Programmvariablen x nicht ablesen können, ob die erste Komponente $x := x + 2$ noch ausgeführt werden soll.

Als Abhilfe werden wir eine geeignete Hilfsvariable einführen und die in Kapitel 4 eingeführte Regel 10 für Hilfsvariablen benutzen.

Beispiel 5.10 Wir werden nun die Korrektheitsformel (5.1) unter der zusätzlichen Benutzung von Regel 10 beweisen. Dazu führen wir eine Boolesche Hilfsvariable *done* ein, die anzeigt, ob die Wertzuweisung $x := x + 2$ bereits ausgeführt ist. Anfangs wird *done* mit **false** vorbesetzt und dann innerhalb eines atomaren Bereichs unteilbar mit der Ausführung von $x := x + 2$ auf **true** gesetzt.

Wir möchten also die erweiterte Korrektheitsformel

$$
\begin{aligned}
&\{\textbf{true}\} \\
&done := \textbf{false}; \\
&[\langle x := x + 2;\ done := \textbf{true}\rangle \| x := 0] \\
&\{x = 0 \vee x = 2\}
\end{aligned} \tag{5.8}
$$

beweisen. Aus (5.8) erhalten wir die gewünschte Korrektheitsformel (5.1), indem wir die Hilfsvariablenmenge $\{done\}$ betrachten und darauf die Regel 10 für Hilfsvariablen anwenden, um die hinzugefügten Wertzuweisungen an *done* wieder zu entfernen.

Um (5.8) zu beweisen, betrachten wir folgende Standard-Beweisskizzen für die Komponenten-Programme:

$$\{\neg done\}\ \langle x := x + 2;\ done := \textbf{true}\rangle\ \{\textbf{true}\} \tag{5.9}$$

und

$$\{\textbf{true}\}\ x := 0\ \{(x = 0 \vee x = 2) \wedge (\neg done \rightarrow x = 0)\}. \tag{5.10}$$

Man beachte, daß für (5.9) die Regel 11 für atomare Bereiche benutzt wird.

Es ist leicht zu zeigen, daß die Beweisskizzen (5.9) und (5.10) interferenzfrei sind. Insgesamt sind 4 Zusicherungen zu überprüfen. Als Beispiel geben wir den Beweis an, daß der atomare Bereich von (5.9) nicht mit der Nachbedingung von (5.10) interferiert:

$$
\begin{aligned}
&\{(x = 0 \vee x = 2) \wedge (\neg done \rightarrow x = 0) \wedge \neg done\} \\
&\{x = 0\} \\
&\langle x := x + 2;\ done := \textbf{true}\rangle \\
&\{x = 2 \wedge done\} \\
&\{(x = 0 \vee x = 2) \wedge (\neg done \rightarrow x = 0)\}.
\end{aligned}
$$

Die restlichen drei Fälle sind trivial. Jetzt wenden wir Regel 12 für Parallelismus auf (5.9) und (5.10) an und erhalten mit der Konsequenzregel

$$
\begin{aligned}
&\{\neg done\} \\
&[\langle x := x + 2;\ done := \textbf{true}\rangle \| x := 0] \\
&\{x = 0 \vee x = 2\}.
\end{aligned} \tag{5.11}
$$

Natürlich gilt für die Initialisierung die Korrektkeitsformel

$$\{\textbf{true}\}\ done := \textbf{false}\ \{\neg done\}. \tag{5.12}$$

Eine Anwendung der Regel für sequentielle Komposition auf (5.11) und (5.12) liefert das gewünschte Ergebnis (5.8). $\square$

Der obige Korrektheitsbeweis war schwieriger als erwartet. Insbesondere verlangte die Einführung der Hilfsvariablen *done* Einsicht in den Ablauf des Programms. Es stellt sich daher die Frage, ob wir stets geeignete Hilfsvariablen finden können und ob die Einführung solcher Hilfsvariablen gar in systematischer Weise erfolgen kann. Auf diese Frage hat Lamport [Lam77] eine positive Antwort gegeben. Die Idee ist, für jede Komponente eines parallelen Programms einen eigenen *Programmzähler* einzuführen. Ein Programmzähler ist eine Hilfsvariable, die über einen endlichen Wertebereich läuft und während der Programmausführung vor jedem Teilprogramm einen anderen Wert annimmt. Damit spiegelt eine Programmzähler-Hilfsvariable in eindeutiger Weise den Kontrollfluß in der Komponente wider. In vielen Anwendungen genügt jedoch eine teilweise Information über den Kontrollfluß von einzelnen Komponenten, wie wir es am Beispiel der Hilfsvariablen *done* gesehen haben.

Wir wollen noch darauf hinweisen, daß für den obigen Korrektheitsbeweis die Benutzung des atomaren Bereiches $\langle x := x + 2;\ done := \textbf{true}\rangle$ entscheidend ist. Wäre die Sequenz der beiden Wertzuweisungen unterbrechbar, so hätten wir Standard-Beweisskizzen

$$\{\neg done\}\ x := x + 2;\ \{\neg done\}\ done := \textbf{true}\ \{\textbf{true}\}$$

und

$$\{\textbf{true}\}\ x := 0\ \{(x = 0 \lor x = 2) \land (\neg done \rightarrow x = 0)\}$$

zu betrachten. Diese sind aber nicht interferenz-frei: Zum Beispiel interferiert die Wertzuweisung $x := x + 2$ mit der Nachbedingung von $x := 0$. Die Einführung des atomaren Bereichs $\langle x := x + 2;\ done := \textbf{true}\rangle$ ist ein typisches Beispiel für die im Abschnitt 5.3 angesprochenene *virtuelle Atomarität*, die nicht Bestandteil des ursprünglichen Programms ist, sondern nur für seinen Korrektheitsbeweis benötigt wird.

Wir fassen zusammen: Um die partielle Korrektheit von **parallelen** Programmen mit gemeinsamen Variablen (shared variables) zu zeigen, benutzen wir das folgende Beweissystem PSV:

BEWEISSYSTEM PSV
Dieses System besteht aus den Axiomen
und Regeln 1–6, 10–12 und A1–A5

Korrektheit des Beweissystems

Wir zeigen jetzt die Korrektheit des Beweissystems PSV für partielle Korrektheit. Wir haben bereits die Korrektheit von Regel 11 für atomare Bereiche festgestellt. Somit bleiben noch die Regeln 10 und 12 zu überprüfen.

Lemma 5.11 Regel 10 für Hilfsvariablen ist korrekt für partielle (und totale) Korrektheit von parallelen Programmen.

Beweis. Der Beweis von Lemma 4.17 zur Korrektheit von Regel 10 für disjunkte parallele Programme ist unabhängig von der Annahme des disjunkten Parallelismus (siehe auch Übungsaufgabe 5.3).   □

Um die Korrektheit von Regel 12 zu beweisen, zeigen wir erst folgende stärkere Eigenschaft: die in interferenz-freien Standard-Beweisskizzen $\{p_1\}\, S_1^*\, \{q_1\}, \ldots, \{p_n\}\, S_n^*\, \{q_n\}$ benutzten Zusicherungen bleiben unter allen Ausführungen des parallelen Programmes $[S_1\|\ldots\|S_n]$ gültig. Genauer zeigen wir: wenn eine Berechnung von $[S_1\|\ldots\|S_n]$, die in einem Zustand startet, der die gemeinsame Vorbedingung $\bigwedge_{i=1}^n p_i$ erfüllt, eine mit einer Zusicherung r kommentierte Stelle erreicht, so gilt r.

Lemma 5.12 (Starke Korrektheit von parallelen Programmen) Seien $\{p_i\}\, S_i^*\, \{q_i\}$, $i \in \{1,\ldots,n\}$, interferenz-freie Standard-Beweisskizzen für partielle Korrektheit von Komponenten-Programmen S_i. Es gelte

$$< [S_1\|\ldots\|S_n], \sigma > \;\to^*\; < [R_1\|\ldots\|R_n], \tau >$$

für einen Zustand σ, der $\bigwedge_{i=1}^n p_i$ erfüllt, Komponenten-Programme R_i mit $i \in \{1,\ldots,n\}$ und einen Zustand τ. Dann gilt für jedes $j \in \{1,\ldots,n\}$

- entweder $R_j \equiv \mathbf{at}(T, S_j)$ für ein normales Teilprogramm T von S_j und $\tau \models pre(T)$

- oder $R_j \equiv E$ und $\tau \models q_j$.

Insbesondere folgt aus

$$< [S_1\|\ldots\|S_n], \sigma > \;\to^*\; < E, \tau >$$

stets $\tau \models \bigwedge_{i=1}^n q_i$.

Beweis. Wir betrachten ein festes $j \in \{1,\ldots,n\}$. Es ist leicht zu zeigen, daß entweder $R_j \equiv \mathbf{at}(T, S_j)$ für ein normales Teilprogramm T von S_j oder $R_j \equiv E$ gilt (siehe Übungsaufgabe 5.4). In ersten Fall stehe r für $pre(T)$ und im zweiten Fall für q_j. Dann ist zu zeigen: $\tau \models r$.

Der Beweis erfolgt mit Induktion über die Länge ℓ der Transitionsfolge

$$< [S_1\|\ldots\|S_n], \sigma > \;\to\; \ldots \;\to\; < [R_1\|\ldots\|R_n], \tau > .$$

Induktionsanfang: $\ell = 0$. Dann gilt $p_j \to r$ und $\sigma = \tau$, also $\tau \models p_j$ und damit $\tau \models r$.

Induktionsschritt: $\ell \to \ell + 1$. Dann existieren R_k' und τ' mit

$$
\begin{aligned}
< [S_1\|\ldots\|S_n], \sigma > \;&\to^*\; < [R_1\|\ldots\|R_k'\|\ldots\|R_n], \tau' > \\
&\to\; < [R_1\|\ldots\|R_k\|\ldots\|R_n], \tau >,
\end{aligned}
$$

wobei der letzte Transitionsschritt von der k-ten Komponente ausgeführt wurde, also

$$< R'_k, \tau' > \;\to\; < R_k, \tau > .$$

Wir unterscheiden zwei Fälle.

Fall 1 $j = k$.

Dann wird dieser Transitionschritt in der betrachteten j-ten Komponente selbst ausgeführt. Mit Lemma 5.6 über die starke Korrektheit von Komponenten-Programmen folgt $\tau \models r$.

Fall 2 $j \neq k$.

Dann bleibt die j-te Komponente unverändert, so daß wir mit der Induktionsvoraussetzung $\tau' \models r$ schließen. Wir analysieren jetzt den letzten Transitionsschritt der k-ten Komponente. Wenn es sich dabei um die Auswertung einer Booleschen Bedingung handelt, gilt $\tau = \tau'$ und damit $\tau \models r$.

Andernfalls handelt es sich um die Ausführung einer Wertzuweisung oder eines atomaren Bereiches A. Also gilt

$$< A, \tau' > \;\to\; < E, \tau > .$$

Nach Induktionsvoraussetzung gilt $\tau' \models pre(A)$ und damit insgesamt $\tau' \models r \wedge pre(A)$. Aus der Interferenz-Freiheit und dem Korrektheitssatz 3.14 folgt

$$\models \{r \wedge pre(A)\}\ A\ \{r\}.$$

Also gilt $\tau \models r$. $\qquad\qquad\qquad\qquad\qquad\qquad\qquad\qquad\qquad\qquad\qquad\Box$

Korollar 5.13 Regel 12 für Parallelismus mit gemeinsamen Variablen ist korrekt für partielle Korrektheit. $\qquad\qquad\qquad\qquad\qquad\qquad\qquad\qquad\Box$

Korollar 5.14 (Korrektheit) Das Beweissystem PSV ist korrekt für partielle Korrektheit von parallelen Programmen.

Beweis. Wir benutzen dasselbe Argument wie im Beweis des Korrektheits-Korollars 4.20. $\qquad\qquad\qquad\qquad\qquad\qquad\qquad\qquad\qquad\qquad\qquad\qquad\Box$

5.5 Verifikation: Totale Korrektheit

Komponenten-Programme

Um totale Korrektheit von Komponenten-Programmen zu beweisen, benutzen wir das Beweissystem TD für die totale Korrektheit von deterministischen Programmen sowie die in Abschnitt 5.4 eingeführte Regel 11 für atomare Bereiche. Diese Regel ist offensichtlich korrekt für die totale Korrektheit von Komponenten-Programmen.

Allerdings wird jetzt eine Schwäche der Definition 3.21 von Beweisskizzen für totale Korrektheit von **while**-Schleifen zum Problem. Die dort angegebene Regel lautete:

$$\{p \wedge B\}\ S^*\ \{p\},$$
$$\{p \wedge B \wedge t = z\}\ S^{**}\ \{t < z\},$$
$$p \rightarrow t \geq 0$$

$$\{\mathbf{inv} : p\}\{\mathbf{bd} : t\}\ \mathbf{while}\ B\ \mathbf{do}\ \{p \wedge B\}\ S^*\ \{p\}\ \mathbf{od}\ \{p \wedge \neg B\}$$

wobei t ein Integer-Ausdruck ist und z eine Integer-Variable, die nicht in p, t, B oder S^{**} vorkommt.

In den Prämissen dieser Regel führen wir separate Beweise für das Erhalten der Schleifeninvariante p und die Abnahme des Wertes der Terminierungsfunktion t durch, aber nur der Beweis für p wird in der Beweisskizze der **while**-Schleife festgehalten. Bei parallelen Programmen ist es möglich, daß Komponenten mit den Terminierungsbeweisen anderer Komponenten interferieren. Um diese Gefahr auszuschließen, verschärfen wir jetzt die Definition von Beweisskizzen und verlangen, daß der Wert von t auf jedem syntaktisch möglichen Pfad durch den Schleifenrumpf S abnimmt. Unter einem *Pfad* verstehen wir hier eine möglicherweise leere Folge von normalen Wertzuweisungen und atomaren Bereichen.

Wir definieren zunächst diesen Begriff des Pfades.

Definition 5.15   Für Komponenten-Programme S definieren wir die Pfadmenge $path(S)$ induktiv über den Aufbau von S:

- $path(skip) = \{\varepsilon\}$,

- $path(u := t) = \{u := t\}$,

- $path(\langle S \rangle) = \{\langle S \rangle\}$,

- $path(S_1;\ S_2) = path(S_1)\ ;\ path(S_2)$,

- $path(\mathbf{if}\ B\ \mathbf{then}\ S_1\ \mathbf{else}\ S_2\ \mathbf{fi}) = path(S_1) \cup path(S_2)$,

- $path(\mathbf{while}\ B\ \mathbf{do}\ S\ \mathbf{od}) = \{\varepsilon\} \cup path(S)$. $\square$

In dieser Definition bezeichnet ε die leere Folge. Die sequentielle Komposition $\pi_1;\ \pi_2$ einzelner Pfade π_1 und π_2 wird elementweise auf Pfadmengen Π_1 und Π_2 ausgedehnt:

$$\Pi_1;\ \Pi_2 = \{\pi_1;\ \pi_2 \mid \pi_1 \in \Pi_1 \text{ und } \pi_2 \in \Pi_2\}.$$

Für jeden Pfad π identifizieren wir $\pi; \varepsilon = \varepsilon; \pi = \pi$.

Anschaulich ist $path(S)$ die Menge aller syntaktisch möglichen Pfade in einem Komponenten-Programm S. Dabei wird jeder Pfad durch eine Folge der normalen Wertzuweisungen und atomaren Bereiche dargestellt. Bei Schleifen **while** B **do** S **od** genügt es, die Fälle der sofortigen Terminierung (Pfad ε) und des einmaligen Schleifendurchlaufs (Pfad in $path(S)$) zu betrachten.

In einer Beweisskizze für **while** B **do** S **od** verlangen wir für die Terminierungsfunktion t, daß

(i) jede normale Wertzuweisung und jeder atomaren Bereich in S den Wert von t höchstens verkleinert

(ii) und daß es auf jedem syntaktisch möglichen Pfad in S wenigstens eine normale Wertzuweisung oder einen atomaren Bereich gibt, der den Wert von t echt herabsetzt.

Die formale Definition dieses Begriffs ist wie folgt:

Definition 5.16 (Beweisskizze: Totale Korrektheit) (Standard-) Beweisskizzen für totale Korrektheit von Komponenten-Programmen werden mit denselben Regeln wie für (Standard-) Beweisskizzen für partielle Korrektheit definiert, nur daß die Regel (v) für **while**-Schleifen durch folgende schärfere Regel ersetzt wird:

(xi)

$$
\begin{array}{ll}
(1) & \{p \wedge B\}\ S^*\ \{p\} \text{ ist eine Standard-Beweisskizze,} \\
(2) & \{pre(A) \wedge t = z\}\ A\ \{t \leq z\} \text{ für jede normale} \\
    & \text{Wertzuweisung und jeden atomaren Bereich } A \text{ in } S, \\
(3) & \text{für jeden Pfad } \pi \in path(S) \text{ gibt es eine normale} \\
    & \text{Wertzuweisung oder einen atomaren Bereich } A \text{ in } \pi \text{ mit} \\
    & \{pre(A) \wedge t = z\}\ A\ \{t < z\}, \\
(4) & p \to t \geq 0
\end{array}
$$

$$\{\mathbf{inv}:p\}\{\mathbf{bd}:t\}\ \textbf{while}\ B\ \textbf{do}\ \{p \wedge B\}\ S^*\ \{p\}\ \textbf{od}\ \{p \wedge \neg B\}$$

wobei t ein Integer-Ausdruck ist und z eine Integer-Variable, die nicht in p, t, B or S^* vorkommt, und wobei $pre(A)$ diejenige Zusicherung ist, die in der in (1) betrachteten Standard-Beweisskizze unmittelbar vor A steht. □

In der Prämisse (1) dieser Regel betrachetn wir eine Standard-Beweisskizze, um in den Prämissen (2) und (3) für jede atomare Aktion A eine eindeutig definierte Vorbedingung $pre(A)$ zu haben. In der Konklusion der Regel wird jedoch eine "Nicht-Standard"-Beweisskizze abgeliefert. Um eine Standard-Beweisskizze zu erhalten, brauchen wir nur die Zusicherungen $p \wedge B$ und p um S^* zu entfernen.

Konvention In diesem und im nächsten Kapitel betrachten wir nur Beweisskizzen, die der verschärften Definition 5.16 genügen. □

Parallele Komposition: Interferenz-Freiheit

Um die totale Korrektheit von parallelen Programmen zu beweisen, benötigen wir zunächst interferenz-freie Beweisskizzen für die totale Korrektheit von Komponenten-Programmen. Wir benutzen dazu folgende Definition von Interferenz-Freiheit, die sowohl die Zusicherungen als auch die Terminierungsfunktionen der beteiligten Beweisskizzen überprüft.

Definition 5.17 (Interferenz-Freiheit: Totale Korrektheit)

(1) Sei S ein Komponenten-Programm und $\{p\}\, S^*\, \{q\}$ eine zugehörige Standard-Beweisskizze für partielle Korrektheit. Sei ferner A ein Programmstück mit der Vorbedingung $pre(A)$ aus einer anderen Beweisskizze. Dann *interferiert A nicht mit $\{p\}\, S^*\, \{q\}$*, falls

   (i) für alle Zusicherungen r in $\{p\}\, S^*\, \{q\}$ die Korrektheitsformel

$$\{r \wedge pre(A)\}\, A\, \{r\},$$

   im Sinne der partiellen Korrektheit gilt,

   (ii) für alle Terminierungsfunktionen t in $\{p\}\, S^*\, \{q\}$ die Korrektheitsformel

$$\{pre(A) \wedge t = z\}\, A\, \{t \le z\}$$

   im Sinne der totalen Korrektheit gilt, wobei z eine Integer-Variable ist, die nicht in A, t oder $pre(A)$ vorkommt.

(2) Sei $[S_1\|\ldots\|S_n]$ ein paralleles Programm. Standard-Beweisskizzen $\{p_i\}\, S_i^*\, \{q_i\}$ mit $i \in \{1,\ldots,n\}$ für totale Korrektheit heißen *interferenz-frei*, falls keine normale Wertzuweisung und kein atomarer Bereich A eines Komponenten-Programms S_i mit der Beweisskizze $\{p_j\}\, S_j^*\, \{q_j\}$ eines anderen Komponenten-Programms S_j mit $i \neq j$ interferiert.   □

Anschaulich verlangt Interferenz-Freiheit für totale Korrektheit, daß kein atomarer Schritt der Ausführung einer Komponente irgendeine Zusicherung verletzt (Bedingung (i)) oder den Wert irgendeiner Terminierungsfunktion heraufsetzt (Bedingung (ii)), die in der Beweisskizze einer anderen Komponente vorkommen.

Dazu sind kombinatorisch sehr viele Korrektheitsformeln zu beweisen. In konkreten Beispielen sind viele dieser Formeln jedoch trivialerweise erfüllt, wenn nämlich die Wertzuweisungen und atomare Bereiche A auf Interferenz-Freiheit gegenüber Zusicherungen und Terminierungsfunktionen zu überprüfen sind, die disjunkt von A sind.

Mit dieser erweiterten Definition von Interferenz-Freiheit können wir die Regel 12 für parallele Komposition auch zum Beweis der totalen Korrektheit von parallelen Programmen benutzen. Genauer benutzen wir folgendes Beweissystem *TSV* für die totale Korrektheit von parallelen Programmen mit gemeinsamen Variablen (shared **variables**):

> BEWEISSYSTEM *TSV*
> Dieses System besteht aus den Axiomen
> und Regeln 1–4, 6–7, 10–12 und A2–A5.

Beispiel 5.18 Als eine erste Anwendung dieses Beweissystems wollen wir zeigen, daß für das Programm

$$S \equiv [\textbf{while } x > 2 \textbf{ do } x := x - 2 \textbf{ od} \| x := x - 1]$$

die Korrektheitsformel

$$\{x > 0 \wedge even(x)\}\; S\; \{x = 1\}$$

in Sinne der totalen Korrektheit gilt.

Dazu benutzen wir die folgenden Standard-Beweisskizzen für die Komponenten-Programme von S:

> $\{\textbf{inv} : x > 0\}\{\textbf{bd} : x\}$
> **while** $x > 2$ **do**
> $\{x > 2\}$
> $x := x - 2$
> **od**
> $\{x = 1 \vee x = 2\}$

und

$$\{even(x)\}\; x := x - 1\; \{odd(x)\}.$$

Dabei beschreiben die Booleschen Ausdrücke $even(x)$ und $odd(x)$ wiederum, daß x ungerade bzw. gerade ist. Die verschärfte Anforderung an Beweisskizzen für die totale Korrektheit von Schleifen ist trivialerweise erfüllt, da es nur einen syntaktischen Pfad im Schleifenrumpf gibt, der aus der Wertzuweisung $x := x - 2$ besteht. Natürlich nimmt der Wert von $t = x$ durch Ausführung dieser Wertzuweisung ab.

Es ist leicht zu zeigen, daß diese Beweisskizzen interferenz-frei sind. Zum Beispiel gilt

$$\{x > 2 \wedge even(x)\}\; x := x - 1\; \{x > 2\},$$

weil $x > 2 \wedge even(x) \rightarrow x > 3$ gilt. Damit ist Regel 12 anwendbar und liefert zusammen mit der Konsequenzregel das gewünschte Korrektheitsresultat.   □

Korrektheit des Beweissystems

Wir zeigen jetzt die Korrektheit des Beweissystems TSV für totale Korrektheit. Für Regel 12 benötigen wir die folgende Terminierungseigenschaft.

Lemma 5.19 **(Divergenz-Freiheit)** Seien $\{p_i\}\, S_i^* \,\{q_i\}$, $i \in \{1,\ldots,n\}$, interferenz-freie Standard-Beweisskizzen für die totale Korrektheit von Komponenten-Programmen S_i. Dann gilt

$$\bot \notin \mathcal{M}_{tot}[\![[S_1\|\ldots\|S_n]]\!](\![\bigwedge_{i=1}^{n} p_i]\!). \tag{5.13}$$

Beweis. *Annahme:* Es gilt doch $\bot \in \mathcal{M}_{tot}[\![[S_1\|\ldots\|S_n]]\!](\![\bigwedge_{i=1}^{n} p_i]\!)$, d.h. es gibt eine unendliche Berechnung ξ von $[S_1\|\ldots\|S_n]$, die in einem Zustand startet, der $\bigwedge_{i=1}^{n} p_i$ erfüllt. Dann gibt es in einer Komponenten S_i eine Schleife **while** B **do** S **od**, die unendlich oft durchlaufen wird, d.h. es gibt in ξ unendlich viele Konfigurationen der Form

$$< [T_1\|\ldots\|T_n], \tau >, \tag{5.14}$$

so daß $T_i \equiv \mathbf{at}(\mathbf{while}\ B\ \mathbf{do}\ S\ \mathbf{od}, S_i)$ gilt und die i-te Komponente im Transitionsschritt von (5.14) zur Nachfolgekonfiguration aktiviert wird.

Sei p die Schleifeninvariante und t die Terminierungsfunktion, die in der Beweisskizze $\{p_i\}\, S_i^* \,\{q_i\}$ für die betrachtete Schleife benutzt werden. Nach Lemma 5.12 über starke Korrektheit gilt $\tau \models p$ für jede Konfiguration der Form (5.14), weil $p \equiv pre(\mathbf{while}\ B\ \mathbf{do}\ S\ \mathbf{od})$ ist. Nach der Definition 5.16 von Beweisskizzen gilt $p \to t \geq 0$. Daher gilt

$$\tau(t) \geq 0 \tag{5.15}$$

für jede Konfiguration der Form (5.14).

Wir betrachten jetzt in ξ zwei aufeinanderfolgende Konfigurationen der Form (5.14), die wir mit $< R_1, \tau_1 >$ und $< R_2, \tau_2 >$ bezeichnen wollen. In dem Abschnitt η von $< R_1, \tau_1 >$ bis $< R_2, \tau_2 >$ in ξ wird genau eine Iteration der Schleife **while** B **do** S **od** ausgeführt. Sei $\pi \in path(S)$ derjenige Pfad von S, der bei dieser Iteration ausgeführt wird.

Sei A eine normale Wertzuweisung oder ein atomarer Bereich, die bzw. der auf dem Abschnitt η ausgeführt wird. Wir nehmen an, daß A im Zustand σ_1 ausgeführt wird und den Zustand σ_2 generiert, also

$$< A, \sigma_1 > \ \to\ < E, \sigma_2 > .$$

Nach Lemma 5.12 über starke Korrektheit gilt $\sigma_1 \models pre(T)$. Falls A ein Teilprogramm von S_j mit $i \neq j$ ist, folgt aus der Definiton 5.17 (1)(ii) von Interferenz-Freiheit, daß $\{pre(A) \wedge t = z\}\ A\ \{t \leq z\}$ gilt, also $\sigma_2(t) \leq \sigma_1(t)$. Falls A ein Teilprogramm von S_i ist, liegt A auf dem Pfad π. Nach der Definition 5.16 von Beweisskizzen für totale Korrektheit von Schleifen gilt

$\{pre(A) \wedge t = z\}\ A\ \{t \leq z\}$, also $\sigma_2(t) \leq \sigma_1(t)$. Darüber hinaus gilt für ein A in π sogar $\{pre(A) \wedge t = z\}\ A\ \{t < z\}$, also $\sigma_2(t) < \sigma_1(t)$.

Insgesamt nimmt also der Wert von t durch die Ausführung des Abschnitts η ab, d.h. es gilt

$$\tau_2(t) < \tau_1(t). \tag{5.16}$$

Da dieses für beliebige aufeinanderfolgende Konfigurationen der Form (5.14) in der unendlichen Berechnung ξ gilt, ergeben die Aussagen (5.15) und (5.16) einen *Widerspruch*. Damit gilt (5.13). $\square$

Korollar 5.20   Regel 12 für Parallelismus mit gemeinsamen Variablen ist korrekt für totale Korrektheit.

Beweis. Gegeben seien interferenz-freie Standard-Beweisskizzen von Komponenten-Programmen eines parallelen Programms S. Dann ist Lemma 5.19 anwendbar und liefert die Terminierung von S. Durch Entfernen aller Terminierungsfunktionen aus den Beweisskizzen erhalten wir interferenz-freie Standard-Beweisskizzen für partielle Korrektheit. Korollar 5.13 liefert dann die partielle Korrektheit von S. Zusammen mit der Terminierung ergibt sich insgesamt die totale Korrektheit von S. $\square$

Korollar 5.21 (Korrektheit) Das Beweissystem TSV ist korrekt für totale Korrektheit von parallelen Programmen.

Beweis. Wir benutzen dasselbe Argument wie im Beweis des Korrektheits-Korollars 4.20. $\square$

Diskussion

Wir wollen jetzt zeigen, daß die ursprüngliche Definition 3.21 von Beweisskizzen für totale Korrektheit von **while**-Schleifen im Kontext von parallelen Programmen nicht brauchbar ist. Dazu betrachten wir das parallele Programm

$$S \equiv [S_1 \| S_2]$$

mit

```
S_1 ≡ while x > 0 do
          y := 0;
          if y = 0  then x := 0
                    else y := 0 fi
      od
```

und

$$S_2 \equiv \textbf{while } x > 0 \textbf{ do}$$
$$y := 1;$$
$$\textbf{if } y = 1 \ \textbf{ then } x := 0$$
$$\textbf{else } y := 1 \textbf{ fi}$$
$$\textbf{od}.$$

Offensichtlich terminieren die beiden Komponenten-Programme S_1 und S_2. Den Terminierungsbeweis können wir durch Beweisskizzen im Sinne von Definition 3.21 darstellen, in denen alle Zusicherungen als **true** und die Terminierungsfunktionen in beiden Fällen als $max(x,0)$ gewählt werden.

Die Abnahme des Wertes dieser Terminierungsfunktion zeigen wir für S_1 wie folgt:

$$\{x > 0 \wedge max(x,0) = z\}$$
$$\{z > 0\}$$
$$y := 0;$$
$$\textbf{if } y = 0 \textbf{ then } x := 0 \textbf{ else } y := 0 \textbf{ fi}$$
$$\{x = 0 \wedge z > 0\}$$
$$\{max(x,0) < z\}.$$

Ein entsprechendes Argument gilt für S_2.

Auch die Interferenz-Freiheit dieser Beweisskizzen im Sinne von Definition 5.17 läßt sich leicht zeigen. Für die Terminierungsfunktion gilt nämlich

$$\{max(x,0) = z\} \ x := 0 \ \{max(x,0) \leq z\}.$$

Damit schließen wir mit Regel 12 für Parallelismus mit gemeinsamen Variablen, daß

$$\{\textbf{true}\} \ S \ \{\textbf{true}\}$$

im Sinne der totalen Korrektheit gilt.

Dieses stimmt aber nicht. Es läßt sich nämlich zeigen, daß das parallele Programm S divergiert. Wir betrachten dazu folgendes Anfangsstück einer Berechnung von S, die in einem Zustand σ startet, in dem x positiv ist:

$$< [S_1 \| S_2], \sigma >$$
$$\xrightarrow{1} \ < [y := 0; \ \textbf{if} \dots \textbf{fi}; \ S_1 \| S_2], \sigma >$$
$$\xrightarrow{2} \ < [y := 0; \ \textbf{if} \dots \textbf{fi}; \ S_1 \| y := 1; \ \textbf{if} \dots \textbf{fi}; \ S_2], \sigma >$$
$$\xrightarrow{1} \ < [\textbf{if} \dots \textbf{fi}; \ S_1 \| y := 1; \ \textbf{if} \dots \textbf{fi}; \ S_2], \sigma[y := 0] >$$
$$\xrightarrow{2} \ < [\textbf{if} \dots \textbf{fi}; \ S_1 \| \textbf{if} \dots \textbf{fi}; \ S_2], \sigma[y := 1] >$$
$$\xrightarrow{1} \ < [y := 0; \ S_1 \| \textbf{if} \dots \textbf{fi}; \ S_2], \sigma[y := 1] >$$
$$\xrightarrow{1} \ < [S_1 \| \textbf{if} \dots \textbf{fi}; \ S_2], \sigma[y := 0] >$$
$$\xrightarrow{2} \ < [S_1 \| y := 1; \ S_2], \sigma[y := 0] >$$
$$\xrightarrow{2} \ < [S_1 \| S_2], \sigma[y := 1] > .$$

Der Deutlichkeit halber haben wir jeden Schritt in der Transitionsrelation $\rightarrow$ mit dem Index der Komponente beschriftet, die gerade aktiviert ist. Durch wiederholte Ausführung dieser Transitionsschritte erhalten wir eine unendliche Berechnung von S.

Dieses Beispiel zeigt, daß Regel 12 nicht korrekt ist, wenn wir uns in ihrer Prämisse auf Standard-Beweisskizzen im Sinne von Definiton 3.21 berufen. Deshalb haben wir die verschärfte Definition 5.16 eingeführt. Es ist leicht zu einzusehen, daß die oben vorgeschlagene Terminierungsfunktion $max(x, 0)$ den Bedingungen von Definition 5.16 nicht genügt. Auf dem Pfad $y := 0$; $y := 0$ im Schleifenrumpf von S_1 wird der Wert von $max(x, 0)$ nämlich nicht herabgesetzt. Dieser Pfad wird nicht betreten, wenn S_1 allein ausgeführt wird, kann aber durch Interferenz mit S_2 betreten werden, wie die obige Berechnung zeigt.

Leider vermindert die verschärfte Definition von Beweisskizze ihre Anwendbarkeit. Zum Beispiel terminiert das Komponenten-Programm S_1 nach höchstens einer Iteration der Schleife, wenn es isoliert als sequentielles Programm ausgeführt wird. Dieses läßt sich leicht mit Regel 7 für die totale Korrektheit von **while**-Schleifen beweisen. Dennoch können wir den Terminierungsbeweis nicht in Form einer Beweisskizze im Sinne von Definition 5.16 darstellen, weil auf dem Pfad $y := 0$ die für die Terminierung entscheidende Variable x nicht abnimmt.

Wir werden jedoch sehen, daß sich viele parallele Programme in der hier vorgeschlagenen Weise behandeln lassen.

5.6 Fallstudie: Finde positives Element schneller

Im Abschnitt 4.4 haben wir das Problem betrachtet, ein positives Element mit kleinstem Index in einem Feld a : **integer** $\rightarrow$ **integer** zu finden. Als Lösung haben wir ein disjunktes paralleles Programm *FIND* angegeben. Hier betrachten wir ein verbessertes Programm *FINDPOS* zum selben Problem; es soll also die Ein/Ausgabe-Spezifikation

$$\{N \geq 1\}$$
$$FINDPOS \hspace{4cm} (5.17)$$
$$\{1 \leq k \leq N + 1 \wedge \forall(0 < l < k) : a[l] \leq 0 \wedge (k \leq N \rightarrow a[k] > 0)\}$$

im Sinne der totalen Korrektheit erfüllen, wobei $a \notin change(FINDPOS)$ gilt.

FINDPOS besteht genau wie *FIND* aus zwei Komponenten S_1 und S_2, die parallel aktiviert werden. Dabei sucht S_1 nach einem ungeraden Index k eines positiven Elementes von a und S_2 nach einem geraden Index. Neu ist, daß S_1 mit der Suche aufhören soll, sobald S_2 ein positives Element gefunden hat. Entsprechendes gilt für die Suche durch S_2. Dazu müssen S_1 und S_2 miteinander kommunizieren können. Dies erreichen wir, indem wir die Variablen *oddtop* und *eventop* zu gemeinsamen Variablen machen und die Schleifenbedingungen von S_1 und S_2 zu

$$i < min(oddtop, eventop) \text{ bzw. } j < min(oddtop, eventop)$$

verfeinern. Das Programm *FINDPOS* sieht deshalb wie folgt aus:

$$FINDPOS \equiv i := 1; \ j := 2; \ oddtop := N + 1; \ eventop := N + 1;$$
$$[S_1 \| S_2];$$
$$k := min(oddtop, eventop)$$

mit

$$S_1 \equiv \textbf{while } i < min(oddtop, eventop) \ \textbf{do}$$
$$\textbf{if } a[i] > 0 \ \textbf{then } oddtop := i$$
$$\textbf{else } \ i := i + 2 \ \textbf{fi}$$
$$\textbf{od}$$

und

$$S_2 \equiv \textbf{while } j < min(oddtop, eventop) \ \textbf{do}$$
$$\textbf{if } a[j] > 0 \ \textbf{then } eventop := j$$
$$\textbf{else } \ j := j + 2 \ \textbf{fi}$$
$$\textbf{od}.$$

Dieses ist genau das von Owicki and Gries [OG76a] untersuchte Programm.

Wir wollen jetzt die Korrektheitsformel (5.17) im Beweissystem TSV herleiten. Dazu benötigen wir passende Beweisskizzen für S_1 und S_2. Wir verwenden die Schleifeninvarianten p_1, p_2 und Termierungsfunktionen t_1, t_2 aus Abschnitt 4.4 wieder:

$$p_1 \equiv \quad 1 \leq oddtop \leq N + 1 \wedge odd(i) \wedge 1 \leq i \leq oddtop + 1$$
$$\wedge \quad \forall l : (odd(l) \wedge 1 \leq l < i \rightarrow a[l] \leq 0)$$
$$\wedge \quad (oddtop \leq N \rightarrow a[oddtop] > 0),$$

$$t_1 \equiv oddtop + 1 - i,$$

$$p_2 \equiv \quad 2 \leq eventop \leq N + 1 \wedge even(j) \wedge 2 \leq j \leq eventop + 1$$
$$\wedge \quad \forall l : (even(l) \wedge 1 \leq l < j \rightarrow a[l] \leq 0)$$
$$\wedge \quad (eventop \leq N \rightarrow a[eventop] > 0),$$

$$t_2 \equiv eventop + 1 - j.$$

Für S_1 betrachten wir dann folgende Standard-Beweisskizze:

$$\{\textbf{inv} : p_1\}\{\textbf{bd} : t_1\}$$
$$\textbf{while } i < min(oddtop, eventop) \ \textbf{do}$$
$$\{p_1 \wedge i < oddtop\}$$
$$\textbf{if } a[i] > 0 \ \textbf{then } \{p_1 \wedge i < oddtop \wedge a[i] > 0\}$$
$$oddtop := i$$
$$\textbf{else } \ \{p_1 \wedge i < oddtop \wedge a[i] \leq 0\}$$
$$i := i + 2$$
$$\textbf{fi}$$
$$\textbf{od}$$
$$\{p_1 \wedge i \geq min(oddtop, eventop)\}.$$

Eine symmetrisch aufgebaute Standard-Beweisskizze nehmen wir für S_2. Bis auf neue Nachbedingungen konnten alle Zusicherungen direkt aus den entsprechenden Beweisskizzen aus Abschnitt 4.4 übernommen werden. Diese Nachbedingungen ergeben sich aus den neuen Schleifenbedingungen. Es ist leicht zu zeigen, daß die Terminierungsfunktionen t_1 und t_2 den verschärften Bedingungen von Definition 5.16 genügen.

Um Regel 12 für die parallele Komposition von S_1 und S_2 anzuwenden, müssen wir die Interferenz-Freiheit der beiden Beweisskizzen zeigen. Rein rechnerisch sind dabei 24 Korrektheitsformeln zu überprüfen! Allerdings sind 22 dieser Formeln trivialerweise erfüllt, weil die zu betrachtenden Wertzuweisungen disjunkt von den Zusicherungen und Terminierungsfunktionen sind.

Die einzig nicht-trivialen Fälle betreffen die Interferenz-Freiheit der Nachbedingung von S_1 mit der Wertzuweisung an die Variable *eventop* in S_2 und symmetrisch dazu die Interferenz-Freiheit der Nachbedingung von S_2 mit der Wertzuweisung an die Variable *oddtop* in S_1.

Wir betrachten hier die Nachbedingung von S_1, also

$$p_1 \land i \geq min(oddtop, eventop),$$

und die Wertzuweisung $eventop := j$. Da $pre(eventop := j) \rightarrow j < eventop$ gilt, beweisen wir die Interferenz-Freiheit wie folgt:

$$\{p_1 \land i \geq min(oddtop, eventop) \land pre(eventop := j)\}$$
$$\{p_1 \land i \geq min(oddtop, eventop) \land j < eventop\}$$
$$\{p_1 \land i \geq min(oddtop, j)\}$$
$$eventop := j$$
$$\{p_1 \land i \geq min(oddtop, eventop)\}.$$

Ein symmetrisches Argument ist auf die Nachbedingung von S_2 anwendbar. Damit haben wir die Interferenz-Freiheit der Beweisskizzen gezeigt.

Mit Regel 12 erhalten wir dann

$$\{p_1 \land p_2\}$$
$$[S_1 \| S_2]$$
$$\{p_1 \land p_2 \land i \geq min(oddtop, eventop) \land j \geq min(oddtop, eventop)\}.$$

Mit dem Axiom für die Wertzuweisung und der Konsequenzregel ergibt sich

$$\{N \geq 1\}$$
$$i := 1;\ j := 2;\ oddtop := N + 1;\ eventop := N + 1;$$
$$[S_1 \| S_2]$$
$$\{\ 1 \leq min(oddtop, eventop) \leq N + 1$$
$$\land\ \forall(1 \leq l < min(oddtop, eventop)) : a[l] \leq 0)$$
$$\land\ (min(oddtop, eventop) \leq N \rightarrow a[min(oddtop, eventop)] > 0)\}.$$

Daher ergibt die abschließende Wertzuweisung $k := min(oddtop, eventop)$ in *FINDPOS* die gewünschte Nachbedingung aus (5.17).

5.7 Verändern von Interferenzpunkten

Korrektheitsbeweise paralleler Programme sind umso einfacher durchzuführen je weniger Interferenzpunkte die einzelnen Komponenten besitzen. Andererseits sind parallele Programme umso realistischer je mehr Interferenzpunkte sie aufweisen. In diesem Abschnitt stellen wir zwei Programmtransformationen vor, mit denen wir die Menge der Interferenzpunkte verändern können. In der ersten Transformation geschieht dieses durch Verkleinern bzw. Vergrößern von atomaren Bereichen.

Satz 5.22 (Atomarität) Gegeben sei ein paralleles Programm $S \equiv S_0;\ [S_1\|\ldots\|S_n]$, wobei S_0 keine **await**-Anweisung enthält. Das Programm T entstehe aus S, indem in einer seiner Komponenten, etwa S_i mit $i > 0$, entweder

- ein atomarer Bereich $\langle R_1;\ R_2 \rangle$, bei dem wenigstens eine der beiden Teilanweisungen R_ℓ, $\ell \in \{1,2\}$, von allen Komponenten S_j mit $j \neq i$ disjunkt ist, durch

$$\langle R_1 \rangle;\ \langle R_2 \rangle$$

oder

- ein atomarer Bereich $\langle \textbf{if } B \textbf{ then } R_1 \textbf{ else } R_2 \textbf{ fi} \rangle$, bei dem B von allen Komponenten S_j mit $j \neq i$ disjunkt ist, durch

$$\textbf{if } B \textbf{ then } \langle R_1 \rangle \textbf{ else } \langle R_2 \rangle \textbf{ fi.}$$

ersetzt wird. Dann stimmen die Semantiken von S und T überein, d.h. gilt

$$\mathcal{M}[\![S]\!] = \mathcal{M}[\![T]\!] \quad \text{und} \quad \mathcal{M}_{tot}[\![S]\!] = \mathcal{M}_{tot}[\![T]\!].$$

Beweis. Wir betrachten den Fall, daß S keinen Initialisierungsteil S_0 hat und T aus S durch Aufbrechen eines atomaren Berieches $\langle R_1;\ R_2 \rangle$ in $\langle R_1 \rangle;\ \langle R_2 \rangle$ entsteht. Wir gehen in fünf Schritten vor.

Schritt 1 Zunächst definieren wir für das Programm T sogenannte gute und befriedigende (Teilstücke von) Berechnungen. Unter einer R_k-Transition, $k \in \{1,2\}$, verstehen wir eine Transition in einer Berechnung von T, die von der Form

$$< [U_1\|\ldots\|\langle R_k \rangle;\ U_i\|\ldots\|U_n], \sigma > \ \rightarrow\ < [U_1\|\ldots\|U_i\|\ldots\|U_n], \tau > .$$

ist. Wir nennen ein Teilstück ξ einer Berechnung von T *gut*, falls in ξ auf jede R_1-Transition unmittelbar eine zugehörige R_2-Transition folgt, und wir nennen ξ *befriedigend*, falls in ξ auf jede R_1-Transition irgendwann später eine entsprechende R_2-Transition folgt.

Wir bemerken, daß jede endliche Berechnung von T befriedigend ist.

Schritt 2 Um die Berechnungen von S und T zu vergleichen, benutzen wir den Begriff der E/A-Äquivalenz aus Definition 4.11. Wir zeigen die folgenden beiden Eigenschaften:

- Zu jeder Berechnung von S gibt es eine E/A-äquivalente gute Berechnung von T.

- Zu jeder guten Berechnung von T gibt es eine E/A-äquivalente Berechnung von S.

Gegeben sei eine Berechnung ξ von S. Jedes Programm U, das in einer Konfiguration von ξ vorkommt, ist eine parallele Komposition von n Komponenten. Wir schreiben $split(U)$ für dasjenige Programm, das aus U entsteht, indem in der i-ten Komponente von U jedes Vorkommen von $\langle R_1;\ R_2\rangle$ durch $\langle R_1\rangle;\ \langle R_2\rangle$ ersetzt wird. Insbesondere gilt $split(S) \equiv T$. Dann konstruieren wir aus ξ eine E/A-äquivalente gute Berechnung von T, indem wir in ξ

- jede Transition der Form

$$< [U_1\|\ldots\|\langle R_1;\ R_2\rangle;\ U_i\|\ldots\|U_n], \sigma >$$
$$\rightarrow\ < [U_1\|\ldots\|U_i\|\ldots\|U_n], \tau >$$

  durch zwei aufeinanderfolgende Transitionen

$$< split([U_1\|\ldots\|\langle R_1;\ R_2\rangle;\ U_i\|\ldots\|U_n]), \sigma >$$
$$\rightarrow\ < split([U_1\|\ldots\|\langle R_2\rangle;\ U_i\|\ldots\|U_n]), \sigma_1 >$$
$$\rightarrow\ < split([U_1\|\ldots\|U_i\|\ldots\|U_n]), \tau >$$

  ersetzen, wobei der Zwischenzustand σ_1 durch $< \langle R_1\rangle, \sigma > \rightarrow < E, \sigma_1 >$ definiert ist,

- und jede andere Transition $< U, \sigma > \rightarrow < V, \tau >$ durch

$$< split(U), \sigma > \rightarrow < split(V), \tau >$$

  ersetzen.

Ist umgekehrt eine gute Berechnung η von T gegeben, so konstruieren wir daraus eine E/A-äquivalente Berechnung von S, indem wir die eben genannten Ersetzungen in umgekehrter Richtung anwenden.

Schritt 3 Zum Vergleich verschiedener Berechnungen von T benutzen wir ebenfalls die E/A-Äquivalenz, aber zu ihrem Beweis benötigen wir eine feinere Variante, die wir "Permutations-Äquivalenz" nennen und in diesem Schritt definieren.

Wir betrachten zunächst eine beliebige Berechnung ξ von T. Jedes Programm, das in einer Konfiguration von ξ vorkommt, ist eine parallele Komposition von n Komponenten. Um verschiedene Arten von Transitionen in ξ unterscheiden zu können, beschriften wir die Transitionspfeile $\rightarrow$. Wir schreiben

$$< U, \sigma > \;\overset{R_k}{\rightarrow}\; < V, \tau >,$$

falls $k \in \{1, 2\}$ gilt und $< U, \sigma > \;\rightarrow\; < V, \tau >$ eine R_k-Transition der i-ten Komponenten von U ist,

$$< U, \sigma > \;\overset{i}{\rightarrow}\; < V, \tau >,$$

falls $< U, \sigma > \;\rightarrow\; < V, \tau >$ irgendeine andere Transition ist, die durch Aktivierung der i-ten Komponenten von U verursacht wird, und

$$< U, \sigma > \;\overset{j}{\rightarrow}\; < V, \tau >,$$

falls $j \neq i$ gilt und $< U, \sigma > \;\rightarrow\; < V, \tau >$ eine Transition ist, die durch Aktivierung der j-ten Komponenten von U verursacht wird.

Damit ist jeder Transitionspfeil in eindeutiger Weise beschriftet. Diese Beschriftung benötigen wir in der folgende Definition:

Zwei Berechnungen η und ξ von T heißen *permutations-äquivalent*, wenn folgende Bedingungen erfüllt sind:

- η und ξ starten im selben Zustand,

- für alle Zustände σ gilt: η terminiert in σ genau dann, wenn ξ in σ terminiert,

- die (möglicherweise unendlichen) Folgen von Beschriftungen an den Transitionspfeilen in η und ξ gehen durch Permutation auseinander hervor.

Offensichtlich impliziert Permutations-Äquivalenz zwischen Berechnungen von T deren E/A-Äquivalenz.

Schritt 4 Wir zeigen jetzt, daß es zu jeder Berechnung von T eine E/A-äquivalente gute Berechnung von T gibt. Den Beweis zerlegen wir in zwei einfachere Behauptungen.

Behauptung 1 Zu jeder Berechnung von T gibt es eine E/A-äquivalente befriedigende Berechnung von T.

Beweis dazu. Gegeben sei eine Berechnung ξ von T, die nicht befriedigend ist. Nach der Bemerkung aus Schritt 1 ist ξ unendlich. Genauer gibt es ein Suffix ξ_1 von ξ, das in einer Konfiguration $< U, \sigma >$ mit einer R_1-Transition startet und dann aus unendlich vielen Transitionen besteht, die die i-te Komponente nicht mehr involvieren, d.h. ξ_1 ist von der Form

$$\xi_1 : \; < U, \sigma > \;\overset{R_1}{\rightarrow}\; < U_0, \sigma_0 > \;\overset{j_1}{\rightarrow}\; < U_1, \sigma_1 > \;\overset{j_2}{\rightarrow} \ldots ,$$

wobei $j_k \neq i$ für alle $k \geq 1$ gilt. Mit Hilfe des Änderungs-und-Zugriffs-Lemmas 3.7 schließen wir folgendes: Wenn R_1 von allen S_j mit $j \neq i$ disjunkt ist, dann gibt es auch eine unendliche Transitionsfolge der Gestalt

$$\xi_2 : \; <U,\sigma> \; \xrightarrow{j_1} \; <V_1,\tau_1> \; \xrightarrow{j_2} \ldots,$$

und wenn R_2 von allen S_j mit $j \neq i$ disjunkt, dann gibt es auch eine unendliche Transitionsfolge der Gestalt

$$\xi_3 : \; <U,\sigma> \; \xrightarrow{R_1} \; <U_0,\sigma_0> \; \xrightarrow{R_2} \; <V_0,\tau_0> \; \xrightarrow{j_1} \; <V_1,\tau_1> \; \xrightarrow{j_2} \ldots$$

Wir sagen, daß ξ_2 aus ξ_1 durch *Entfernen* der R_1-Transition und ξ_3 aus ξ_1 durch *Einfügen* der R_2-Transition entstanden ist. Indem wir in ξ das Suffix ξ_1 durch ξ_2 bzw. ξ_3 ersetzen, erhalten wir eine befriedigende Berechnung von T, die zu ξ E/A-äquivalent ist.

Behauptung 2 Zu jeder befriedigenden Berechnung von T gibt es eine permutations-äquivalente gute Berechung von T.

Beweis dazu. Mit Hilfe des Änderungs-und Zugriffs-Lemmas 3.7 schießen wir folgendes: Wenn R_k mit $k \in \{1,2\}$ von allen S_j mit $j \neq i$ disjunkt ist, dann *kommutieren* die Relationen $\xrightarrow{R_k}$ und $\xrightarrow{j}$, d.h. es gilt

$$\xrightarrow{R_k} \circ \xrightarrow{j} \; = \; \xrightarrow{j} \circ \xrightarrow{R_k},$$

wobei $\circ$ die Komposition von zweistelligen Relationen ist. Durch wiederholte Anwendung dieses Kommutativitätsgesetzes können wir jedes befriedigende Teilstück ξ_1 einer Berechnung von T der Form

$$\xi_1 : \; <U,\sigma> \; \xrightarrow{R_1} \circ \xrightarrow{j_1} \circ \ldots \circ \xrightarrow{j_m} \circ \xrightarrow{R_2} \; <V,\tau>$$

mit $j_k \neq i$ für $k \in \{1,\ldots,m\}$ in ein gutes Teilstück permutieren, nämlich in

$$\xi_2 : \; <U,\sigma> \; \xrightarrow{j_1} \circ \ldots \circ \xrightarrow{j_m} \circ \xrightarrow{R_1} \circ \xrightarrow{R_2} \; <V,\tau>$$

bzw.

$$\xi_3 : \; <U,\sigma> \; \xrightarrow{R_1} \circ \xrightarrow{R_2} \circ \xrightarrow{j_1} \circ \ldots \circ \xrightarrow{j_m} \; <V,\tau>,$$

je nachdem, ob R_1 oder R_2 von allen S_j mit $j \neq i$ disjunkt ist.

Sei jetzt eine befriedigende Berechnung ξ von T gegeben. Wir konstruieren daraus eine permutations-äquivalente gute Berechnung ξ^* von T, indem wir sukzessive alle befriedigenden Teilstücke von ξ der Form ξ_1 durch gute Teilstücke der Gestalt ξ_2 bzw. ξ_3 ersetzen.

Aus den Behauptungen 1 und 2 folgt sofort die Aussage von Schritt 4.

Schritt 5 Wir fassen zusammen: Durch Kombination der Schritte 2 und 4 erhalten wir die Aussage des Satzes für den Fall, daß S keinen Initialisierungs-teil S_0 besitzt und T aus S durch Aufbrechen eines atomaren Bereiches $\langle R_1; R_2 \rangle$ in $\langle R_1 \rangle; \langle R_2 \rangle$ entsteht. Die übrigen Fälle, in denen S einen Initialisierungsteil S_0 besitzt oder in denen T aus S durch Aufbrechen eines atomaren Bereiches der Form $\langle$ **if** B **then** R_1 **else** R_2 **fi** $\rangle$ entsteht, ist als Übungsaufgabe 5.11 vorgesehen. $\qquad\square$

Korollar 5.23 (Atomarität) Unter den Voraussetzungen des Atomaritäts-Satzes gilt für alle p und q

$$\models \{p\}\ S\ \{q\} \text{ genau dann, wenn } \models \{p\}\ T\ \{q\}$$

und analog für $\models_{tot}$. $\square$

Die zweite Transformation erlaubt es uns, Initialisierungen eines parallelen Programms in eine der Komponenten zu verschieben.

Satz 5.24 (Initialisierung) Gegeben sei ein paralleles Programm der Form

$$S \equiv S_0;\ R_0;\ [S_1\|\ldots\|S_n]\ ,$$

wobei S_0 und R_0 keine **await**-Anweisungen enthalten. Es gebe ein $i \in \{1,\ldots,n\}$, so daß der Initialisierungsteil R_0 von allen Komponenten S_j mit $j \neq i$ disjunkt ist. Dann haben die Programme S und

$$T \equiv S_0;\ [S_1\|\ldots\|R_0;\ S_i\|\ldots\|S_n]$$

dieselbe Semantik, d.h. es gilt

$$\mathcal{M}[\![S]\!] = \mathcal{M}[\![T]\!] \text{ und } \mathcal{M}_{tot}[\![S]\!] = \mathcal{M}_{tot}[\![T]\!].$$

Beweis. Der Beweis läßt sich ähnlich wie der des Initialisierungs-Satzes führen und ist als Übungsaufgabe 5.12 vorgesehen. $\square$

Korollar 5.25 (Initialisierung) Unter den Voraussetzungen des Initialisierungs-Satzes gilt für alle p und q

$$\models \{p\}\ S\ \{q\} \text{ genau dann, wenn } \models \{p\}\ T\ \{q\}$$

und analog für $\models_{tot}$. $\square$

Hier und im Korollar 5.23 läßt das Programm S weniger Berechnungen zu als T und ist daher einfacher zu verifizieren. In Korrektheitsbeweisen wenden wir die Transformationen für Atomarität und Initialisierung deshalb typischerweise "rückwärts" an, d.h. Programme der Form T werden durch Programme der Form S ersetzt. Beispiele zeigen, daß sich dadurch haüfig die Einführung zusätzlicher Hilfsvariablen in Sinne von Owicki/Gries vermeiden läßt.

Wir hätten die Korollare 5.23 und 5.25 natürlich auch als Beweisregeln formulieren und in die Beweissysteme PSV und TSV integrieren können. Wir haben sie getrennt gehalten, um ihren Status als zusätzliche Programmtransformationen zu betonen.

5.8 Fallstudie: Parallele Nullstellensuche

In dieser Fallstudie betrachten wir die Lösung 3 zum Problem der Nullstellensuche aus Abschnitt 1.1, also das parallele Programm

$$ZERO\text{-}3 \equiv found := \textbf{false};\ [S_1\|S_2]$$

mit

$$S_1 \equiv x := 0;$$
$$\textbf{while } \neg found \textbf{ do}$$
$$x := x + 1;$$
$$\textbf{if } f(x) = 0 \textbf{ then } found := \textbf{true fi}$$
$$\textbf{od}$$

und

$$S_2 \equiv y := 1;$$
$$\textbf{while } \neg found \textbf{ do}$$
$$y := y - 1;$$
$$\textbf{if } f(y) = 0 \textbf{ then } found := \textbf{true fi}$$
$$\textbf{od}.$$

Wir wollen hier die partielle Korrektheit dieser Lösung zeigen, genauer daß $ZERO\text{-}3$ im Falle der Terminierung in einer der Variablen x oder y tatsächlich eine Nullstelle der Funktion f gefunden hat:

$$\models \{\textbf{true}\}\ ZERO\text{-}3\ \{f(x) = 0 \lor f(y) = 0\}. \tag{5.18}$$

Terminierung kann im allgemeinen nicht gezeigt werden; diese gilt nur unter der Annahme von Fairneß, die wir aber im Rahmen dieses Buches nicht untersuchen. Fairneß wird in der englischen Originalfassung [AO91] dieses Buches behandelt.

Wir gehen hier in zwei Schritten vor.

Schritt 1. Vereinfachung des Programms

Nach dem Atomaritäts-Korollar 5.23 und dem Initialisierungs-Korollar 5.25 genügt es, statt (5.18) die Aussage

$$\models \{\textbf{true}\}\ T\ \{f(x) = 0 \lor f(y) = 0\} \tag{5.19}$$

zu zeigen, wobei T folgendes vereinfachtes Programm ist:

$$T \equiv found := \textbf{false};\ x := 0;\ y := 1;$$
$$[T_1\|T_2]$$

mit

$$T_1 \equiv \textbf{while } \neg found \textbf{ do}$$
$$\langle\; x := x + 1;$$
$$\textbf{if } f(x) = 0 \textbf{ then } found := \textbf{true fi}\rangle$$
$$\textbf{od}$$

und

$$T_2 \equiv \textbf{while } \neg found \textbf{ do}$$
$$\langle\; y := y - 1;$$
$$\textbf{if } f(y) = 0 \textbf{ then } found := \textbf{true fi}\rangle$$
$$\textbf{od}.$$

Die beiden Korollare sind hier anwendbar, weil die Variable x nicht in S_2 und die Variable y nicht in S_1 vorkommt. Wir erinnern daran, daß nach Abschnitt 5.2 Wertzuweisungen und *skip*-Anweisungen als atomare Bereiche betrachtet werden.

Schritt 2. Beweis der partiellen Korrektheit

Wir wollen (5.19) im Beweissystem *PSV* aus Abschnitt 5.4 herleiten. Dazu müssen wir interferenz-freie Standard-Beweisskizzen für die Komponenten T_1 und T_2 von T konstruieren. Für T_1 wählen wir als Invariante

$$
\begin{aligned}
p_1 \equiv \quad & x \geq 0 & (5.20)\\
\wedge \quad & (found \rightarrow (x > 0 \wedge f(x) = 0) \vee (y \leq 0 \wedge f(y) = 0)) & (5.21)\\
\wedge \quad & (\neg found \wedge x > 0 \rightarrow f(x) \neq 0) & (5.22)
\end{aligned}
$$

und konstruieren damit die Standard-Beweisskizze

$$
\begin{aligned}
&\{\textbf{inv} : p_1\}\\
&\textbf{while } \neg found \textbf{ do}\\
&\quad \{x \geq 0 \;\wedge\; (found \rightarrow y \leq 0 \wedge f(y) = 0)\\
&\qquad\qquad \wedge\; (x > 0 \rightarrow f(x) \neq 0)\}\\
&\quad \langle\; x := x + 1;\\
&\qquad \textbf{if } f(x) = 0 \textbf{ then } found := \textbf{true fi}\rangle\\
&\textbf{od}\\
&\{p_1 \wedge found\}.
\end{aligned}
\qquad (5.23)
$$

Für T_2 wählen wir als Invariante

$$
\begin{aligned}
p_2 \equiv \quad & y \leq 1 & (5.24)\\
\wedge \quad & (found \rightarrow (x > 0 \wedge f(x) = 0) \vee (y \leq 0 \wedge f(y) = 0)) & (5.25)\\
\wedge \quad & (\neg found \wedge y \leq 0 \rightarrow f(y) \neq 0) & (5.26)
\end{aligned}
$$

und konstruieren damit die Standard-Beweisskizze

$$\{\mathbf{inv} : p_2\}$$

$$\mathbf{while}\ \neg found\ \mathbf{do}$$
$$\quad \{y \leq 1\ \wedge\ (found \rightarrow x > 0 \wedge f(x) = 0)$$
$$\qquad\qquad \wedge\ (y \leq 0 \rightarrow f(y) \neq 0)\}$$
$$\quad \langle\ y := y - 1;$$
$$\qquad \mathbf{if}\ f(y) = 0\ \mathbf{then}\ found := \mathbf{true}\ \mathbf{fi}\rangle$$
$$\mathbf{od}$$
$$\{p_2\ \wedge\ found\}.$$

Die anschauliche Bedeutung dieser Invarianten ist wie folgt. Die Zeilen (5.20) und (5.24) geben den Wertebereich der Variablen x und y während der Ausführung der Schleifen T_1 und T_2 an.

Die Variablen x und y sind vor dem ersten Schleifendurchlauf mit 0 bzw. 1 initialisiert. Daher drückt die Bedingung $x > 0$ aus, daß die Schleife T_1 mindestens einmal durchlaufen wurde. Entsprechend drückt die Bedingung $y \leq 0$ aus, daß die Schleife T_2 mindestens einmal durchlaufen wurde. Die Zeilen (5.21) und (5.25) der Invarianten p_1 und p_2 besagen daher folgendes: Wenn die Boolesche Variable $found$ wahr ist, so ist die Schleife T_1 mindestens einmal durchlaufen worden und x enthält eine Nullstelle von f oder aber es ist die Schleife T_2 mindestens einmal durchlaufen worden und y enthält eine Nullstelle von f.

Zeile (5.22) von p_1 besagt folgendes: Wenn die Variable $found$ falsch ist und die Schleife T_1 mindestens einmal durchlaufen wurde, so enthält x keine Nullstelle von f. In Zeile (5.26) wird eine entsprechende Aussage für p_2 formuliert.

Wir erläutern nun die angegebenen Beweisskizzen. In der ersten Beweisskizze ist die Zusicherung (5.23) am kompliziertesten. Naheliegend wäre an dieser Stelle die Zusicherung $p_1 \wedge \neg found$, die jedoch nicht interferenz-frei bezüglich des Schleifenrumpfes von T_2 wäre. Deshalb haben wir die Zusicherung $p_1 \wedge \neg found$ abgeschwächt. Es gilt nämlich

$$p_1 \wedge \neg found \rightarrow (5.23)\ ,$$

wie gemäß der Definition von Beweisskizze verlangt wird.

Mit (5.23) als Vorbedingung liefert der Schleifenrumpf von T_1 tatsächlich die Invariante p_1 als Nachbedingung. Beim Beweis dieser Tatsache wird die Teilformel

$$found \rightarrow y \leq 0 \wedge f(y) = 0$$

der Vorbedingung (5.23) benötigt, um die Zeile (5.21) aus p_1 zu zeigen. Ohne Zusicherung dieser Teilformel in (5.23) könnte vor der Ausführung des Schleifenrumpfes von T_1

$$found \wedge x > 0 \wedge f(x) = 0 \wedge f(x + 1) \neq 0 \wedge y \leq 0 \wedge f(y) \neq 0$$

gelten. Dann wäre aber nach Ausführung des Schleifenrumpfes von T_1 die Zeile (5.21) von p_1 verletzt.

Als nächstes zeigen wir die Interferenz-Freiheit der obigen Beweisskizzen. Insgesamt sind sechs Zusicherungen zu überprüfen, drei Zusicherungen in der ersten Beweisskizze und drei dazu symmetrische Zusicherungen in der zweiten Beweisskizze.

Wir betrachten hier nur den interessantesten Fall: den Nachweis, daß die Zusicherung (5.23) in der Beweisskizze für T_1 gegenüber der Ausführung des Schleifenrumpfes von T_2 interferenz-frei ist. Dazu benutzen wir folgende Beweisskizze:

$$\{ \quad x \geq 0 \wedge (found \rightarrow y \leq 0 \wedge f(y) = 0) \wedge (x > 0 \rightarrow f(x) \neq 0)$$
$$\wedge \ \ y \leq 1 \wedge (found \rightarrow x > 0 \wedge f(x) = 0) \wedge (y \leq 0 \rightarrow f(y) \neq 0)\}$$
$$\{x \geq 0 \wedge y \leq 1 \wedge \neg found \wedge (x > 0 \rightarrow f(x) \neq 0)\}$$
$$\langle \ y := y - 1;$$
$$\textbf{if } f(y) = 0 \textbf{ then } found := \textbf{true fi}\rangle$$
$$\{x \geq 0 \wedge (found \rightarrow y \leq 0 \wedge f(y) = 0) \wedge (x > 0 \rightarrow f(x) \neq 0)\}.$$

Die erste Zusicherung in dieser Beweisskizze impliziert tatsächlich $\neg found$ in der zweiten Beweisskizze, wie folgende Argumentationskette zeigt:

$$(found \rightarrow (x > 0 \wedge f(x) = 0)) \wedge (x > 0 \rightarrow f(x) \neq 0)$$

impliziert

$$found \rightarrow (f(x) \neq 0 \wedge f(x) = 0)$$

und das wiederum impliziert

$$\neg found.$$

Damit können wir Regel 12 für Parallelismus mit gemeinsamen Variablen anwenden und erhalten

$$\{p_1 \wedge p_2\} \ [T_1 \| T_2] \ \{p_1 \wedge p_2 \wedge found\}.$$

Da für den Initialisierungsteil des Gesamtprogramms T offensichtlich

$$\{\textbf{true}\} \ found := \textbf{false}; \ x := 0; \ y := 1 \ \{p_1 \wedge p_2\}$$

gilt, folgt die gewünschte Korrektheitformel (5.18) mit der Regel für sequentielle Komposition und der Konsequenzregel.

Natürlich hätten wir auch auf die Anwendung der Programmtransformationen in Schritt 1 verzichten können und die Korrektheitsformel (5.18) direkt im Beweissystem PSV herleiten können. Der Beweis wäre allerdings aufwendiger, da $ZERO$-3 mehr Interferenzpunkte hat als das transformierte Programm T und daher einen aufwendigeren Test auf Interferenz-Freiheit verlangt. Es werden sogar Hilfsvariablen im Sinne von Owicki/Gries benötigt, um mit den Initialisierungen $x := 0$ und $y := 1$ innerhalb der parallelen Komposition von $ZERO$-3 fertig zu werden (siehe Übungsaufgabe 5.8). Diese zeigt, daß das Atomariäts-Korollar und das Initialisierungs-Korollar den Korrektheitsbeweis von parallelen Programmen vereinfachen.

5.9 Übungsaufgaben

Aufgabe 5.1 Beweisen Sie Lemma 3.6 für parallele Programme.

Aufgabe 5.2 Beweisen Sie das Änderungs- und Zugriffs-Lemma 3.7 für parallele Programme.

Aufgabe 5.3 Beweisen Sie das Stotter-Lemma 4.18 für parallele Programme.

Aufgabe 5.4 Es gelte $< [S_1\|\ldots\|S_n], \sigma > \rightarrow^* < [R_1\|\ldots\|R_n], \tau >$. Beweisen Sie, daß für jedes $j \in \{1, \ldots, n\}$ entweder $R_j \equiv E$ gilt oder es ein normales Teilprogramm T von S_j mit $R_j \equiv \mathbf{at}(T, S_j)$ gibt. (*Hinweis*. Siehe Übungsaufgabe 3.11.)

Aufgabe 5.5

(i) Beweisen Sie die Korrektheitsformel

$$\{x = 0\}\ [x := x + 1\|x := x + 2]\ \{x = 3\}$$

im Beweissystem PD + Regel 12.

(ii) Zeigen Sie, daß im Gegensatz dazu die Korrektheitsformel

$$\{x = 0\}\ [x := x + 1\|x := x + 1]\ \{x = 2\}$$

kein Theorem des Beweissystems PD + Regel 12 ist.

(iii) Erklären Sie den Unterschied zwischen (i) und (ii) und beweisen Sie die Korrektheitsformel (ii) im Beweissystem PSV.

Aufgabe 5.6 Beweisen Sie die Korrektheitsformel

$$\{\mathbf{true}\}\ [x := x + 2;\ x := x + 2\|x := 0]\ \{x = 0 \vee x = 2 \vee x = 4\}$$

im Beweissystem PSV.

Aufgabe 5.7 Zeigen Sie, daß Regel 9 für disjunkten Parallelismus nicht mehr korrekt ist, wenn sie auf parallele Programme mit gemeinsamen Variablen angewandt wird. (*Hinweis*. Betrachten Sie die Komponenten-Programme $x := 0$ und $x := 1;\ y := x$.)

Aufgabe 5.8 Gegeben sei das parallele Programm *ZERO*-3 aus Fallstudie 5.8. Beweisen Sie die Korrektheitsformel

$$\{\exists u : f(u) = 0\}\ \textit{ZERO-3}\ \{f(x) = 0 \vee f(y) = 0\}$$

im Beweissystem *PSV*, also ohne die Transformationen zur Atomarität und Initialisierung zu benutzen.

Anleitung. Führen Sie zwei Boolesche Hilfsvariablen $init_1$ und $init_2$ ein, die festhalten, ob die Initialisierungen $x := 0$ und $y := 1$ in den Komponenten-Programmen S_1 und S_2 von *ZERO*-3 bereits ausgeführt sind. Mit anderen Worten: Betrachten Sie statt S_1 das Komponenten-Programm

$$S_1' \equiv \langle x := 0;\ init_1 := \textbf{true} \rangle;$$
$$\qquad \textbf{while } \neg found \textbf{ do}$$
$$\qquad\qquad x := x + 1;$$
$$\qquad\qquad \textbf{if } f(x) = 0 \textbf{ then } found := \textbf{true fi}$$
$$\qquad \textbf{od}$$

und entsprechend für S_2. Wählen Sie für S_1' die Schleifen-Invariante

$$p_1 \equiv \quad init_1 \wedge x \geq 0$$
$$\wedge\ (found \rightarrow \quad (x > 0 \wedge f(x) = 0)$$
$$\qquad\qquad\qquad \vee\ (init_2 \wedge y \leq 0 \wedge f(y) = 0))$$
$$\wedge\ (\neg found \wedge x > 0 \rightarrow f(x) \neq 0)$$

und eine symmetrische Invariante für S_2'. Zeigen Sie damit

$$\{\neg found \wedge \neg init_1 \wedge \neg init_2\}\ [S_1' \| S_2']\ \{f(x) = 0 \vee f(y) = 0\}.$$

Wenden Sie abschließend Regel 10 für Hilfsvariablen an.

Aufgabe 5.9 Sei *ZERO*-2 das als Lösung 2 betrachtete parallele Programm aus Abschnitt 1.1.

(i) Beweisen Sie die Korrektheitsformel

$$\{\textbf{true}\}\ \textit{ZERO-2}\ \{f(x) = 0 \vee f(y) = 0\}$$

im Beweissystem *PSV*. (*Hinweis.* Führen Sie eine Boolesche Hilfsvariable ein, die anzeigt, welche der beiden Komponenten von *ZERO*-2 als letzte die Variable *found* modifiziert hat.)

(ii) Zeigen Sie, daß die obige Korrektheitsformel im Sinne der totalen Korrektheit falsch ist. Geben Sie dazu eine unendliche Berechnung von *ZERO*-2 an.

Aufgabe 5.10 Die in den Fallstudien 4.4 und 5.6 betrachteten parallelen Programme hatten beide den Initialisierungsteil

$$i := 1;\ j := 2;\ oddtop := N + 1;\ eventop := N + 1.$$

Untersuchen Sie, welche dieser Wertzuweisungen in die parallele Komposition verschoben werden kann, ohne daß die Korrektheitsformeln (4.9) in Abschnitt 4.4 und (5.17) in Abschnitt 5.6 verletzt werden. (*Hinweis.* Wenden Sie auf die einzelnen Wertzuweisungen den Initialisierungs-Satz 5.24 an oder zeigen Sie, daß die Korrektheitsformeln (4.9) und (5.17) verletzt werden.)

Aufgabe 5.11 Beweisen Sie den Atomaritäts-Satz 5.22 für die Fälle, daß S einen Initialisierungsteil hat und daß T aus S durch Aufbrechen eines atomaren Bereichs der Form $\langle$**if** B **then** R_1 **else** R_2 **fi**$\rangle$ entsteht.

Aufgabe 5.12 Beweisen Sie den Initialisierungs-Satz 5.24.

Aufgabe 5.13 Beweisen Sie das Sequentialisierungs-Lemma 4.12 mit Hilfe des Stotter-Lemmas 4.18 und des Initialisierungs-Satzes 5.24.

Aufgabe 5.14 Seien $S_1, \ldots, S_n$ und $T_1, \ldots, T_n$ Komponenten-Programme mit folgender Eigenschaft: S_i ist disjunkt zu T_j für alle $i, j \in \{1, \ldots, n\}$ mit $i \neq j$. Beweisen Sie, daß die parallelen Programme

$$S \equiv [S_1\|\ldots\|S_n]; [T_1\|\ldots\|T_n]$$

und

$$T \equiv [S_1;\ T_1\|\ldots\|S_n;\ T_n]$$

sowohl unter $\mathcal{M}$ als auch $\mathcal{M}_{tot}$ dieselbe Semantik haben.

Nach Elrad and Francez [EF82] werden die Teilprogramme $[S_1\|\ldots\|S_n]$ und $[T_1\|\ldots\|T_n]$ von S als *Schichten* des parallelen Programms T bezeichnet. Während S aus der Hintereinanderausführung zweier Schichten besteht, erlaubt T deutlich mehr Parallelismus. Dennoch haben S unf T dieselbe Ein/Ausgabe-Semantik.

5.10 Bibliographische Anmerkungen

Der in diesem Kapitel vorgestellte Ansatz zur Verifikation geht auf Owicki und Gries [OG76a] zurück und ist als die "Owicki/Gries-Methode" bekannt. Eine ähnliche Beweistechnik wurde jedoch auch von Lamport [Lam77] gefunden. Der Unterschied zum Aufsatz [OG76a] liegt in der Behandlung der totalen Korrektheit. Die hier gewählte Darstellung folgt dem Aufsatz von Apt, de Boer and Olderog [ABO90], aus dem die modifizierte Definition 5.16 von Beweisskizze für die totale Korrektheit von **while**-Schleifen stammt.

Die Owicki/Gries-Methode ist wegen ihrer fehlenden Kompositionalität, die sich durch den globalen Test der Interferenz-Freiheit der Beweisskizzen aller Komponenten-Programme zeigt, kritisiert worden. Es sind daher eine Reihe von kompositionellen Beweismethoden entwickelt worden. Der Aufsatz von de Roever [Roe85] gibt einen Überblick über diese Arbeiten.

Atomare Bereiche sind von vielen Autoren betrachtet worden, insbesondere von Lipton [Lip75], Lamport [Lam77] und Owicki [Owi78]. Die im Abschnitt 5.7 vorgestellten Sätze über Atomarität und Initialisierung gehen auf einen Artikel von Lipton [Lip75] zurück.

Die systematische Entwicklung eines parallelen Programms zur Nullstellensuche im Rahmen des UNITY-Ansatzes von Chandy und Misra [CM88] wird im Aufsatz von Knapp [Kna92] vorgestellt.

Die in Übungsaufgabe 5.14 angesprochene Transformation eines Programms mit Schichten in ein voll paralleles Programm wird von Zwiers [JPZ91, FPZ93] als das Gesetz der *Communication Closed Layers* bezeichnet und als der Kern einer Transformationsmethode zur Entwicklung paralleler Programme eingesetzt.

6. Parallele Programme mit Synchronisation

Zur Behandlung realistischer Anwendungen reichen die bisher behandelten Klassen paralleler Programme noch nicht aus. Vielmehr benötigen wir parallele Programme, deren Komponenten sich miteinander *synchronisieren* können. Das bedeutet, Komponenten müssen ihre Ausführung unterbrechen, falls bestimmte Bedingungen nicht erfüllt sind, und so lange warten, bis andere Komponenten die Werte der gemeinsamen Variablen so verändert haben, daß die Wartebedingungen erfüllt sind. Zur Formulierung dieser Wartebedingungen verwenden wir ein Synchronisationskonstrukt, die von Owicki und Gries [OG76a] eingeführte **await**-Anweisung.

Mit **await**-Anweisungen kann sehr flexibel programmiert werden; durch unvorsichtige Benutzung kann aber auch ein in den bisher betrachteten Programmklassen nicht möglicher Programmierfehler auftreten, eine sogenannte *Verklemmung*, auch *Deadlock* genannt. Darunter wird eine Situation verstanden, in der einige Komponenten eines parallelen Programmes noch nicht terminiert haben und alle nicht terminierten Komponenten blockiert sind, weil sie (vergeblich) auf die Erfüllung einer Bedingung warten.

In diesem Kapitel werden wir eine Methode von Owicki und Gries [OG76a] vorstellen, mit der gezeigt werden kann, daß ein paralleles Programm mit **await**-Anweisungen *deadlock-frei* ist. Dafür benötigen wir neben den bisher benutzten Begriffen partielle und totale Korrektheit noch eine dazwischenliegende schwache totale Korrektheit, die Divergenz-Freiheit garantiert, aber noch nicht Deadlock-Freiheit.

Als Anwendungsbeispiele werden wir klassische Synchronisationsprobleme wie das Erzeuger/Verbraucher-Problem und das Problem des wechselweisen Ausschlusses behandeln. Schließlich werden wir die Korrektheit des Programms *ZERO*-6 zur Nullstellensuche aus Kapitel 1 beweisen.

6.1 Syntax

Unter einem *Komponenten-Programm* (oder kurz einer *Komponente*) verstehen wir jetzt ein Programm, das mit den Produktionsregeln für deterministische Programme aus Kapitel 3 sowie der folgenden Produktionsregel für **await**-Anweisungen generiert wird:

$$S ::= \textbf{await } B \textbf{ then } S_0 \textbf{ end} \ ,$$

wobei S_0 schleifenfrei ist und keine weiteren **await**-Anweisungen enthält.

Parallele Programme mit Synchronisation (oder kurz *parallele Programme*) werden durch die Produktionsregeln für Komponenten-Programme sowie die folgende Produktionsregel für parallele Komposition generiert:

$$S ::= [S_1 \| \ldots \| S_n] \ ,$$

wobei $n > 1$ gilt und $S_1, \ldots, S_n$ Komponenten-Programme sind. Wie bisher erlauben wir keinen geschachtelten Parallelismus, wohl aber Parallelismus innerhalb von sequentieller Komposition, bedingten Anweisungen und **while**-Schleifen.

In diesem Kapitel beziehen sich die Begriffe "Komponenten-Programm" und "paralleles Programm" stets auf die eben gegebenen Definitionen.

Die anschauliche Bedeutung von **await**-Anweisungen ist wie folgt: wenn eine Komponente eines parallelen Programms als nächstes eine Anweisung **await** B **then** S **end** ausführen will, wird zunächst die Boolesche Bedingung B überprüft. Falls B wahr ist, wird S als eine atomare Aktion ausgeführt, die von anderen Komponenten nicht unterbrochen werden kann. Falls B falsch ist, wird die testende Komponente *blockiert* und andere Komponenten können mit der Ausführung fortfahren. Sollte während deren Ausführung die Bedingung B wieder wahr werden, kann die blockierte Komponente ihre Ausführung fortsetzen; andernfalls bleibt sie andauernd blockiert.

Eine **await**-Anweisung modelliert also einen *bedingten atomaren Bereich*. Für $B \equiv \textbf{true}$ ergibt sich dieselbe Wirkung wie bei den in Kapitel 6 eingeführten unbedingten atomaren Bereichen. Wir identifizieren deshalb

$$\textbf{await true then } S \textbf{ end} \equiv \langle S \rangle.$$

Ferner führen wir die Abkürzung

$$\textbf{wait } B \equiv \textbf{await } B \textbf{ then } skip \textbf{ end}$$

ein. In diesem Kapitel verstehen wir unter einem *normalen* Teilprogramm eines Programms S ein Teilprogramm von S, das nicht innerhalb einer **await**-Anweisung von S vorkommt. Wir benötigen diesen Begriff später bei der Definition von Interferenz-Freiheit.

6.2 Semantik

Die operationelle Semantik von parallelen Programmen mit Synchronisation beruht auf einem Transitionssystem, das aus den Regeln (i)–(vii) für deterministische Programme aus Abschnitt 3.2, der Interleaving-Regel (viii) aus Abschnitt 4.2 und der folgenden Transitionsregel für bedingte atomare Bereiche besteht:

(x)

$$\frac{< S,\sigma > \to^* < E,\tau >}{< \textbf{await } B \textbf{ then } S \textbf{ end},\sigma > \to < E,\tau >} \, ,$$

wobei $\sigma \models B$ gilt.

Diese Transitionsregel formalisiert die anschauliche Bedeutung von bedingten atomaren Bereichen. Falls B wahr ist, wird die Anweisung **await** B **then** S **end** wie ein atomarer Bereich $\langle S \rangle$ ausgeführt, d.h. die ganze terminierende Ausführung von S wird zu einem Transitionsschritt von **await** B **then** S **end**.

Falls B falsch ist, können wir mit der angegebenen Transitionsregel überhaupt keinen Transitionsschritt für **await** B **then** S **end** herleiten: die Anweisung und die sie ausführende Komponente ist blockiert. Im Kontext einer parallelen Kompositon können dann Transitionsschritte anderer Komponenten ausgeführt werden. Eine Verklemmung oder Deadlock tritt ein, falls das parallele Programm noch nicht terminiert hat, aber alle nicht terminierten Komponenten blockiert sind. Mit anderen Worten: es liegt ein noch nicht terminiertes Programm vor, das keinen Transitionsschritt mehr ausführen kann.

Definition 6.1 Sei S ein paralleles Programm, σ ein Zustand und p eine Zusicherung.

(i) Eine Konfiguration $< S,\sigma >$ heißt *Verklemmung* oder *Deadlock*, falls $S \not\equiv E$ gilt und es in der Transitionsrelation $\to$ keine Nachfolgekonfiguration von $< S,\sigma >$ gibt.

(ii) Das Programm S *kann von σ aus in einen Deadlock geraten*, falls es eine Berechnung von S gibt, die in σ startet und in einem Deadlock endet.

(iii) Das Programm S ist *deadlock-frei (bezüglich p)*, falls es keinen Zustand σ gibt (der p erfüllt), von dem aus S in einen Deadlock geraten kann. □

Für parallele Programme mit Synchronisation gilt also das Analogon von Lemma 5.2 (Keine Blockierung) nicht. Demnach kann ein paralleles Programm von einem Zustand σ aus entweder terminieren, divergieren oder in einen Deadlock geraten. Gemäß dieser drei Möglichkeiten führen wir drei Varianten von Semantik ein:

- Semantik der partiellen Korrektheit:

$$\mathcal{M}[\![S]\!](\sigma) = \{\tau \mid < S, \sigma > \to^* < E, \tau >\},$$

- Semantik der schwachen totalen Korrektheit:

$$\mathcal{M}_{wtot}[\![S]\!](\sigma) = \mathcal{M}[\![S]\!](\sigma) \cup \{\bot \mid S \text{ kann von } \sigma \text{ aus divergieren}\},$$

- Semantik der totalen Korrektheit:

$$\mathcal{M}_{tot}[\![S]\!](\sigma) = \qquad \mathcal{M}_{wtot}[\![S]\!](\sigma)$$
$$\cup \quad \{\Delta \mid S \text{ kann von } \sigma \text{ aus in einen Deadlock geraten}\}.$$

Dabei ist Δ ein neuer Fehlerzustand, der für Deadlock steht. Die neue Semantik $\mathcal{M}_{wtot}$ ist für sich genommen uninteressant; wir haben sie hier nur eingeführt, um die Beweisregeln für totale Korrektheit besser erklären zu können.

6.3 Verifikation

Jede der drei Semantik-Varianten induziert in der üblichen Weise einen entsprechenden Begriff von Programmkorrektheit. Zum Beispiel ist die schwache totale Korrektheit so definiert:

$$\models_{wtot} \{p\}\ S\ \{q\} \text{ genau dann, wenn } \mathcal{M}_{wtot}[\![S]\!]([\![p]\!]) \subseteq [\![q]\!].$$

Wir beginnen aber der Reihe nach mit der partiellen Korrektheit.

Partielle Korrektheit

Für Komponenten-Programme benutzen wir das Beweissystem PD für die partielle Korrektheit von deterministischen Programmen erweitert um die folgende Beweisregel von Owicki und Gries [OG76a]:

REGEL 13:   SYNCHRONISATION

$$\frac{\{p \wedge B\}\ S\ \{q\}}{\{p\}\ \textbf{await}\ B\ \textbf{then}\ S\ \textbf{end}\ \{q\}}$$

Die Korrektheit dieser Beweisregel für partielle Programmkorrektheit ergibt sich unmittelbar aus der Semantik von **await**-Anweisungen gemäß der Transitionsregel (x). Im Falle $B \equiv \textbf{true}$ ergibt sich Regel 11 für atomare Bereiche als Spezialfall.

Beweisskizzen für die partielle Korrektheit von Komponenten-Programmen werden mit denselben Regeln wie für deterministische Programme und der folgenden Regel für Synchronisation generiert:

(xii)

$$\frac{\{p \wedge B\}\ S^*\ \{q\}}{\{p\}\ \textbf{await}\ B\ \textbf{then}\ \{p \wedge B\}\ S^*\ \{q\}\ \textbf{end}\ \{q\}},$$

wobei S^* für eine kommentierte Version von S steht.

Die Definition von *Standard*-Beweisskizzen ist wie im vorigen Kapitel, wobei sich die dort angesprochenen "normalen" Teilprogramme hier auf die Definition aus Abschnitt 6.1 beziehen. Das bedeutet, daß innerhalb von **await**-Anweisungen keine Zusicherungen stehen.

Der Zusammenhang zwischen Standard-Beweiskizzen und den Berechnungen der Komponenten-Programme kann analog zum Satz 3.20 und zum Lemma 5.6 über starke Korrektheit formuliert werden. Wir benutzen wieder die Notation $\textbf{at}(T, S)$ aus Definition 3.19, nur daß T jetzt für ein normales Teilprogramm eines Komponenten-Programms S steht. In dieser induktiven Definition brauchen wir keinen neuen Fall zu betrachten, da normale Teilprogramme stets außerhalb von **await**-Anweisungen liegen.

Lemma 6.2 (Starke Korrektheit von Komponenten-Programmen)
Sei S ein Komponenten-Programm und $\{p\}\ S^*\ \{q\}$ eine zugehörige Standard-Beweisskizze für partielle Korrektheit. Es gelte

$$< S, \sigma > \rightarrow^* < R, \tau >$$

für einen p-Zustand σ, ein Restprogramm R und einen Zustand τ. Dann gilt

- entweder $R \equiv \textbf{at}(T, S)$ für ein normales Teilprogramm T von S und $\tau \models pre(T)$,

- oder $R \equiv E$ und $\tau \models q$.

Beweis. Siehe Übungsaufgabe 6.5. $\square$

Interferenz-Freiheit ist analog wie in Kapitel 5 definiert. Standard-Beweisskizzen $\{p_i\}\ S_i^*\ \{q_i\}$, $i \in \{1, \ldots, n\}$, heißen *interferenz-frei*, falls keine normale Wertzuweisung und keine **await**-Anweisung eines Komponenten-Programms S_i mit der Beweisskizze $\{p_j\}\ S_j^*\ \{q_j\}$ eines anderen Komponenten-Programms S_j mit $i \neq j$ im Sinne von Definition 5.7(i) interferiert.

Für die parallele Komposition benutzen wir wieder die Regel 12 aus Kapitel 5, wobei wir uns jedoch auf die eben genannte Definition von Interferenz-Freiheit beziehen.

Wir fassen zusammen: Um die partielle Korrektheit von **parallelen** Programmen mit **Synchronisation** zu zeigen, benutzen wir das folgende Beweissystem *PSY*:

BEWEISSYSTEM *PSY*
Dieses System besteht aus den Axiomen
und Regeln 1–6, 10, 12, 13 und A1–A5.

Beispiel 6.3 Wir wollen die Korrektheitsformel

$$\{x = 0\} \; [\textbf{await } x = 1 \textbf{ then } skip \textbf{ end} \| x := 1] \; \{x = 1\}$$

im Beweissystem *PSY* herleiten. Für die Komponenten-Programme benutzen wir folgende Standard-Beweisskizzen für partielle Korrektheit:

$$\{x = 0 \vee x = 1\} \; \textbf{await } x = 1 \textbf{ then } skip \textbf{ end } \{x = 1\}$$

und

$$\{x = 0\} \; x := 1 \; \{x = 1\}.$$

Die Interferenz-Freiheit der ersten Beweisskizze gegenüber der Wertzuweisung $x := 1$ ist leicht zu überprüfen. Wir konzentrieren uns auf die zweite Beweisskizze. Für die Vorbedingung $x = 0$ gilt

$$\{x = 0 \wedge (x = 0 \vee x = 1)\} \; \textbf{await } x = 1 \textbf{ then } skip \textbf{ end } \{x = 0\},$$

weil es nach Regel 13 genügt, $\{x = 0 \wedge x = 1\}$ *skip* $\{x = 0\}$ zu beweisen. Dieses gilt aber trivialerweise, da die Vorbedingung zu **false** äquivalent ist.

Für die Nachbedingung $x = 1$ gilt

$$\{x = 1 \wedge (x = 0 \vee x = 1)\} \; \textbf{await } x = 1 \textbf{ then } skip \textbf{ end } \{x = 1\},$$

weil es nach Regel 13 genügt, $\{x = 1\}$ *skip* $\{x = 1\}$ zu beweisen, was offenbar gilt.

Damit ist Regel 12 anwendbar und liefert das gewünschte Resultat.   □

Korrektheit des Beweissystems

Wir gehen kurz auf die Korrektheit des Beweissystems *PSY* ein. Wir haben bereits die Korrektheit von Regel 13 bemerkt.

Lemma 6.4 Regel 10 für Hilfsvariablen ist korrekt für partielle (und totale) Korrektheit von parallelen Programmen mit Synchronisation.

Beweis. Siehe Übungsaufgabe 6.6.   □

Um zu zeigen, daß die Regel 12 für parallele Komposition auch für die erweiterte Klasse der parallelen Programme mit Synchronisation korrekt ist, gehen wir wie in Kapitel 5 vor. Mit anderen Worten, wir stützen uns auf ein Analogon zu Lemma 5.12 ab.

Lemma 6.5 (Starke Korrektheit von parallelen Programmen mit Synchronisation) Seien $\{p_i\}\, S_i^*\, \{q_i\}$, $i \in \{1, \ldots, n\}$, interferenz-freie Standard-Beweisskizzen für partielle Korrektheit von Komponenten-Programmen S_i. Es gelte

$$< [S_1 \| \ldots \| S_n], \sigma > \;\to^*\; < [R_1 \| \ldots \| R_n], \tau >$$

für einen Zustand σ, der $\bigwedge_{i=1}^{n} p_i$ erfüllt, Komponenten-Programme R_i mit $i \in \{1, \ldots, n\}$ und einen Zustand τ. Dann gilt für jedes $j \in \{1, \ldots, n\}$

- entweder $R_j \equiv \mathbf{at}(T, S_j)$ für ein normales Teilprogramm T von S_j und $\tau \models pre(T)$

- oder $R_j \equiv E$ und $\tau \models q_j$.

Beweis. Der Beweis verläuft analog zum Beweis von Lemma 5.12, allerdings wird statt auf Lemma 5.6 hier auf Lemma 6.2 für starke Korrektheit der Komponenten-Programme zurückgegriffen. $\qquad\square$

Korollar 6.6 Regel 12 für Parallelismus ist korrekt für die partielle Korrektheit von parallelen Programmen mit Synchronisation. $\qquad\square$

Korollar 6.7 (Korrektheit) Das Beweissystem PSY ist korrekt für die partielle Korrektheit von parallelen Programmen mit Synchronisation.

Beweis. Wir benutzen dasselbe Argument wie im Beweis des Korrektheits-Korollars 4.20. $\qquad\square$

Schwache totale Korrektheit

Die schwache totale Korrektheit umfaßt die partielle Korrektheit und die Divergenz-Freiheit. Wir setzen diesen Begriff nur für Komponenten-Programme als Zwischenschritt zur totalen Korrektheit von parallelen Programmen ein. Definitionsgemäß gilt eine Korrektheitsformel $\{p\}\, S\, \{q\}$ im Sinne der schwachen totalen Korrektheit, falls die Inklusion

$$\mathcal{M}_{wtot}[\![S]\!]([\![p]\!]) \subseteq [\![q]\!]$$

gilt. Da $\perp \notin [\![q]\!]$ gilt, ist also jede Berechnung von S, die in einem p-Zustand startet, endlich, d.h. sie terminiert entweder in einem q-Zustand oder sie endet in einem Deadlock.

Der Beweis von schwacher totaler Korrektheit von Komponenten-Programmen ist einfach: wir benutzen dazu das Beweissystem TD für deterministische Programme erweitert um Regel 13 für die Behandlung von

await-Anweisungen. Regel 13 ist korrekt für Beweise schwacher totaler Korrektheit, nicht aber für Beweise totaler Korrektheit, weil die Ausführung einer Anweisung **await** B **then** S **end** nicht terminiert, wenn sie in einem Zustand startet, der $\neg B$ erfüllt, sondern blockiert wird. Diese Blockierung kann nur mit Hilfe anderer Komponenten aufgelöst werden, die parallel zu **await** B **then** S **end** ausgeführt werden.

Zum Beweis der totalen Korrektheit von parallelen Programmen mit **await**-Anweisungen gehen wir von interferenz-freien Beweisskizzen für die schwache totale Korrektheit von Komponenten-Programmen aus. Dazu benutzen wir wie in Kapitel 5 die verschärfte Definition 5.16 von Beweisskizze, die sich auf die Definition 5.15 von syntaktischem Pfad stützt. Diese Pfaddefinition ist hier allerdings um den Fall der **await**-Anweisung zu erweitern. Wir definieren

- path(**await** B **then** S **end**) = {**await** B **then** S **end**}.

Mit dieser Erweiterung sind (Standard-) Beweisskizzen für die *schwache totale* Korrektheit von Komponenten-Programmen so definiert wie (Standard-) Beweisskizzen für die *totale* Korrektheit in Kapitel 5.

Standard-Beweisskizzen $\{p_i\}\ S_i^*\ \{q_i\}$, $i \in \{1, \ldots, n\}$, für die schwache totale Korrektheit heißen *interfenz-frei*, falls keine normale Wertzuweisung und keine **await**-Anweisung in einem Komponenten-Programm S_i mit der Beweisskizze eines anderen Komponenten-Programms S_i, $i \neq j$, interferiert.

Totale Korrektheit

Für parallele Programme mit **await**-Anweisungen ist der Nachweis der totalen Korrektheit komplizierter als für die in Kapitel 6 betrachteten parallelen Programme, da neben der Divergenz-Freiheit (keine unendlichen Berechnungen) auch die Deadlock-Freiheit (keine andauernde Blockierung) zu zeigen ist. Deadlock-Freiheit ist eine *globale* Eigenschaft, die nur gezeigt werden kann, indem alle Komponenten eines parallelen Programms zusammen betrachtet werden. Für sich betrachtet können die Komponenten sehr wohl dauerhaft blockiert sein (siehe Beispiel 6.9).

Um totale Korrektheit von parallelen Programmen zu zeigen, werden wir zunächst die schwache totale Korrektheit der Komponenten-Programme zeigen und dann Deadlock-Freiheit beweisen.

Dazu betrachten wir interferenz-freie Standard-Beweisskizzen für schwache totale Korrektheit für die Komponenten-Programme und wenden die folgende Methode von Owicki und Gries [OG76a] an:

1. Zähle alle *potentiellen* Deadlocks auf.

2. Zeige, daß keiner dieser potentiellen Deadlocks tatsächlich eintreten kann.

Diese Methode ist korrekt, denn im Beweis von Lemma 6.11 werden wir zeigen, daß jeder Deadlock gemäß Definition 6.1 auch ein potentieller Deadlock ist. Wenn keiner der potentiellen Deadlocks eintreten kann, tritt somit auch kein echter Deadlock ein und das parallele Programm ist deadlock-frei.

Definition 6.8 Gegeben sei ein paralleles Programm $S \equiv [S_1 \| \ldots \| S_n]$.

(i) Ein Tupel $(R_1, \ldots, R_n)$ von Anweisungen heißt *potentieller Deadlock von S*, falls die folgenden beiden Bedingungen erfüllt sind:

- für jedes $i \in \{1, \ldots, n\}$ ist R_i entweder eine **await**-Anweisung in der Komponente S_i oder die leere Anweisung E, die für Terminierung von S_i steht,

- es gibt ein $i \in \{1, \ldots, n\}$, so daß R_i eine **await**-Anweisung in S_i ist.

(ii) Gegebenen seien interferenz-freie Standard-Beweiskizzen $\{p_i\}\, S_i^*\, \{q_i\}$, $i \in \{1, \ldots, n\}$, für schwache totale Korrektheit. Dann ordnen wir jedem potentiellen Deadlock von S ein Tupel $(r_1, \ldots, r_n)$ von Zusicherungen aus diesen Beweisskizzen zu, indem wir für $i \in \{1, \ldots, n\}$ folgendes setzen:

- $r_i \equiv pre(R_i) \wedge \neg B$, falls $R_i \equiv$ **await** B **then** S **end**,

- $r_i \equiv q_i$, falls $R_i \equiv E$. $\square$

Wenn wir nachweisen können, daß für jedes dieser Tupel $(r_1, \ldots, r_n)$ die Formel $\neg \bigwedge_{i=1}^{n} r_i$ gilt, haben wir gezeigt, daß keiner der potentiellen Deadlocks wirklich eintreten kann.

REGEL 14:   PARALLELISMUS MIT DEADLOCK-FREIHEIT

(1)   Die Standard-Beweisskizzen $\{p_i\}\, S_i^*\, \{q_i\}, i \in \{1, \ldots, n\}$, für schwache totale Korrektheit sind interferenz-frei.

(2)   Für jeden potentiellen Deadlock $(R_1, \ldots, R_n)$ von $[S_1 \| \ldots \| S_n]$ erfüllt das zugehörige Tupel von Zusicherungen $(r_1, \ldots, r_n)$ die Formel $\neg \bigwedge_{i=1}^{n} r_i$.

$\{\bigwedge_{i=1}^{n} p_i\}\, [S_1 \| \ldots \| S_n]\, \{\bigwedge_{i=1}^{n} q_i\}$

Um totale Korrektheit von parallelen Programmen mit **Synchronisation** zu beweisen, benutzen wir das folgende Beweissystem TSY:

BEWEISSYSTEM *TSY*
Dieses System besteht aus den Axiomen
und Regeln 1–4, 6–7, 10, 13, 14 und A2–A5.

Beweisskizzen für parallele Programme mit Synchronisation sind wie in Kapitel 4 definiert.

Das folgende Beispiel bringt eine erste Anwendung von Regel 14 und zeigt, daß die totale Korrektheit von Komponenten-Programmen nicht mehr einzeln gezeigt werden kann, sondern nur im Kontext von paralleler Komposition sinnvoll ist.

Beispiel 6.9 Wir wollen die bereits betrachtete Korrektheitsformel

$$\{x = 0\} \; [\textbf{await } x = 1 \textbf{ then } skip \textbf{ end} \| x := 1] \; \{x = 1\} \tag{6.1}$$

jetzt im Beweissystem *TSY* herleiten. Für die Komponenten-Programme benutzen wir folgende Standard-Beweisskizzen für schwache totale Korrektheit:

$$\{x = 0 \vee x = 1\} \; \textbf{await } x = 1 \textbf{ then } skip \textbf{ end} \; \{x = 1\} \tag{6.2}$$

und

$$\{x = 0\} \; x := 1 \; \{x = 1\}.$$

Die Korrektheitsformel (6.2) wird mit Regel 13 für bedingte atomare Bereiche bewiesen; diese Formel gilt nur im Sinne der schwachen totalen Korrektheit, weil jede Ausführung der **await**-Anweisung, die in einem Zustand startet, in dem $x = 0$ gilt, durch die Bedingung $x = 1$ blockiert wird. Diese Blockierung kann erst durch Ausführung der zweiten Komponente $x := 1$ aufgehoben werden.

Die Interferenz-Freiheit haben wir bereits im vorangegangenen Beispiel gezeigt. Es bleibt der Beweis der Deadlock-Freiheit des parallelen Programms durchzuführen. Der einzige potentielle Deadlock ist

$$(\textbf{await } x = 1 \textbf{ then } skip \textbf{ end}, E). \tag{6.3}$$

Das zugehörige Paar von Zusicherungen ist

$$((x = 0 \vee x = 1) \wedge x \neq 1, \; x = 1).$$

Die Konjunktion dieser Zusicherungen ist offenbar falsch. Daher kann der potentielle Deadlock nicht wirklich eintreten. Damit ist Regel 14 anwendbar und liefert das gewünschte Resultat (6.1).   □

Korrektheit des Beweissystems

Wir zeigen jetzt die Korrektheit des Beweissystems *TSY* für die totale Korrektheit von parallelen Programmen mit Synchronisation. Dabei konzentrieren wir uns auf die neue Regel 14 für parallele Komposition mit Deadlock-Freiheit. Wir bringen zunächst ein Analogon zu Lemma 5.19:

Lemma 6.10   (Divergenz-Freiheit) Seien $\{p_i\}\, S_i^*\, \{q_i\}$, $i \in \{1,\ldots,n\}$, interferenz-freie Standard-Beweisskizzen für schwache totale Korrektheit von Komponenten-Programmen S_i. Dann gilt

$$\perp \notin \mathcal{M}_{tot}[\![S_1\|\ldots\|S_n]\!]([\![\textstyle\bigwedge_{i=1}^{n}\, p_i]\!]).$$

Beweis. Der Beweis ist analog zu dem von Lemma 5.19, nur daß statt Definition 5.16 und Lemma 5.12 jetzt auf die Definition der Beweisskizzen für schwache totale Korrektheit von Komponenten-Programmen und Lemma 6.2 Bezug genommen wird.   □

Die Korrektheit der Methode zum Nachweis der Deadlock-Freiheit beschreibt das folgende Lemma:

Lemma 6.11   (Deadlock-Freiheit) Seien $\{p_i\}\, S_i^*\, \{q_i\}$, $i \in \{1,\ldots,n\}$, interferenz-freie Standard-Beweisskizzen für *partielle* Korrektheit von Komponenten-Programmen S_i. Es gelte für jeden potentiellen Deadlock $(R_1,\ldots,R_n)$ von $[S_1\|\ldots\|S_n]$, daß das zugehörige Tupel von Zusicherungen $(r_1,\ldots,r_n)$ die Formel $\neg \bigwedge_{i=1}^{n}\, r_i$ erfüllt. Dann gilt

$$\Delta \notin \mathcal{M}_{tot}[\![S_1\|\ldots\|S_n]\!]([\![\textstyle\bigwedge_{i=1}^{n}\, p_i]\!]).$$

Beweis. *Annahme:* Es gelte doch $\Delta \in \mathcal{M}_{tot}[\![S_1\|\ldots\|S_n]\!]([\![\bigwedge_{i=1}^{n}\, p_i]\!])$. Dann gibt es Zustände σ und τ und Komponenten-Programme $T_1,\ldots,T_n$ mit

$$< [S_1\|\ldots\|S_n], \sigma > \;\to^*\; < [T_1\|\ldots\|T_n], \tau >, \tag{6.4}$$

so daß $< [T_1\|\ldots\|T_n], \tau >$ ein Deadlock ist.

Mit der Definition von Deadlock und der hier betrachteten Programmklasse folgt, daß

(i) für jedes $i \in \{1,\ldots,n\}$ entweder

$$T_i \equiv \mathbf{at}(R_i, S_i) \tag{6.5}$$

gilt, wobei R_i eine **await**-Anweisung in der Komponente S_i ist, oder

$$T_i \equiv E, \tag{6.6}$$

(ii) es ein $i \in \{1,\ldots,n\}$ gibt, für das (6.5) gilt.

Mit anderen Worten: Wenn wir alle **await**-Anweisungen R_i gemäß (6.5) sammeln und $R_i \equiv E$ im Falle (6.6) definieren, ist das Tupel $(R_1,\ldots,R_n)$ ein potentieller Deadlock von $[S_1\|\ldots\|S_n]$.

Wir untersuchen jetzt das zugehörige Tupel $(r_1, \ldots, r_n)$ von Zusicherungen. Sei $i \in \{1, \ldots, n\}$ beliebig. Falls $R_i \equiv$ **await** B **then** S **end** gilt, so ist definitionsgemäß $r_i \equiv pre(R_i) \wedge \neg B$. Nach Lemma 6.5 über starke Korrektheit paralleler Programme, angewandt auf (6.4) und (6.5), gilt $\tau \models pre(R_i)$. Da außerdem $< [T_1 \| \ldots \| T_n], \tau >$ ein Deadlock ist, gilt $\tau \models \neg B$. Also gilt $\tau \models r_i$. Falls $R_i \equiv E$ gilt, ist $r_i \equiv q_i$. Nach Lemma 6.5, angewandt auf (6.4) und (6.6), gilt dann ebenfalls $\tau \models r_i$.

Insgesamt gilt also $\tau \models \bigwedge_{i=1}^{n} r_i$, so daß die Formel $\neg \bigwedge_{i=1}^{n} r_i$ falsch ist. *Widerspruch.* □

Korollar 6.12 Regel 14 ist korrekt für die totale Korrektheit von parallelen Programmen mit Synchronisation.

Beweis. Seien $\{p_i\}\, S_i^*\, \{q_i\}$, $i \in \{1, \ldots, n\}$, interferenz-freie Standard-Beweisskizzen für schwache totale Korrektheit von Komponenten-Programmen. Dann zeigt Lemma 6.10 die Divergenz-Freiheit des parallelen Programms $[S_1 \| \ldots \| S_n]$. Indem wir alle Terminierungsfunktionen aus den Beweisskizzen $\{p_i\}\, S_i^*\, \{q_i\}$ entfernen, erhalten wir interferenz-freie Standard-Beweisskizzen für *partielle* Korrektheit. Dann zeigt Lemma 6.11 die Deadlock-Freiheit und Korollar 6.6 die partielle Korrektheit von $[S_1 \| \ldots \| S_n]$. □

Korollar 6.13 Das Beweissystem TSY ist korrekt für totale Korrektheit von parallelen Programmen mit Synchronisation.

Beweis. Wir benutzen dasselbe Argument wie im Beweis des Korrektheits-Korollars 4.20. □

6.4 Fallstudie: Erzeuger/Verbraucher-Problem

Ein typisches Problem im Bereich der parallelen Programmierung ist die Koordination von Erzeugern und Verbrauchern. Ein Erzeuger produziert einen Serie von $M \geq 1$ Waren für einen Verbraucher. Wir nehmen an, daß der Erzeuger und der Verbraucher parallel arbeiten und die Waren ungefähr mit derselben Geschwindigkeit produzieren und verbrauchen.

Das Problem besteht darin, die Arbeit des Erzeugers und des Verbrauchers so zu koordinieren, daß alle produzierten Waren in der Reihenfolge ihrer Produktion beim Verbraucher eintreffen. Ferner sollte der Erzeuger mit der Produktion einer neuen Ware nicht warten, wenn der Verbraucher in seiem Verbrauch vorübergehend hinterherhinkt. Umgekehrt sollte auch der Verbraucher nicht warten müssen, wenn der Erzeuger in seiner Produktion vorübergehend nicht nachkommt.

Die Lösungsidee für dieses Erzeuger/Verbraucher-Problem ist, ein Lager oder Puffer zwischen den Erzeuger und den Verbraucher zu schalten. Der Erzeuger legt dann alle produzierten Waren in den Puffer und der Verbraucher entnimmt die Waren diesem Puffer. Auf diese Weise sind kleine Schwankungen in der Geschwindigkeit der Erzeugers für den Verbraucher nicht sichtbar und umgekehrt. Wir müssen jedoch bedenken, daß Puffer nur eine beschränkte Größe besitzen, etwa für $N \geq 1$ Waren. Deshalb müssen wir den Erzeuger und den Verbraucher so synchronisieren, daß der Erzeuger niemals versucht, eine Ware in den bereits vollen Puffer zu legen, und daß der Verbraucher niemals versucht, eine Ware aus dem leeren Puffer zu nehmen.

Gemäß Owicki und Gries [OG76a] beschreiben wir die Lösung zu diesem Problem als ein paralleles Programm PC (als Abkürzung für "producer/consumer") mit gemeinsamen Variablen und **await**-Anweisungen. Erzeuger und Verbraucher sind zwei Komponenten $PROD$ und $CONS$ eines parallelen Programms. Waren werden als Integer-Werte dargestellt. Die Produktion einer Ware wird als das Lesen eines Integer-Wertes aus einem endlichen Abschnitt

$$a[0 : M - 1]$$

eines Feldes a vom Typ **integer** $\rightarrow$ **integer** und der Verbrauch als das Schreiben eines Integer-Wertes in den entsprechenden Abschnitt

$$b[0 : M - 1]$$

eines Feldes b vom Typ **integer** $\rightarrow$ **integer** modelliert. Der Puffer wird als Abschnitt

$$buffer[0 : N - 1]$$

eines gemeinsamen Feldes $buffer$ vom Typ **integer** $\rightarrow$ **integer** modelliert. Dabei sind M und N Integer-Konstanten $M, N \geq 1$.

Um den korrekten Zugriff auf den Puffer sicherzustellen, besitzen die Komponenten $PROD$ und $CONS$ eine gemeinsame Integer-Variable in, die die Anzahl aller jemals in den Puffer gelegten Werte festhält, und eine Integer-Variable out, die die Anzahl aller jemals in den Puffer gelegten Werte festhält. In jedem Augenblick enthält der Puffer also $in - out$ Werte. Der Puffer ist voll, wenn $in - out = N$ gilt, und er ist leer, wenn $in - out = 0$ gilt. Das Hinzufügen eines Wertes in dem Puffer bzw. das Entfernen eines Wertes aus dem Puffer erfolgt zyklisch, d.h. in der Reihenfolge

$$buffer[0], \ldots, buffer[N - 1], buffer[0], \ldots, buffer[N - 1], buffer[0], \ldots$$

Demnach beschreiben die Ausdrücke $in \; mod \; N$ bzw. $out \; mod \; N$ den Index des Pufferelements, in das der nächste Wert gelegt bzw. aus dem der nächste Wert entfernt werden soll.

Die obigen Bemerkungen werden in dem folgenden parallelen Programm zur Lösung des Erzeuger/Verbraucher-Problems präzisiert:

$$PC \equiv in := 0; \; out := 0; \; i := 0; \; j := 0; \; [PROD \| CONS]$$

mit

$$PROD \equiv \textbf{while } i < M \textbf{ do}$$
$$x := a[i];$$
$$ADD(x);$$
$$i := i + 1$$
$$\textbf{od}$$

und

$$CONS \equiv \textbf{while } j < M \textbf{ do}$$
$$REM(y);$$
$$b[j] := y;$$
$$j := j + 1$$
$$\textbf{od}.$$

Dabei sind i, j, x, y Integer-Variablen und $ADD(x)$ und $REM(y)$ Abkürzungen für die folgenden Programmstücke für das Hinzufügen bzw. das Entfernen von Werten in den bzw. aus dem Puffer:

$$ADD(x) \equiv \textbf{wait } in - out < N;$$
$$buffer[in \bmod N] := x;$$
$$in := in + 1$$

und

$$REM(y) \equiv \textbf{wait } in - out > 0;$$
$$y := buffer[out \bmod N];$$
$$out := out + 1.$$

Wir erinnern daran, daß für Boolesche Ausdrücke B die Anweisung **wait** B als Abkürzung für **await** B **then** $skip$ **end** steht.

Wir möchten jetzt folgende Korrektheitseigenschaft über das Programm PC beweisen:

$$\models_{tot} \{\textbf{true}\}\ PC\ \{\forall k : (0 \leq k < M \rightarrow a[k] = b[k])\}, \tag{6.7}$$

d.h. PC ist deadlock-frei und terminiert in einem Zustand, wo alle Werte aus $a[0 : M - 1]$ in dieser Reihenfolge in den Abschnitt $b[0 : M - 1]$ kopiert worden sind. Unser Korrektheitsbeweis von (6.7) lehnt sich eng an die Darstellung in Owicki und Gries [OG76a] an.

Wir betrachten zunächst die Komponente $PROD$. Als Schleifeninvariante wählen wir

$$p_1 \equiv \quad \forall k : (out \leq k < in \rightarrow a[k] = buffer[k \bmod N]) \tag{6.8}$$
$$\wedge \quad 0 \leq in - out \leq N \tag{6.9}$$
$$\wedge \quad 0 \leq i \leq M \tag{6.10}$$
$$\wedge \quad i = in \tag{6.11}$$

und als Terminierungsfunktion

$$t_1 \equiv M - i.$$

Zur bequemeren Schreibweise führen wir für die Konjunktion einiger der Zeilen in p_1 Abkürzungen ein:

$$I \equiv (6.8) \wedge (6.9)$$

und

$$I_1 \equiv (6.8) \wedge (6.9) \wedge (6.10).$$

Als Standard-Beweisskizze für $PROD$ betrachten wir

$$
\begin{aligned}
&\{\textbf{inv} : p_1\}\{\textbf{bd} : t_1\} \\
&\textbf{while } i < M \textbf{ do} \\
&\quad \{p_1 \wedge i < M\} \\
&\quad x := a[i]; \\
&\quad \{p_1 \wedge i < M \wedge x = a[i]\} \\
&\quad \textbf{wait } in - out < N; \\
&\quad \{p_1 \wedge i < M \wedge x = a[i] \wedge in - out < N\} \\
&\quad buffer[in \bmod N] := x; \\
&\quad \{p_1 \wedge i < M \wedge a[i] = buffer[in \bmod N] \wedge in - out < N\} \qquad (6.12) \\
&\quad in := in + 1; \\
&\quad \{I_1 \wedge i + 1 = in \wedge i < M\} \qquad (6.13) \\
&\quad i := i + 1 \\
&\textbf{od} \\
&\{p_1 \wedge i = M\}.
\end{aligned}
$$

Es ist leicht nachzuprüfen, daß dieses tatsächlich eine Beweisskizze für schwache totale Korrektheit von $PROD$ ist. Insbesondere folgt aus (6.12)

$$\forall k : (out \leq k < in + 1 \rightarrow a[k] = buffer[k \bmod N]),$$

was das Konjunkt (6.8) in der Nachbedingung (6.13) der Wertzuweisung $in := in + 1$ rechtfertigt. Auch genügt die Terminierungsfunktion t_1 den Pfad-Bedingungen für Beweisskizzen.

Als nächstes betrachten wir die Komponente $CONS$. Als Schleifeninvariante wählen wir

$$
\begin{aligned}
p_2 \equiv \quad & I & (6.14) \\
\wedge \quad & \forall k : (0 \leq k < j \rightarrow a[k] = b[k]) & (6.15) \\
\wedge \quad & 0 \leq j \leq M & (6.16) \\
\wedge \quad & j = out & (6.17)
\end{aligned}
$$

wobei der Anteil $I \equiv (6.8) \wedge (6.9)$ aus p_1 übernommen ist, und als Terminierungsfunktion

$$t_2 \equiv M - j.$$

Als zusätzliche Abkürzung benutzen wir

$$I_2 \equiv (6.14) \wedge (6.15) \wedge (6.16).$$

Als Standard-Beweisskizze für $CONS$ benutzen wir

$$
\begin{aligned}
&\{\mathbf{inv} : p_2\}\{\mathbf{bd} : t_2\} \\
&\mathbf{while}\ j < M\ \mathbf{do} \\
&\quad \{p_2 \wedge j < M\} \\
&\quad \mathbf{wait}\ in - out > 0; \\
&\quad \{p_2 \wedge j < M \wedge in - out > 0\} \\
&\quad y := buffer[out\ mod\ N]; \\
&\quad \{p_2 \wedge j < M \wedge in - out > 0 \wedge y = a[j]\} \\
&\quad out := out + 1; \\
&\quad \{I_2 \wedge j + 1 = out \wedge j < M \wedge y = a[j]\} \\
&\quad b[j] := y; \\
&\quad \{I_2 \wedge j + 1 = out \wedge j < M \wedge a[j] = b[j]\} \\
&\quad j := j + 1 \\
&\mathbf{od} \\
&\{p_2 \wedge j = M\}.
\end{aligned}
\tag{6.18}
$$

Es ist leicht nachzuprüfen, daß dieses tatsächlich eine Beweisskizze für schwache totale Korrektheit ist. Insbesondere erhalten wir das Konjunkt $y = a[j]$ in der Zusicherung (6.18) wie folgt aus der Nachbedingung der Wertzuweisung $y := buffer[out\ mod\ N]$:

$$
\begin{aligned}
&\quad y = buffer[out\ mod\ N] \\
={}& \quad \{(6.8) \wedge in - out > 0\} \\
&\quad y = a[out] \\
={}& \quad \{(6.17)\} \\
&\quad y = a[j].
\end{aligned}
$$

Auch genügt die Terminierungsfunktion t_2 den Pfad-Bedingungen für Beweisskizzen.

Wir zeigen jetzt die Interferenz-Freiheit der beiden Beweisskizzen. Rein rechnerisch sind 80 Korrektheitsformeln zu überprüfen! Gücklicherweise können die meisten dieser Formeln durch eine einzige Beobachtung abgehandelt werden, nämlich daß der Teil I in p_1 und p_2 invariant bleibt. Genauer gilt für alle Wertzuweisungen A in den Beweisskizzen für $PROD$ und $CONS$:

$$\{I \wedge pre(A)\}\ A\ \{I\}.$$

Es bleiben also die Zusicherungen außerhalb des Teils I gegenüber Interferenz zu überprüfen. Wir betrachten zunächst die Beweisskizze für $PROD$. Unter den Konjunkten, die in den Zusicherungen außerhalb des Teils I vorkommen, enthält nur das Konjunkt $in - out < N$ eine Variable, die von der

Komponente $CONS$ verändert werden kann. Dieses kann nur durch die Wertzuweisung $out := out + 1$ geschehen. Offenbar interferiert diese Wertzuweisung nicht mit $in - out < N$, denn es gilt

$$\{in - out < N\} \; out := out + 1 \; \{in - out < N\}.$$

Analog sieht es für die Komponente $CONS$ aus. Unter den Konjunkten, die in den Zusicherungen außerhalb des Teils I vorkommen, enthält nur das Konjunkt $in - out > 0$ eine Variable, die von der Komponente $PROD$ verändert werden kann. Dieses kann nur durch die Wertzuweisung $in := in + 1$ geschehen. Interferenz-Freiheit ergibt sich hier aus

$$\{in - out > 0\} \; in := in + 1 \; \{in - out > 0\}.$$

Als nächstes zeigen wir Deadlock-Freiheit. Die potentiellen Deadlocks sind

$$(\textbf{wait } in - out < N, \textbf{wait } in - out > 0),$$
$$(\textbf{wait } in - out < N, E),$$
$$(E, \textbf{wait } in - out > 0),$$

und logische Folgerungen der zugehörigen Paare von Zusicherungen aus den obigen Beweisskizzen sind

$$(in - out \geq N, in - out \leq 0),$$
$$(in < M \wedge in - out \geq N, out = M),$$
$$(in = M, out < M \wedge in - out \leq 0).$$

Da $N \geq 1$ gilt, ist die Konjunktion dieser Zusicherungen für alle drei Paare falsch. Dieses beweist die Deadlock-Freiheit.

Damit können wir Regel 14 für die parallele Komposition von $PROD$ und $CONS$ anwenden und erhalten

$$\{p_1 \wedge p_2\} \; [PROD \| CONS] \; \{p_1 \wedge p_2 \wedge i = M \wedge j = M\}.$$

Offenbar gilt

$$\{\textbf{true}\} \; in := 0; \; out := 0; \; i := 0; \; j := 0 \; \{p_1 \wedge p_2\}$$

und

$$p_1 \wedge p_2 \wedge i = M \wedge j = M \rightarrow \forall k : (0 \leq k < M \rightarrow a[k] = b[k]).$$

Abschließend liefern Anwendungen der Regel für sequentielle Komposition und der Konsequenzregel die gewünschte Korrektheitsformel (6.7) über PC.

6.5 Fallstudie: Wechselweiser Ausschluß

Formulierung des Problems

Ein weiteres typisches Problem der parallelen Programmierung ist der wechselweise Ausschluß. Es stammt aus dem Bereich der Betriebssysteme und wurde zuerst von Dijkstra [Dij68] untersucht. Es werden $n \geq 2$ Benutzerprozesse betrachtet, die unendlich lange laufen und dabei gelegentlich auf ein gemeinsames Betriebsmittel zugreifen, zum Beispiel einen Drucker. Das *Problem des wechselweisen Ausschlusses* ist es, die Benutzerprozesse so zu synchronisieren, daß folgende Eigenschaften gelten:

(i) *wechselweiser Ausschluß*:

zu jedem Zeitpunkt benutzt höchstens einer der Prozesse das gemeinsame Betriebsmittel,

(ii) *keine Blockierung*:

die hinzugefügten Synchronisationsanweisungen dürfen die Prozesse nicht beliebig lange am Fortschreiten hindern,

(iii) *garantierter Zugriff*:

wenn einer der Prozesse versucht, auf das gemeinsame Betriebsmittel zuzugreifen, wird es ihm schließlich gelingen.

Die Eigenschaften (i) und (ii) sind Beispiele sogenannter *Sicherheitseigenschaften*; die Eigenschaft (iii) ist dagegen ein Beispiel einer sogenannten *Lebendigkeitseigenschaft*. Anschaulich versteht man unter einer Sicherheitseigenschaft eines Programms eine Bedingung, die in jedem Zustand einer beliebigen Berechnung des Programms gilt; eine Lebendigkeitseigenschaft ist dagegen eine Bedingung, die für jede Berechnung des Programms in irgendeinem Zustand schließlich gilt.

Wir werden hier nur die Sicherheitseigenschaften (i) und (ii) behandeln; für den Nachweis der Lebendigkeitseigenschaft (iii) ist der in diesem Buch benutzte Verifikationsansatz nicht adäquat. Zur Formulierung und Verifikation von Lebendigkeitseigenschaften ist der komplexere Ansatz der *Temporalen Logik* der geeignete (siehe Manna und Pnueli [MP91]).

Um die Eigenschaften (i) und (ii) zu formalisieren, nehmen wir an, daß jeder Prozeß durch eine Endlosschleife S_i der folgenden Form dargestellt ist:

$$
\begin{aligned}
&S_i \equiv \textbf{while true do} \\
&\quad\quad NC_i; \\
&\quad\quad ACQ_i; \\
&\quad\quad CS_i; \\
&\quad\quad REL_i \\
&\quad\textbf{od} \ .
\end{aligned}
$$

Dabei ist NC_i der nicht-kritische Bereich ("*non*-critical section"), in dem der Prozeß S_i das gemeinsame Betriebsmittel nicht benutzt, ACQ_i das Zugriffsprotokoll ("*acquire* protocol"), das ausgeführt wird, um auf das Betriebsmittel zuzugreifen, CS_i der kritische Bereich ("critical *section*"), in dem der Prozeß S_i das gemeinsame Betriebsmittel benutzt, und REL_i das Freigabeprotokoll ("*release* protocol"), das ausgeführt wird, wenn das Betriebsmittel für andere Prozesse wieder freigegeben wird.

Die Bereiche NC_i und CS_i sind durch hier nicht näher interessierende Benutzerprogramme gegeben, die Protokolle ACQ_i und REL_i sind zu entwerfen. Dabei setzen wir voraus, daß in NC_i und CS_i keine **await**-Anweisungen vorkommen, und für alle $i, j \in \{1, \dots, n\}$ die folgende Disjunktheitsforderung erfüllt ist:

$$(var(NC_i) \cup var(CS_i)) \cap (var(ACQ_j) \cup var(REL_j)) = \emptyset,$$

d.h. die Variablen in den kritischen und nicht-kritischen Bereichen sind verschieden von denen in den Protokollabschnitten. In ACQ_i und REL_i dürfen **await**-Anweisungen vorkommen.

Insgesamt betrachten wir das parallele Programm

$$S \equiv INIT;\ [S_1\|\dots\|S_n],$$

wobei $INIT$ ein schleifenfreies deterministisches Programm zur Initialisierung der in den Zugriffs- und Freigabeprotokollen benutzten Variablen ist.

Die Eigenschaften (i) und (ii) können dann wie folgt formalisiert werden:

(a) wechselweiser Ausschluß:

es gibt keine Konfiguration von S der Form

$$< [R_1\|\dots\|R_n], \sigma >,$$

wobei für $i, j \in \{1, \dots, n\}$ mit $i \neq j$ gilt:

$$R_i \equiv \mathbf{at}(CS_i, S_i),$$
$$R_j \equiv \mathbf{at}(CS_j, S_j);$$

(b) keine Blockierung:

keine Berechnung von S endet in einem Deadlock.

Falls S ein paralleles Programm ohne **await**-Anweisungen ist, gilt (b) natürlich trivialerweise.

Eine triviale Lösung des wechselweisen Ausschlusses wäre es, den kritische Bereich CS_i einfach zu einem atomaren Bereich zu machen:

$$S_i \equiv \mathbf{while\ true\ do}$$
$$NC_i;$$
$$\langle CS_i \rangle$$
$$\mathbf{od}.$$

Hier ist also $ACQ_i \equiv$ "$\langle$" und $REL_i \equiv$ "$\rangle$" gewählt worden. Gemäß der Semantik atomarer Bereiche ist die ursprüngliche Eigenschaft (i) erfüllt; die neue Eigenschaft (a) gilt trivialerweise, weil die i-te Komponente von S in einer Berechnung von S nie von der Form $R_i \equiv \mathbf{at}(CS_i, S_i)$ sein kann.

In diesem Abschnitt geht es jedoch darum, die Protokolle ACQ_i und REL_i durch elementarere Programmkonstrukte zu implementieren.

Verifikation

Die Eigenschaften (a) und (b) beziehen sich direkt auf die Semantik des Programms S. Da S ein divergentes Programm ist, sind die bisher betrachteten Beweissysteme PSY und TSY nicht unmittelbar anwendbar. Wir benötigen vielmehr "maßgeschneiderte" Beweismethoden, die wir jetzt in Form von Lemmata zusammenstellen.

Zum Beweis von Eigenschaft (a) für das parallele Programm S benötigen wir das folgende Lemma:

Lemma 6.14 (Wechselweiser Ausschluß) Gegeben seien für $i \in \{1, \ldots, n\}$ Zusicherungen p_i, so daß $\{\textbf{true}\}\ INIT\ \{\bigwedge_{i=1}^{n} p_i\}$ gilt, und interferenz-freie Standard-Beweisskizzen $\{p_i\}\ S_i^*\ \{\textbf{false}\}$ für die *partielle* Korrektheit der Komponenten-Programme S_i mit

$$\neg(pre(CS_i) \wedge pre(CS_j))$$

für alle $i, j \in \{1, \ldots, n\}$ mit $i \neq j$. Dann erfüllt S die Eigenschaft (a).

Beweis. Dieses Lemma folgt unmittelbar aus Lemma 6.5 über starke Korrektheit. $\square$

Zum Beweis von Eigenschaft (b) für das parallele Programm S benutzen wir Lemma 6.11 über Deadlock-Freiheit. In den Korrektheitsbeweisen werden wir auch Hilfsvariablen benötigen. Dieses erfordert eine Rechtfertigung, da wir bisher Hilfsvariablen nur zum Nachweis von Ein/Ausgabe-Eigenschaften von Programmen benutzt haben (vgl. Regel 10 in Kapitel 4).

Lemma 6.15 (Hilfsvariablen) Sei S' ein paralleles Programm mit oder ohne **await**-Anweisungen und sei A eine Menge von Hilfsvariablen von S'. Das Programm S entstehe aus S', indem alle Wertzuweisungen an Variablen aus A gestrichen werden. Dann gilt:

(i) Wenn S' die Eigenschaft (a) erfüllt, so auch S.

(ii) Wenn S' deadlock-frei bezüglich einer Zusicherung p ist, so auch S.

Beweis. Siehe Übungsaufgabe 6.7. $\square$

Peterson's Lösung

Wir betrachten zunächst eine Lösung ohne **await**-Anweisungen, die auf der Idee der *Warteschleifen* oder des *busy waiting* beruht. Das bedeutet, daß das Eintrittsprotokoll eines jeden Prozesses S_i von der Form

$$ACQ_i \equiv T_i;\ \textbf{while}\ \neg B_i\ \textbf{do}\ skip\ \textbf{od}$$

ist, wobei T_i ein schleifenfreies Programmstück ist. Die **while**-Schleife in ACQ_i heißt auch *Warteschleife*.

Wir betrachten hier folgende Lösung des Problems des wechselweisen Ausschlusses für zwei Prozesse von Peterson [Pet81]. Sei

$$MUTEX\text{-}B \equiv flag_1 := \textbf{false};\ flag_2 := \textbf{false};\ [S_1 \| S_2]$$

mit

$$
\begin{aligned}
S_1 \equiv\ &\textbf{while true do}\\
&\quad NC_1;\\
&\quad flag_1 := \textbf{true};\ turn := 1;\\
&\quad \textbf{while}\ \neg(flag_2 \rightarrow turn = 2)\ \textbf{do}\ skip\ \textbf{od};\\
&\quad CS_1;\\
&\quad flag_1 := \textbf{false}\\
&\textbf{od}
\end{aligned}
$$

und

$$
\begin{aligned}
S_2 \equiv\ &\textbf{while true do}\\
&\quad NC_2;\\
&\quad flag_2 := \textbf{true};\ turn := 2;\\
&\quad \textbf{while}\ \neg(flag_1 \rightarrow turn = 1)\ \textbf{do}\ skip\ \textbf{od};\\
&\quad CS_2;\\
&\quad flag_2 := \textbf{false}\\
&\textbf{od}.
\end{aligned}
$$

Die Boolesche Variable $flag_i$ zeigt an, ob die Komponente S_i den kritischen Bereich CS_i betreten möchte. Mit der Variable $turn$ wird der Konflikt gelöst, der entsteht, wenn beide Komponenten S_1 und S_2 gleichzeitig den kritischen Bereich betreten möchten, also beide Variablen $flag_1$ und $flag_2$ wahr sind. Die Idee ist, daß diejenige Komponente, die zuerst die Variable $turn$ umsetzt, auch zuerst in ihren kritischen Bereich vorgelassen wird. Allerdings wird die frühere Komponente kurzfristig in der Warteschleife festgehalten, bis die spätere Komponente die Variable $turn$ zurückgesetzt hat.

Um die Korrektheit dieser Lösung zu zeigen, genügt es, Eigenschaft (a) zu beweisen. Dazu führen wir zwei Boolesche Hilfsvariablen $after_1$ und $after_2$ ein, die anzeigen, ob die Komponente $S_i, i \in \{1, 2\}$, im zugehörigen Eintrittsprotokoll bereits *nach* der Wertzuweisung $turn := i$ steht. Insgesamt betrachten wir das folgende erweiterte Programm

$$MUTEX\text{-}B' \equiv flag_1 := \textbf{false};\ flag_2 := \textbf{false};\ [S_1' \| S_2']$$

mit

$$S_1' \equiv \textbf{while true do}$$

$NC_1;$
$\langle flag_1 := \textbf{true};\ after_1 := \textbf{false}\rangle;$
$\langle turn := 1;\ after_1 := \textbf{true}\rangle;$
$\textbf{while } \neg(flag_2 \rightarrow turn = 2) \textbf{ do } skip \textbf{ od};$
$CS_1;$
$flag_1 := \textbf{false}$
$\textbf{od}$

und

$$S_2' \equiv \textbf{while true do}$$

$NC_2;$
$\langle flag_2 := \textbf{true};\ after_2 := \textbf{false}\rangle;$
$\langle turn := 2;\ after_2 := \textbf{true}\rangle;$
$\textbf{while } \neg(flag_1 \rightarrow turn = 1) \textbf{ do } skip \textbf{ od};$
$CS_2;$
$flag_2 := \textbf{false}$
$\textbf{od}.$

Wir beweisen jetzt mit Hilfe von Lemma 6.14 die Eigenschaft (a) für das erweiterte Programm $MUTEX\text{-}B'$. Dazu betrachten wir die folgenden Standard-Beweisskizzen für die partielle Korrektheit der Komponenten-Programme S_1' und S_2', wobei wir die Bereiche NC_i und CS_i wie $skip$ Anweisungen behandeln und die Abkürzung

$$I \equiv turn = 1 \lor turn = 2$$

benutzen:

$\{\textbf{inv} : \neg flag_1\}$
$\textbf{while true do}$
$\quad \{\neg flag_1\}$
$\quad NC_1;$
$\quad \{\neg flag_1\}$
$\quad \langle flag_1 := \textbf{true};\ after_1 := \textbf{false}\rangle;$
$\quad \{flag_1 \land \neg after_1\}$
$\quad \langle turn := 1;\ after_1 := \textbf{true}\rangle;$
$\quad \{\textbf{inv} : flag_1 \land after_1 \land I\}$
$\quad \textbf{while } \neg(flag_2 \rightarrow turn = 2) \textbf{ do}$
$\quad\quad \{flag_1 \land after_1 \land I\}$
$\quad\quad skip$
$\quad \textbf{od}$
$\quad \{flag_1 \land after_1 \land (flag_2 \land after_2 \rightarrow turn = 2)\}$
$\quad CS_1;$
$\quad \{flag_1\}$
$\quad flag_1 := \textbf{false}$
$\textbf{od}$
$\{\textbf{false}\}$

und

$$\{\mathbf{inv} : \neg flag_2\}$$
$$\mathbf{while\ true\ do}$$
$$\quad \{\neg flag_2\}$$
$$\quad NC_2;$$
$$\quad \{\neg flag_2\}$$
$$\quad \langle flag_2 := \mathbf{true};\ after_2 := \mathbf{false}\rangle;$$
$$\quad \{flag_2 \wedge \neg after_2\}$$
$$\quad \langle turn := 2;\ after_2 := \mathbf{true}\rangle;$$
$$\quad \{\mathbf{inv} : flag_2 \wedge after_2 \wedge I\}$$
$$\quad \mathbf{while}\ \neg(flag_1 \rightarrow turn = 1)\ \mathbf{do}$$
$$\qquad \{flag_2 \wedge after_2 \wedge I\}$$
$$\qquad skip$$
$$\quad \mathbf{od}$$
$$\quad \{flag_2 \wedge after_2 \wedge (flag_1 \wedge after_1 \rightarrow turn = 1)\}$$
$$\quad CS_2;$$
$$\quad \{flag_2\}$$
$$\quad flag_2 := \mathbf{false}$$
$$\mathbf{od}$$
$$\{\mathbf{false}\}$$

Wir zeigen zunächst, daß es sich tatsächlich um Beweisskizzen handelt. Die einzig interessanten Teile betreffen die beiden Warteschleifen. Für die Warteschleife in S_1' ist offensichtlich

$$\{\mathbf{inv} : flag_1 \wedge after_1 \wedge I\}$$
$$\mathbf{while}\ \neg(flag_2 \rightarrow turn = 2)\ \mathbf{do}$$
$$\quad \{flag_1 \wedge after_1 \wedge I\}$$
$$\quad skip$$
$$\mathbf{od}$$
$$\{flag_1 \wedge after_1 \wedge I \wedge (flag_2 \rightarrow turn = 2)\}$$

eine korrekte Beweisskizze und damit auch

$$\{\mathbf{inv} : flag_1 \wedge after_1 \wedge I\}$$
$$\mathbf{while}\ \neg(flag_2 \rightarrow turn = 2)\ \mathbf{do}$$
$$\quad \{flag_1 \wedge after_1 \wedge I\}$$
$$\quad skip$$
$$\mathbf{od}$$
$$\{flag_1 \wedge after_1 \wedge (flag_2 \wedge after_2 \rightarrow turn = 2)\},$$

weil aus $flag_2 \rightarrow turn = 2$ trivialerweise das Konjunkt

$$flag_2 \wedge after_2 \rightarrow turn = 2$$

folgt. Ein analoges Argument gilt für die Warteschleife in S_2'.

Als nächstes zeigen wir die Interferenz-Freiheit der beiden Beweisskizzen. In der Beweisskizze für S_1' kann nur die Zusicherung

$$pre(CS_1) \equiv flag_1 \wedge after_1 \wedge (flag_2 \wedge after_2 \rightarrow turn = 2)$$

durch die Ausführung einer Anweisung aus S_2' verletzt werden, weil alle anderen Zusicherungen nur lokale Variablen enthalten oder das offensichtlich interferenz-freie Konjunkt I. Die einzigen normalen Anweisungen aus S_2', die diese Zusicherung verletzen könnten, sind $\langle flag_2 := \textbf{true}; \ after_2 := \textbf{false} \rangle$ und $\langle turn := 2; \ after_2 := \textbf{true} \rangle$. Es gilt jedoch

$$\{pre(CS_1)\} \ \langle flag_2 := \textbf{true}; \ after_2 := \textbf{false} \rangle \ \{pre(CS_1)\}$$

und

$$\{pre(CS_1)\} \ \langle turn := 2; \ after_2 := \textbf{true} \rangle \ \{pre(CS_1)\}.$$

Damit interferiert keine normale Wertzuweisung und keine **await**-Anweisung (hier nur als Spezialfall des atomaren Bereiches möglich) von S_2' mit der Beweisskizze für S_1'. Aus Symmetriegründen gilt auch die entsprechende Aussage für die Beweisskizze für S_2'. Damit sind die Beweisskizzen insgesamt interferenz-frei.

Da die Implikation

$$pre(CS_1) \wedge pre(CS_2) \rightarrow turn = 1 \wedge turn = 2$$

gilt, folgt daraus

$$\neg(pre(CS_1) \wedge pre(CS_2)).$$

Durch Anwendung von Lemma 6.14 erhalten wir damit die Eigenschaft (a) des wechselweisen Ausschlusses für das erweiterte Programm *MUTEX-B'* und mit Lemma 6.15(i) auch für *MUTEX-B*.

Dijkstra's Lösung

Wir betrachten jetzt eine Lösung des Problems des wechselweisen Ausschlusses für $n \geq 2$ Prozesse, die auf Dijkstra [Dij68] zurückgeht und das Konzept des Semaphors benutzt. Ein *Semaphor* ist eine Integer-Variable, etwa *sem*, die gemeinsam von mehreren Komponenten-Programmen benutzt wird und auf die nur durch die folgenden Operationen zugegriffen werden kann:

- Initialisierung: $sem := k$ für $k \geq 0$,

- P–Operation: $P(sem) \equiv \textbf{await} \ sem > 0 \ \textbf{then} \ sem := sem - 1 \ \textbf{end}$,

- V–Operation: $V(sem) \equiv sem := sem + 1$.

Die Buchstaben P und V stammen von den niederländischen Verben "passeren" (passieren) und "vrijgeven" (freigeben).

Ein *binäres Semaphor* ist ein Semaphor, das lediglich zwei Werte annehmen kann: 0 und 1. Es ist bequem, ein binäres Semaphor durch eine Boolesche Variable, etwa *out*, mit folgenden Operationen zu modellieren:

- Initialisierung: $out := \textbf{true}$,

- P–Operation: $P(out) \equiv \textbf{await } out \textbf{ then } out := \textbf{false end}$,

- V–Operation: $V(out) \equiv out := \textbf{true}$.

Dijkstra's Lösung des Problems des wechselweisen Ausschlusses benutzt ein binäres Semaphor und hat die folgende Form:

$$MUTEX\text{-}S \equiv out := \textbf{true};\ [S_1 \| \ldots \| S_n],$$

wobei für $i \in \{1, \ldots, n\}$

$$
\begin{aligned}
S_i \equiv\ &\textbf{while true do}\\
&\quad NC_i;\\
&\quad P(out);\\
&\quad CS_i;\\
&\quad V(out)\\
&\textbf{od}
\end{aligned}
$$

gilt. Das binäre Semaphor out zeigt an, ob alle Prozesse außerhalb ihres kritischen Bereiches sind.

Um die Korrektheit dieser Lösung zu zeigen, müssen wir die Eigenschaften (a) und (b) beweisen. Dazu führen wir eine Hilfsvariable who ein, die anzeigt, ob sich eine Komponente im kritischen Bereich befindet, und wenn ja, welche. Wir betrachten deshalb das folgende erweiterte Programm:

$$MUTEX\text{-}S' \equiv out := \textbf{true};\ who := 0;\ [S_1' \| \ldots \| S_n'],$$

wobei für $i \in \{1, \ldots, n\}$

$$
\begin{aligned}
S_i' \equiv\ &\textbf{while true do}\\
&\quad NC_i;\\
&\quad \textbf{await } out \textbf{ then } out := \textbf{false};\ who := i\ \textbf{end};\\
&\quad CS_i;\\
&\quad \langle out := \textbf{true};\ who := 0 \rangle\\
&\textbf{od}
\end{aligned}
$$

gilt. Die P- und V-Operationen sind hier zu unteilbaren Aktionen mit einer entsprechenden Wertzuweisung an die Hilfsvariable who erweitert worden.

Für die Komponenten-Programme $S_i',\ i \in \{1, \ldots, n\}$, betrachten wir die folgenden Standard-Beweisskizzen für partielle Korrektheit, wobei mit

$$I \equiv \left(\bigvee_{j=0}^{n} who = j \right) \wedge (who = 0 \leftrightarrow out)$$

gilt:

$$\{\textbf{inv} : who \neq i \wedge I\}$$
$$\textbf{while true do}$$
$$\{who \neq i \wedge I\}$$
$$NC_i;$$
$$\{who \neq i \wedge I\}$$
$$\textbf{await } out \textbf{ then } out := \textbf{false}; \ who := i \textbf{ end};$$
$$\{\neg out \wedge who = i\}$$
$$CS_i;$$
$$\{\neg out \wedge who = i\}$$
$$\langle out := \textbf{true}; \ who := 0\rangle$$
$$\textbf{od}$$
$$\{\textbf{false}\}.$$

Für sich betrachtet, handelt es sich offenbar um korrekte Beweisskizzen. Wir zeigen nun, daß diese Beweisskizzen interferenz-frei sind. Wir betrachten zunächst die Zusicherung $who \neq i \wedge I$, die dreimal in der Beweisskizze für S_i' vorkommt. Offensichtlich bleibt diese Zusicherung sowohl unter der erweiterten P-Operation **await** out **then** $out := $ **false**; $who := j$ **end** als auch unter der erweiterten V-Operation $\langle out := $ **true**; $who := 0\rangle$ aus S_j' mit $i \neq j$ erhalten.

Als nächstes betrachten wir die Zusicherung $\neg out \wedge who = i$, die in S_i' zweimal vorkommt. Um zu zeigen, daß diese Zusicherung unter der Ausführung der erweiterten P-Operation erhalten bleibt, betrachten wir den Rumpf dieser **await**-Anweisung. Es gilt

$$\{\neg out \wedge who = i \wedge out\}$$
$$\{\textbf{false}\}$$
$$out := \textbf{false}; \ who := j$$
$$\{\textbf{false}\}$$
$$\{\neg out \wedge who = i\}$$

und deshalb mit Regel 13 über Synchronisation

$$\{\neg out \wedge who = i\}$$
$$\textbf{await } out \textbf{ then } out := \textbf{false}; \ who := j \textbf{ end}$$
$$\{\neg out \wedge who = i\}.$$

Für die erweiterte V-Operation $\langle out := $ **true**; $who := 0\rangle$ aus S_j' gilt mit Regel 12 (als Spezialfall von Regel 13)

$$\{\neg out \wedge who = i \wedge \neg out \wedge who = j\}$$
$$\{\textbf{false}\}$$
$$\langle out := \textbf{true}; \ who := 0\rangle$$
$$\{\textbf{false}\}$$
$$\{\neg out \wedge who = i\}.$$

Damit haben wir die Interferenz-Freiheit gezeigt.

Wir zeigen jetzt die Eigenschaft (a) des wechselweisen Auschlusses. Aus den Beweisskizzen lesen wir für $i, j \in \{1, \ldots, n\}$ mit $i \neq j$ die Implikation

$$pre(CS_i) \wedge pre(CS_j) \rightarrow who = i \wedge who = j$$

ab. Daraus folgt

$$\neg(pre(CS_i) \wedge pre(CS_j)).$$

Die Eigenschaft (a) für das Programm $MUTEX\text{-}S$ ergibt sich nun durch Anwendung der Lemmata 6.14 und 6.15(i).

Wir wenden uns nun der Eigenschaft (b) der Deadlock-Freiheit zu. Dazu untersuchen wir die potentiellen Deadlocks des erweiterten Programms $MUTEX\text{-}S'$. Da die Nachbedingung für alle Komponenten **false** ist, genügt es, solche potentiellen Deadlocks zu betrachten, wo alle Komponenten S_i' vor ihrer **await**-Anweisung stehen. Das zugehörige Tupel von Zusicherungen $(r_1, \ldots, r_n)$ sieht dann so für $i \in \{1, \ldots, n\}$ aus:

$$r_i \equiv who \neq i \wedge I \wedge \neg out.$$

Mit Hilfe von I schließen wir

$$(\bigwedge_{i=1}^{n} r_i) \rightarrow who = 0 \wedge (who = 0 \leftrightarrow out) \wedge \neg out.$$

Also gilt

$$\neg \bigwedge_{i=1}^{n} r_i.$$

Damit liefert eine Anwendung von Lemma 6.11 die Deadlock-Freiheit von $MUTEX\text{-}S'$ und Lemma 6.15(ii) zeigt, daß dieses auch für $MUTEX\text{-}S$ gilt.

6.6 Verändern von Interferenzpunkten

In Abschnitt 5.7 haben wir Programmtransformationen vorgestellt, mit denen sich die Menge der Interferenzpunkte verändern läßt. In einer Richtung angewandt, vergrößern sie diese Menge und führen dadurch zu realistischeren parallelen Programmen; in der anderen Richtung angewandt verkleinern sie diese Menge und führen dadurch zu Programmen, die sich leichter verifizieren lassen. Diese Programmtransformationen sind auch auf die in diesem Kapitel betrachteten Programme anwendbar.

Satz 6.16 (Atomarität) Gegeben sei ein paralleles Programm $S \equiv S_0; [S_1\|\ldots\|S_n]$, wobei S_0 keine **await**-Anweisung enthält. Das Programm T entstehe aus S, indem in einer seiner Komponenten, etwa S_i mit $i > 0$, entweder

- ein atomarer Bereich $\langle R_1; R_2 \rangle$, bei dem wenigstens eine der beiden Teilanweisungen $R_\ell, \ell \in \{1,2\}$, von allen Komponenten S_j mit $j \neq i$ disjunkt ist, durch

$$\langle R_1 \rangle; \ \langle R_2 \rangle$$

oder

- ein atomarer Bereich $\langle \textbf{if } B \textbf{ then } R_1 \textbf{ else } R_2 \textbf{ fi} \rangle$, bei dem B von allen Komponenten S_j mit $j \neq i$ disjunkt ist, durch

$$\textbf{if } B \textbf{ then } \langle R_1 \rangle \textbf{ else } \langle R_2 \rangle \textbf{ fi}$$

ersetzt wird. Dann stimmen die Semantiken von S und T überein, d.h. es gilt

$$\mathcal{M}[S] = \mathcal{M}[T] \text{ und } \mathcal{M}_{tot}[S] = \mathcal{M}_{tot}[T].$$

Beweis. Siehe Übungsaufgabe 6.9. $\qquad\qquad\square$

Korollar 6.17 (Atomarität) Unter den Voraussetzungen des Atomaritäts-Satzes gilt für alle p und q

$$\models \{p\} \ S \ \{q\} \text{ genau dann, wenn } \models \{p\} \ T \ \{q\}$$

und analog für $\models_{tot}$. $\qquad\qquad\square$

Satz 6.18 (Initialisierung) Gegeben sei ein paralleles Programm der Form

$$S \equiv S_0; \ R_0; \ [S_1 \| \ldots \| S_n] \,,$$

wobei S_0 und R_0 keine **await**-Anweisungen enthalten. Es gebe ein $i \in \{1, \ldots, n\}$, so daß der Initialisierungsteil R_0 von allen Komponenten S_j mit $j \neq i$ disjunkt ist. Dann haben die Programme S und

$$T \equiv S_0; \ [S_1 \| \ldots \| R_0; \ S_i \| \ldots \| S_n]$$

dieselbe Semantik, d.h. es gilt

$$\mathcal{M}[S] = \mathcal{M}[T] \text{ und } \mathcal{M}_{tot}[S] = \mathcal{M}_{tot}[T].$$

Beweis. Siehe Übungsaufgabe 6.10. $\qquad\qquad\square$

Korollar 6.19 (Initialisierung) Unter den Voraussetzungen des Initialisierungs-Satzes gilt für alle p und q

$$\models \{p\} \ S \ \{q\} \text{ genau dann, wenn } \models \{p\} \ T \ \{q\}$$

und analog für $\models_{tot}$. $\qquad\qquad\square$

6.7 Fallstudie: Synchronisierte Nullstellensuche

In dieser Fallstudie untersuchen wir die Lösung 6 zum Problem der Nullstellensuche aus Abschnitt 1.1, also das parallele Programm

$$ZERO\text{-}6 \equiv turn := 1; found := \textbf{false}; [S_1 \| S_2]$$

mit

$$S_1 \equiv x := 0;$$

        while $\neg found$ **do**
          wait $turn = 1$;
          $turn := 2$;
          $x := x + 1$;
          if $f(x) = 0$ **then** $found := \textbf{true}$ **fi**
        od;
        $turn := 2$

und

$$S_2 \equiv y := 1;$$

        while $\neg found$ **do**
          wait $turn = 2$;
          $turn := 1$;
          $y := y - 1$;
          if $f(y) = 0$ **then** $found := \textbf{true}$ **fi**
        od;
        $turn := 1$.

Wir wollen die totale Korrektheit dieser Lösung zeigen, also daß $ZERO\text{-}6$ terminiert und dabei tatsächlich eine Nullstelle der Funktion f findet, sofern es überhaupt eine solche Nullstelle gibt:

$$\models_{tot} \{\exists u : f(u) = 0\} \ ZERO\text{-}6 \ \{f(x) = 0 \lor f(y) = 0\}. \tag{6.19}$$

Die Terminierung des Programms wird durch die Synchronisations-Anweisungen sichergestellt, die verhindern, daß eine der Komponenten S_1 oder S_2 unendlich lange vergeblich nach einer nicht vorhandenen Nullstelle von f sucht. Diese mögliche Fehlerquelle wurde ja im Abschnitt 1.1 ausführlich diskutiert.

Wir gehen hier in vier Schritten vor.

Schritt 1. Vereinfachung des Programms

Nach dem Atomaritäts-Korollar 6.17 und dem Initialisierungs-Korollar 6.19 genügt es, statt (6.19) die Aussage

$$\models_{tot} \{\exists u : f(u) = 0\} \ T \ \{f(x) = 0 \lor f(y) = 0\} \tag{6.20}$$

zu zeigen, wobei T das folgende vereinfachte Programm ist:

$$T \equiv turn := 1; \ found := \textbf{false};$$
$$x := 0; \ y := 1;$$
$$[T_1 \| T_2]$$

mit

$$T_1 \equiv \textbf{while } \neg found \textbf{ do}$$
$$\textbf{wait } turn = 1;$$
$$turn := 2;$$
$$\langle \ x := x + 1;$$
$$\textbf{if } f(x) = 0 \textbf{ then } found := \textbf{true fi} \rangle$$
$$\textbf{od};$$
$$turn := 2$$

und

$$T_2 \equiv \textbf{while } \neg found \textbf{ do}$$
$$\textbf{wait } turn = 2;$$
$$turn := 1;$$
$$\langle \ y := y - 1;$$
$$\textbf{if } f(y) = 0 \textbf{ then } found := \textbf{true fi} \rangle$$
$$\textbf{od};$$
$$turn := 1 \ .$$

Die beiden Korollare sind hier anwendbar, weil die Variable x nicht in S_2 und die Variable y nicht in S_1 vorkommt.

Schritt 2. Zerlegung der Verifikationsaufgabe

Wir zerlegen den Beweis der totalen Korrektheitsaussage (6.20) in Beweise der Terminierung und der partiellen Korrektheit. Dazu wenden wir das folgende Lemma an.

Lemma 6.20 Für alle Programme R und alle Zusicherungen p und q gilt

$$\models_{tot} \{p\} \ R \ \{q\} \text{ genau dann, wenn } \models_{tot} \{p\} \ R \ \{\textbf{true}\} \text{ und } \models \{p\} \ R \ \{q\}.$$

Beweis. Die Aussage des Lemmas folgt sofort aus der Definition von partieller und totaler Korrektheit. $\square$

Statt (6.20) genügt es also

$$\models_{tot} \{\exists u : f(u) = 0\} \ T \ \{\textbf{true}\} \tag{6.21}$$

und

$$\models \{\exists u : f(u) = 0\} \ T \ \{f(x) = 0 \vee f(y) = 0\} \tag{6.22}$$

zu beweisen.

Schritt 3. Beweis der Terminierung

Wir wollen (6.21) im Beweissystem TSY aus Abschnitt 6.3 herleiten. Zum Beweis der Deadlock-Freiheit benötigen wir zwei Hilfsvariablen $after_1$ und $after_2$, die anzeigen, ob die Ausführung der Komponenten T_1 und T_2 unmittelbar hinter einer der beiden Wertzuweisungen an die Variable $turn$ steht. Deshalb betrachten wir statt T das folgende erweiterte Programm

$$U \equiv turn := 1; \ found := \textbf{false};$$
$$x := 0; \ y := 1;$$
$$after_1 := \textbf{false}; \ after_2 := \textbf{false};$$
$$[U_1 \| U_2]$$

mit

$$U_1 \equiv \textbf{while} \ \neg found \ \textbf{do}$$
$$\textbf{wait} \ turn = 1;$$
$$\langle turn := 2; \ after_1 := \textbf{true} \rangle;$$
$$\langle \ x := x + 1;$$
$$\textbf{if} \ f(x) = 0 \ \textbf{then} \ found := \textbf{true} \ \textbf{fi};$$
$$after_1 := \textbf{false} \rangle$$
$$\textbf{od};$$
$$\langle turn := 2; \ after_1 := \textbf{true} \rangle$$

und

$$U_2 \equiv \textbf{while} \ \neg found \ \textbf{do}$$
$$\textbf{wait} \ turn = 2;$$
$$\langle turn := 1; \ after_2 := \textbf{true} \rangle;$$
$$\langle \ y := y - 1;$$
$$\textbf{if} \ f(y) = 0 \ \textbf{then} \ found := \textbf{true} \ \textbf{fi};$$
$$after_2 := \textbf{false} \rangle$$
$$\textbf{od};$$
$$\langle turn := 1; \ after_2 := \textbf{true} \rangle \ .$$

Da Regel 10 für Hilfsvariablen korrekt für die totale Korrektheit von parallelen Programmen mit Synchronisation ist (siehe Lemma 6.4), genügt es statt (6.21) die Korrektheitsaussage

$$\models_{tot} \{\exists u : f(u) = 0\} \ U \ \{\textbf{true}\} \tag{6.23}$$

zu beweisen. Wir betrachten zuerst den Fall, daß es eine *positive* Nullstelle u von f gibt:

$$\models_{tot} \{f(u) = 0 \land u > 0\} \ U \ \{\textbf{true}\}. \tag{6.24}$$

In diesem Fall ist zu zeigen, daß die Komponente U_1 von U eine Nullstelle von f findet. Wir geben zunächst entsprechende Beweisskizzen für die schwache totale

Korrektheit der Komponenten-Programme U_1 und U_2 an. Als Schleifeninvariante für U_1 wählen wir

$$p_1 \equiv \quad f(u) = 0 \wedge u > 0 \wedge x \leq u \tag{6.25}$$
$$\wedge \quad (turn = 1 \vee turn = 2) \tag{6.26}$$
$$\wedge \quad (\neg found \rightarrow x < u) \tag{6.27}$$
$$\wedge \quad \neg after_1 \tag{6.28}$$

und als Terminierungsfunktion

$$t_1 \equiv u - x.$$

Für die ersten beiden Zeilen von p_1 führen wir eine Abkürzung ein:

$$I_1 \equiv (6.25) \wedge (6.26).$$

Diese Bezeichnungen benutzen wir in folgender Standard-Beweisskizze für U_1:

$$
\begin{aligned}
&\{\mathbf{inv} : p_1\}\{\mathbf{bd} : t_1\} \\
&\mathbf{while}\ \neg found\ \mathbf{do} \\
&\quad \{I_1\ \wedge\ (found \wedge after_2 \rightarrow turn = 1) \\
&\quad\quad\ \wedge\ x < u \wedge \neg after_1\quad\quad\quad\ \} \\
&\quad \mathbf{wait}\ turn = 1; \\
&\quad \{I_1 \wedge x < u \wedge \neg after_1\} \\
&\quad \langle turn := 2;\ after_1 := \mathbf{true}\rangle \\
&\quad \{I_1 \wedge x < u \wedge after_1\} \\
&\quad \langle\ x := x + 1; \\
&\quad\quad \mathbf{if}\ f(x) = 0\ \mathbf{then}\ found := \mathbf{true\ fi}; \\
&\quad\quad after_1 := \mathbf{false}\rangle \\
&\mathbf{od}; \\
&\{found \wedge (turn = 1 \vee turn = 2) \wedge \neg after_1\} \\
&\langle turn := 2;\ after_1 := \mathbf{true}\rangle \\
&\{found \wedge after_1\}.
\end{aligned}
\tag{6.29}
$$

Es ist leicht nachzuprüfen, daß die Regeln zur Bildung von Beweisskizzen für schwache totale Korrektheit eingehalten worden sind. Zum Beispiel impliziert $p_1 \wedge \neg found$ die Teilformel

$$found \wedge after_2 \rightarrow turn = 1 \tag{6.30}$$

der Zusicherung (6.29). Diese Teilformel ist entscheidend für den späteren Nachweis der Deadlock-Freiheit. Ferner erfüllt die Terminierungsfunktion t alle in der Definition von Beweisskizze gestellten Bedingungen.

Wir betrachten nun die Komponente U_2. Als Schleifeninvariante genügt

$$p_2 \equiv \quad x \leq u \tag{6.31}$$
$$\wedge \quad (turn = 1 \vee turn = 2) \tag{6.26}$$
$$\wedge \quad \neg after_2\ , \tag{6.32}$$

aber die Terminierungsfunktion ist hier komplizierter:

$$t_2 \equiv turn + int(\neg after_1) + u - x.$$

Wenn U_2 für sich alleine betrachtet wird, würde die Variable $turn$ als Terminierungsfunktion ausreichen, aber wenn U_2 parallel zur Komponente U_1 ausgeführt wird, benötigen wir die zusätzlichen Summanden in t_2, um Interferenz-Freiheit zeigen zu können. Als weitere Abkürzung benutzen wir

$$I_2 \equiv (6.31) \wedge (6.26)$$

in folgender Standard-Beweisskizze für U_2:

```
{inv : p₂}{bd : t₂}
while ¬found do
    {I₂ ∧ (found ∧ after₁ → turn = 2) ∧ ¬after₂}
    wait turn = 2;
    {I₂ ∧ ¬after₂}
    ⟨turn := 1;  after₂ := true⟩
    {I₂ ∧ after₂}
    ⟨ y := y − 1;
      if f(y) = 0 then found := true fi;
      after₂ := false⟩
od;
{found}
⟨turn := 1;  after₂ := true⟩
{found ∧ after₂}.
```

Es ist klar, daß dieses tatsächlich eine Beweisskizze für schwache totale Korrektheit von U_2 ist. Insbesondere nimmt der Wert der Terminierungsfunktion t_2 auf jedem syntaktisch möglichen Pfad durch die Schleife in U_2 ab, denn die Variable $turn$ verändert ihren Wert von 2 auf 1. Natürlich gilt auch

$$p_2 \rightarrow t_2 \geq 0.$$

Als nächstes weisen wir die Interferenz-Freiheit der beiden Beweisskizzen nach. Rein rechnerisch sind 64 Korrektheitsformeln zu überprüfen. Eine Analyse der Beweisskizzen zeigt jedoch, daß nur einige wenige Teilformeln der benutzten Zusicherungen und Terminierungsfunktionen Variablen enthalten, die durch die jeweils andere Komponente modifiziert werden können. In der Beweisskizze für U_1 sind das die Teilformeln

$$turn = 1 \vee turn = 2, \tag{6.26}$$
$$\neg found \rightarrow x < u, \tag{6.27}$$
$$found \wedge after_2 \rightarrow turn = 1. \tag{6.30}$$

Die Teilformel (6.26) bleibt offensichtlich unter der Ausführung der Anweisungen aus U_2 invariant. Die Teilformel (6.27) bleibt gültig, weil U_2 die Variable *found* nur von **false** auf **true** verändern kann. Wenn *found* wahr ist, so ist (6.27) trivialerweise erfüllt. Schließlich bleibt die Teilformel (6.30) gültig, weil gemäß der Beweisskizze von U_2 gilt: immer wenn die Variable $after_2$ auf **true** gesetzt wird, wird gleichzeitig die Variable *turn* auf 1 gesetzt.

In der Beweisskizze für U_2 enthalten nur die Teilformeln

$$turn = 1 \lor turn = 2, \tag{6.26}$$
$$found \land after_1 \to turn = 2 \tag{6.33}$$

und die Terminierungsfunktion

$$t_2 \equiv turn + int(\neg after_1) + u - x$$

Variablen, die von U_1 modifiziert werden können. Für die Teilformeln (6.26) und (6.33) sind die Argumente analog zu denen für (6.26) und (6.30) aus der Beweisskizze für U_1. Es bleibt also zu zeigen, daß keine der atomaren Bereiche aus U_1 den Wert von t_2 erhöhen können. Dazu müssen wir die Korrektheitsformeln

$$\{(turn = 1 \lor turn = 2) \land \neg after_1 \land t_2 = z\}$$
$$\langle turn := 2;\ after_1 := \textbf{true}\rangle$$
$$\{t_2 \leq z\}$$

und

$$\{after_1 \land t_2 = z\}$$
$$\langle\ x := x + 1;$$
$$\quad \textbf{if } f(x) = 0 \textbf{ then } found := \textbf{true fi};$$
$$\quad after_1 := \textbf{false}\rangle$$
$$\{t_2 \leq z\}$$

nachprüfen. Beide gelten offenbar. Damit haben wir die Interferenz-Freiheit der Beweisskizzen gezeigt.

Wir beweisen nun die Deadlock-Freiheit. Die potentiellen Deadlocks sind

$$(\textbf{wait } turn = 1, \textbf{wait } turn = 2),$$
$$(\textbf{wait } turn = 1, E),$$
$$(E, \textbf{wait } turn = 2),$$

und die zugehörigen Paare von Zusicherungen aus den obigen Beweisskizzen sind

$$((turn = 1 \lor turn = 2) \land turn \neq 1, turn \neq 2),$$
$$((found \land after_2 \to turn = 1) \land turn \neq 1, found \land after_2),$$
$$(found \land after_1, (found \land after_1 \to turn = 2) \land turn \neq 2).$$

Offensichtlich ist die Konjunktion dieser Zusicherungen für alle drei Paare falsch. Damit ist die Deadlock-Freiheit bewiesen.

Wir können jetzt Regel 14 für die parallele Komposition von U_1 und U_2 anwenden und erhalten

$$\{p_1 \wedge p_2\}\ [U_1\|U_2]\ \{found \wedge after_1 \wedge after_2\}.$$

Da für den Initialisierungsteil des Gesamtprogramms U

$$\begin{aligned}
&\{f(u) = 0 \wedge u > 0\} \\
&turn := 1;\ found := \mathbf{false}; \\
&x := 0;\ y := 1; \\
&after_1 := \mathbf{false};\ after_2 := \mathbf{false}; \\
&\{p_1 \wedge p_2\}
\end{aligned}$$

und außerdem

$$found \wedge after_1 \wedge after_2 \rightarrow \mathbf{true}$$

gilt, erhalten wir mit der Regel für sequentielle Komposition und der Konsequenzregel die Korrektheitsaussage (6.24) über U.

In (6.24) gehen wir von einer positiven Nullstelle von f aus. Falls f eine *negative* Nullstelle $u \leq 0$ besitzt, müssen wir

$$\models_{tot} \{f(u) = 0 \wedge u \leq 0\}\ U\ \{\mathbf{true}\} \tag{6.34}$$

zeigen. Anstelle von U_1 ist es nun die Aufgabe der Komponenten U_2, die Nullstelle f zu finden. Der Beweis von (6.34) im Beweissystem TSY ist vollständig symmetrisch zu dem von (6.24) und wird deshalb weggelassen.

Wir verknüpfen jetzt die Resultate (6.24) und (6.34): Mit der Zusatzregel A2 (Disjunktion von Vorbedingungen) und der Konsequenzregel erhalten wir

$$\models_{tot} \{f(u) = 0\}\ U\ \{\mathbf{true}\}.$$

Eine abschließende Anwendung der Zusatzregel A4 ($\exists$-Einführung) liefert die gewünschte Terminierungsaussage (6.23) über U.

Schritt 4. Beweis der partiellen Korrektheit

Abschließend beweisen wir (6.22) im Beweissystem PSY aus Abschnitt 6.4. Wir behandeln die partielle Korrektheit hier als gesonderten Schritt, weil wir so die Überlegungen aus der Fallstudie "parallele Nullstellensuche" aus Abschnitt 5.12 zum großen Teil wiederverwenden können.

Um interferenz-freie Beweisskizzen für partielle Korrektheit der Komponenten T_1 und T_2 von T zu erhalten, übernehmen wir die Invarianten p_1 and p_2 aus Abschnitt 5.12:

$$p_1 \equiv \quad x \geq 0$$
$$\wedge \ (found \rightarrow (x > 0 \wedge f(x) = 0) \vee (y \leq 0 \wedge f(y) = 0))$$
$$\wedge \ (\neg found \wedge x > 0 \rightarrow f(x) \neq 0)$$

und

$$p_2 \equiv \quad y \leq 1$$
$$\wedge \ (found \rightarrow (x > 0 \wedge f(x) = 0) \vee (y \leq 0 \wedge f(y) = 0))$$
$$\wedge \ (\neg found \wedge y \leq 0 \rightarrow f(y) \neq 0).$$

Die anschauliche Bedeutung dieser Invarianten wurde bereits im Schritt 2 des Abschnitts 5.12 erklärt. Wir benutzen hier zusätzlich folgende Abkürzungen für zwei Zusicherungen in den Beweisskizzen aus Abschnitt 5.12:

$$r_1 \equiv x \geq 0 \ \wedge \ (found \rightarrow y \leq 0 \wedge f(y) = 0)$$
$$\wedge \ (x > 0 \rightarrow f(x) \neq 0)$$

und

$$r_2 \equiv y \leq 1 \ \wedge \ (found \rightarrow x > 0 \wedge f(x) = 0)$$
$$\wedge \ (y \leq 0 \rightarrow f(y) \neq 0).$$

Wir passen jetzt die Standard-Beweisskizzen aus Abschnitt 5.12 für die hier betrachteten Komponenten-Programme T_1 und T_2 an. Für T_1 wählen wir

```
{inv : p₁}
while ¬found do
   {r₁}
   wait turn = 1;
   {r₁}
   turn := 2;
   {r₁}
   ⟨ x := x + 1;
      if f(x) = 0 then found := true fi⟩
od;
{p₁ ∧ found}
turn := 2
{p₁ ∧ found}
```

und für T_2

```
{inv : p₂}
while ¬found do
   {r₂}
   wait turn = 2;
   {r₂}
   turn := 1;
```

$$\{r_2\}$$
$$\langle \; y := y - 1;$$
$$\quad \textbf{if } f(y) = 0 \textbf{ then } found := \textbf{true fi}\rangle$$
$$\textbf{od};$$
$$\{p_2 \wedge found\}$$
$$turn := 1$$
$$\{p_2 \wedge found\}.$$

Da die Variable *turn* in keiner der obigen Zusicherungen vorkommt, sind diese invariant gegenüber Modifikationen von *turn*. Daher handelt es sich tatsächlich um Beweisskizzen.

Wir können auch beim Test auf Interferenz-Freiheit auf die Überlegungen aus Abschnitt 5.12 zurückgreifen. Betrachten wir irgendeine Korrektheitsformel, die in diesem Test zu überprüfen ist. Entweder haben wir diese Korrektheitsformel bereits im Abschnitt 5.12 überprüft, wie zum Beispiel

$$\{r_1 \wedge r_2\}$$
$$\langle \; y := y - 1;$$
$$\quad \textbf{if } f(y) = 0 \textbf{ then } found := \textbf{true fi}\rangle$$
$$\{r_1\},$$

oder sie gilt trivialerweise, weil nur die Variable *turn*, die ja in keiner der Zusicherungen vorkommt, modifiziert wird.

Also ist Regel 12 für die parallele Komposition von T_1 und T_2 anwendbar und liefert

$$\{p_1 \wedge p_2\} \; [T_1 \| T_2] \; \{p_1 \wedge p_2 \wedge found\}.$$

Aus dieser Korrektheitsformel können wir die gewünschte Aussage (6.22) über partielle Korrektheit ohne Schwierigkeiten herleiten.

Damit ist (6.19) vollständig bewiesen.

6.8 Übungsaufgaben

Aufgabe 6.1   Beweisen Sie Lemma 3.6 für parallele Programme mit Synchronisation.

Aufgabe 6.2   Beweisen Sie das Änderungs- und Zugriffs-Lemma 3.7 für parallele Programme mit Synchronisation.

Aufgabe 6.3   Beweisen Sie das Stotter-Lemma 4.18 für parallele Programme mit Synchronisation.

Aufgabe 6.4   Es gelte

$$< [S_1 \| \ldots \| S_n], \sigma > \; \rightarrow^* \; < [R_1 \| \ldots \| R_n], \tau > .$$

Zeigen Sie, daß für $j \in \{1, \ldots, n\}$ entweder $R_j \equiv E$ gilt oder es ein normales Teilprogramm T von S_j mit $R_j \equiv \mathbf{at}(T, S_j)$ gibt. (*Hinweis.* Siehe Übungsaufgabe 3.12).

Aufgabe 6.5 Beweisen Sie Lemma 6.2. (*Hinweis.* Siehe Beweis Lemma 5.6).

Aufgabe 6.6 Beweisen Sie Lemma 6.4. (*Hinweis.* Siehe Übungsaufgabe 6.3.)

Aufgabe 6.7 Beweisen Sie Lemma 6.15. (*Hinweis.* Siehe Beweis Lemma 4.19.)

Aufgabe 6.8 Betrachten sie folgende Lösung des Erzeuger/Verbraucher-Problems, in der die Synchronisation zwischen Erzeuger und Verbraucher mit Hilfe von Semaphoren realisiert wird:

$$PC' \equiv full := 0;\ empty := N;\ i := 0;\ j := 0;\ [PROD'\|CONS']$$

mit

$$
\begin{aligned}
PROD' \equiv\ &\mathbf{while}\ i < M\ \mathbf{do} \\
&\quad x := a[i]; \\
&\quad P(empty); \\
&\quad buffer[i\ mod\ N] := x; \\
&\quad V(full); \\
&\quad i := i + 1 \\
&\mathbf{od}
\end{aligned}
$$

und

$$
\begin{aligned}
CONS' \equiv\ &\mathbf{while}\ j < M\ \mathbf{do} \\
&\quad P(full); \\
&\quad y := buffer[j\ mod\ N]; \\
&\quad V(empty); \\
&\quad b[j] := y; \\
&\quad j := j + 1 \\
&\mathbf{od}.
\end{aligned}
$$

Beweisen Sie die Korrektheitsaussage

$$\models_{tot} \{\mathbf{true}\}\ PC'\ \{\forall k : (0 \leq k < M \rightarrow a[k] = b[k])\}.$$

Aufgabe 6.9 Beweisen Sie den Atomaritäts-Satz 6.16. (*Hinweis.* Modifizieren Sie geeignet den Beweis des Atomaritäts-Satzes 5.22.)

Aufgabe 6.10 Beweisen Sie den Initialisierungs-Satz 6.18.

Aufgabe 6.11 Betrachten Sie die Programme *ZERO*-5 and *ZERO*-6 aus Abschnitt 1.1. Zeigen Sie, daß die in der Fallstudie 6.7 bewiesene totale Korrektheit von *ZERO*-6 die totale Korrektheit von *ZERO*-5 impliziert.

Aufgabe 6.12 Eine andere Lösung des Problems der Nullstellensuche aus Abschnitt 1.1 ist das folgende Programm

$$T \equiv z_1 := 1;\ z_2 := 2;\ end_1 := \textbf{false};\ end_2 := \textbf{false};$$
$$found := \textbf{false};\ [S_1 \| S_2]$$

mit

$$S_1 \equiv x := 0;$$

    while $\neg found$ **do**
      wait $z_1 \leq z_2 \vee end_2$;
      $\langle z_1 := 2;\ \textbf{if}\ \neg end_2\ \textbf{then}\ z_2 := z_2 - 1\ \textbf{fi}\rangle$;
      $x := x + 1$;
      if $f(x) = 0$ **then** $found := \textbf{true}$ **fi**
    od;
    $end_1 := \textbf{true}$

und

$$S_2 \equiv y := 1;$$

    while $\neg found$ **do**
      wait $z_2 \leq z_1 \vee end_1$;
      $\langle z_2 := 2;\ \textbf{if}\ \neg end_1\ \textbf{then}\ z_1 := z_1 - 1\ \textbf{fi}\rangle$;
      $y := y - 1$;
      if $f(y) = 0$ **then** $found := \textbf{true}$ **fi**
    od;
    $end_2 := \textbf{true}.$

Beweisen Sie

$$\models_{tot} \{\exists u : f(u) = 0\}\ T\ \{f(x) = 0 \vee f(y) = 0\}.$$

6.9 Bibliographische Anmerkungen

Wie bereits mehrfach betont, geht der in diesem Kapitel vorgestellte Ansatz auf Owicki und Gries [OG76a] zurück. Insbesondere sind die Idee, Synchronisation mit Hilfe von **await**-Anweisungen zu modellieren, die hier vorgestellte Methode zum Nachweis der Deadlock-Freiheit sowie die im Abschnitt 6.5 vorgestellte Lösung des Erzeuger/Verbraucher-Problems dieser Quelle entnommen. Der Begriff der schwachen totalen Korrektheit als ein Zwischenschritt zur sauberen Formulierung der Beweisregel für Parallelismus mit Deadlock-Freiheit ist neu.

Schneider und Andrews [SA86] geben eine Einführung in die Verifikation paralleler Programme auf der Basis der Methode von Owicki und Gries.

Die **await**-Anweisung ist ein flexibleres und besser strukturiertes Synchronisationskonstrukt als das klassische, von Dijkstra [Dij68] eingeführte Semaphor. Bei einer direkten Implementierung sind **await**-Anweisungen jedoch sehr ineffizient. Dieses liegt daran, daß die Ausführung einer **await**-Anweisung als atomare Aktion definiert ist, während der die anderen Komponenten eines parallelen Programms zu warten haben.

In Hoare [Hoa72] wird ein effizienteres Synchronisationskonstrukt, der sogenannte *bedingte kritische Bereich*, vorgestellt. In Owicki und Gries [OG76b] wird eine Methode zur Verifikation von parallelen Programmen mit bedingten kritischen Bereichen vorgeschlagen.

Einige andere Lösungen zum Erzeuger/Verbraucher-Problem und zum Problem der wechselweisen Ausschlusses werden im Buch von Ben-Ari [Ben90] untersucht. Weitere Lösungen zum Problem des wechselweisen Ausschlusses werden von Raynal [Ray86] diskutiert.

Die in den Abschnitten 6.7 und 5.11 genannten Sätze über Atomarität und Initialisierung gehen auf einen Artikel von Lipton [Lip75] zurück.

7. Nichtdeterministische Programme

In den vorangegangenen Kapiteln haben wir gesehen, daß parallele Programme Nichtdeterminismus einführen, d.h. von einem festen Anfangszustand aus sind im allgemeinen mehrere Berechnungen möglich, die auch zu verschiedenen Endzuständen führen. Dieser Nichtdeterminismus ist implizit, denn wir haben bisher keine Programmkonstrukte kennengelernt, die ihn kontrollieren.

In diesem Kapitel kehren wir noch einmal zu sequentiellen Programmen zurück. Im Gegensatz zu den bisher betrachteten Programmen wollen wir hier eine Klasse von Programmen untersuchen, mit denen Nichtdeterminismus explizit beschrieben werden kann. Es handelt sich um die Sprache der "bewachten Kommandos" von Dijkstra [Dij75, Dij76]. Diese Sprache stellt eine einfache Erweiterung der deterministischen, sequentiellen Programme aus Kapitel 3 dar. Wir benötigen Dijkstras Sprache als Vorbereitung für die Untersuchung von verteilten Programmen in Kapitel 8.

Generell haben nichtdeterministische Programmkonstrukte den Vorteil, daß sie eine zu detailierte Beschreibung von Berechnungsabläufen, eine sogenannte Überspezifikation, vermeiden. Außerdem werden wir sehen, daß sich parallele Programme in äquivalente nichtdeterministische Programme transformieren lassen.

7.1 Syntax

Wir erweitern die Grammatik für deterministische Programme, indem wir für jedes $n \geq 1$ folgende Produktionsregeln hinzufügen:

- **if**-*Anweisung* oder *Auswahl-Kommando*

$$S ::= \textbf{if } B_1 \rightarrow S_1 \square \ldots \square B_n \rightarrow S_n \textbf{ fi},$$

- **do**-*Anweisung* oder **do**-*Schleife* oder *Wiederholungs-Kommando*

$$S ::= \textbf{do } B_1 \rightarrow S_1 \square \ldots \square B_n \rightarrow S_n \textbf{ od}.$$

Diese neuen Anweisungen werden auch in der Form

$$\textbf{if } \square_{i=1}^n\ B_i \to S_i\ \textbf{fi} \text{ und } \textbf{do } \square_{i=1}^n\ B_i \to S_i\ \textbf{od}$$

geschrieben. Ein Boolescher Ausdruck B_i in S heißt *Wächter* und ein Konstrukt $B_i \to S_i$ heißt *bewachte Anweisung* oder *bewachtes Kommando*.

Das Symbol $\square$ stellt eine nichtdeterministische Auswahl zwischen den bewachten Anweisungen $B_i \to S_i$ dar. Genauer wird eine **if**-Anweisung

$$\textbf{if } B_1 \to S_1 \square \ldots \square B_n \to S_n\ \textbf{fi}$$

ausgeführt, indem eine der Anweisungen S_i ausgeführt wird, deren Wächter wahr ist. Wenn mehrere Wächter wahr sind, erfolgt eine nichtdeterministische Auswahl einer der zugehörigen Anweisungen S_i. Wenn keiner der Wächter wahr ist, endet die Ausführung der **if**-Anweisung mit einem *Laufzeitfehler*.

Eine **do**-Schleife

$$\textbf{do } B_1 \to S_1 \square \ldots \square B_n \to S_n\ \textbf{od}$$

wird in ähnlicher Weise ausgeführt, nur daß nach der Terminierung der ausgewählten Anweisung S_i die gesamte Schleife wiederholt wird. Im Gegensatz zur **if**-Anweisung terminiert die **do**-Schleife, wenn alle Wächter falsch sind.

Programme, die mit der obigen Grammatik erzeugt werden, heißen *nichtdeterministische Programme*.

7.2 Semantik

Formal wird die operationelle Semantik von nichtdeterministischen Programmen definiert, indem wir das Transitionssystem für deterministische Programme um die folgenden Transitionsaxiome erweitern:

(xi) $< \textbf{if } \square_{i=1}^n\ B_i \to S_i\ \textbf{fi}, \sigma > \ \to\ < S_i, \sigma >$, wobei $\sigma \models B_i$ und $i \in \{1, \ldots, n\}$,

(xii) $< \textbf{if } \square_{i=1}^n\ B_i \to S_i\ \textbf{fi}, \sigma > \ \to\ < E, \textbf{fail} >$, wobei $\sigma \models \bigwedge_{i=1}^n \neg B_i$,

(xiii) $< \textbf{do } \square_{i=1}^n\ B_i \to S_i\ \textbf{od}, \sigma > \ \to\ < S_i; \textbf{do } \square_{i=1}^n\ B_i \to S_i\ \textbf{od}, \sigma >$,
wobei $\sigma \models \bigvee_{i=1}^n B_i$,

(xiv) $< \textbf{do } \square_{i=1}^n\ B_i \to S_i\ \textbf{od}, \sigma > \ \to\ < E, \sigma >$, wobei $\sigma \models \bigwedge_{i=1}^n \neg B_i$.

Dabei ist **fail** ein neuer Fehlerzustand, der für einen zur Programmlaufzeit erkennbaren Fehler steht und daher Laufzeitfehler genannt wird.

Ein nichtdeterministisches Programm S kann eine Transition

$$< S, \sigma > \ \to\ < R, \tau >$$

durchführen, wenn sie mit dem erweiterten Transitionssystem ableitbar ist. Man beachte, daß Konfigurationen der Form $< S, \textbf{fail} >$ keinen Nachfolger in der Transitionsrelation $\to$ besitzen.

Definition 7.1 Sei S ein nichtdeterministisches Programm und σ ein Zustand.

(i) Eine Konfiguration der Form $< S, \mathbf{fail} >$ heißt *Laufzeitfehler* oder *Failure*.

(ii) Das Programm S *kann von σ aus in einen Laufzeitfehler geraten*, falls es eine Berechnung von S gibt, die in σ startet und in einem Laufzeitfehler endet. $\square$

Wird ein nichtdeterministisches Programm in einem Zustand σ gestartet, kann es entweder terminieren oder divergieren oder in einen Laufzeitfehler geraten. Wir unterscheiden diese Möglichkeiten in zwei Varianten von Ein/Ausgabe-Semantik:

- Semantik der partiellen Korrektheit:

$$\mathcal{M}[\![S]\!](\sigma) = \{\tau \mid < S, \sigma > \to^* < E, \tau >\},$$

- Semantik der totalen Korrektheit:

$$
\begin{aligned}
\mathcal{M}_{tot}[\![S]\!](\sigma) = \quad & \mathcal{M}[\![S]\!](\sigma) \\
\cup \quad & \{\perp \mid S \text{ kann von } \sigma \text{ aus divergieren}\} \\
\cup \quad & \{\mathbf{fail} \mid S \text{ kann von } \sigma \text{ aus in einen Laufzeitfehler} \\
& \text{geraten}\}.
\end{aligned}
$$

Eigenschaften der Semantiken

Wie bei parallelen Programmen der Kapitel 5 und 6 ist auch bei nichtdeterministischen Programmen der Nichtdeterminismus beschränkt.

Lemma 7.2 (Beschränkter Nichtdeterminismus) Sei S ein nichtdeterministisches Programm und σ ein Zustand. Dann ist die Menge $\mathcal{M}_{tot}[\![S]\!](\sigma)$ endlich oder sie enthält $\perp$.

Beweis. Da für nichtdeterministische Programme S jede Konfiguration $< S, \sigma >$ nur endlich viele Nachfolger in der Transitionsrelation besitzt, ist wie in Kapitel 5 wieder das Lemma von König anwendbar. $\square$

Wir bemerken, daß die üblichen bedingten Anweisungen und deterministischen Schleifen mit Hilfe von **if**- und **do**-Anweisungen modelliert werden können:

Lemma 7.3

(i) $\mathcal{M}_{tot}[\![\mathbf{if}\ B\ \mathbf{then}\ S_1\ \mathbf{else}\ S_2\ \mathbf{fi}]\!] = \mathcal{M}_{tot}[\![\mathbf{if}\ B \to S_1 \square \neg B \to S_2\ \mathbf{fi}]\!],$

(ii) $\mathcal{M}_{tot}[\![\mathbf{while}\ B\ \mathbf{do}\ S\ \mathbf{od}]\!] = \mathcal{M}_{tot}[\![\mathbf{do}\ B \to S\ \mathbf{od}]\!].$ $\square$

Deshalb werden wir im folgenden identifizieren:

$$\textbf{if } B \textbf{ then } S_1 \textbf{ else } S_2 \textbf{ fi} \;\equiv\; \textbf{if } B \to S_1 \Box \neg B \to S_2 \textbf{ fi},$$
$$\textbf{while } B \textbf{ do } S \textbf{ od} \;\equiv\; \textbf{do } B \to S \textbf{ od}.$$

Wir bemerken, daß im allgemeinen

$$\mathcal{M}_{tot}[\![\textbf{if } B \textbf{ then } S \textbf{ fi}]\!] \neq \mathcal{M}_{tot}[\![\textbf{if } B \to S \textbf{ fi}]\!]$$

gilt, da bedingte Anweisungen **if** B **then** S **fi** keine Laufzeitfehler generieren können.

Wie in Kapitel 3 können wir die Semantik von Schleifen durch die Semantik ihrer syntaktischen Approximationen erklären. Dazu betrachten wir ein Programm Ω, so daß für alle Zustände σ gilt: $\mathcal{M}[\![\Omega]\!](\sigma) = \emptyset$. Wir definieren dann induktiv für $k \geq 0$ die *k-te syntaktische Approximation* einer Scheife **do** $\Box_{i=1}^{n} B_i \to S_i$ **od**:

$$(\textbf{do } \Box_{i=1}^{n} B_i \to S_i \textbf{ od})^0 \;\; = \Omega,$$
$$(\textbf{do } \Box_{i=1}^{n} B_i \to S_i \textbf{ od})^{k+1} = \textbf{if } \Box_{i=1}^{n} B_i \to S_i;\; (\textbf{do } \Box_{i=1}^{n} B_i \to S_i \textbf{ od})^k$$
$$\Box \wedge_{i=1}^{n} \neg B_i \to skip$$
$$\textbf{fi}.$$

Das obige **if**-Kommando hat $n + 1$ bewachte Anweisungen, wovon die letzte bewachte Anweisung den Terminerungsfall modelliert.

Im folgenden stehe $\mathcal{N}$ für $\mathcal{M}$ oder $\mathcal{M}_{tot}$. Wir erweitern $\mathcal{N}$ zunächst auf die Fehlerzustände $\perp$ und **fail** durch

$$\mathcal{M}[\![S]\!](\perp) = \mathcal{M}[\![S]\!](\textbf{fail}) = \emptyset$$

sowie

$$\mathcal{M}_{tot}[\![S]\!](\perp) = \perp \text{ und } \mathcal{M}_{tot}[\![S]\!](\textbf{fail}) = \textbf{fail}$$

und dann auf Mengen $X \subseteq \Sigma \cup \{\perp\} \cup \{\textbf{fail}\}$ von Zuständen durch

$$\mathcal{N}[\![S]\!](X) = \bigcup_{\sigma \in X} \mathcal{N}[\![S]\!](\sigma).$$

Dann gilt das folgende Analogon zu Lemma 3.6.

Lemma 7.4

(i) $\mathcal{N}[\![S]\!]$ ist *monoton*, d.h. aus $X \subseteq Y \subseteq \Sigma \cup \{\perp, \textbf{fail}\}$ folgt $\mathcal{N}[\![S]\!](X) \subseteq \mathcal{N}[\![S]\!](Y)$.

(ii) $\mathcal{N}[\![S_1;\; S_2]\!](X) = \mathcal{N}[\![S_2]\!](\mathcal{N}[\![S_1]\!](X))$.

(iii) $\mathcal{N}[\![(S_1;\; S_2);\; S_3]\!](X) = \mathcal{N}[\![S_1;\; (S_2;\; S_3)]\!](X)$.

(iv) $\mathcal{M}[\![\textbf{if } \Box_{i=1}^{n} B_i \to S_i \textbf{ fi}]\!](X) = \bigcup_{i=1}^{n} \mathcal{M}[\![S_i]\!](X \cap [\![B_i]\!])$.

(v) Wenn $X \subseteq \bigcup_{i=1}^{n} [\![B_i]\!]$, dann gilt

$$\mathcal{M}_{tot}[\![\mathbf{if}\ \square_{i=1}^{n}\ B_i \to S_i\ \mathbf{fi}]\!](X) = \bigcup_{i=1}^{n} \mathcal{M}_{tot}[\![S_i]\!](X \cap [\![B_i]\!]).$$

(vi) $\mathcal{M}[\![\mathbf{do}\ \square_{i=1}^{n}\ B_i \to S_i\ \mathbf{od}]\!] = \bigcup_{k=0}^{\infty} \mathcal{M}[\![(\mathbf{do}\ \square_{i=1}^{n}\ B_i \to S_i\ \mathbf{od})^k]\!].$

Beweis. Siehe Übungsaufgabe 7.1. $\qquad\square$

Lemma 7.5 (Änderung und Zugriff)

(i) Für alle Zustände σ und τ mit $\tau \in \mathcal{N}[\![S]\!](\sigma)$ gilt

$$\tau[Var - change(S)] = \sigma[Var - change(S)].$$

(ii) Für alle Zustände σ und τ mit $\sigma[var(S)] = \tau[var(S)]$ gilt

$$\mathcal{N}[\![S]\!](\sigma) = \mathcal{N}[\![S]\!](\tau)\ \mathbf{mod}\ Var - var(S).$$

Beweis. Siehe Übungsaufgabe 7.2. $\qquad\square$

7.3 Vorteile nichtdeterministischer Programme

Wir diskutieren jetzt einige Vorteile von Dijkstras Sprache der nichtdeterministischen Programme.

Symmetrie

Mit Dijkstras "bewachten Kommandos" können wir Boolesche Bedingungen in symmetrischer Weise aufschreiben.

Beispiel 7.6 Als deterministisches **while**-Programm läßt sich der bekannte Euklidische Algorithmus zur Bestimmung des *größten gemeinsamen Teilers* zweier natürlicher Zahlen, die zu Beginn in den Variablen x und y gespeichert sind, wie folgt schreiben:

> **while** $x \neq y$ **do**
>   **if** $x > y$ **then** $x := x - y$ **else** $y := y - x$ **fi**
> **od**,

Mit dem **do**-Kommando läßt sich derselbe Algorithmus übersichtlicher als

$$GCD \equiv \mathbf{do}\ x > y \to x := x - y\ \square\ x < y \to y := y - x\ \mathbf{od}$$

schreiben. Beide Programme terminieren und der größte gemeinsame Teiler ist dann sowohl in x als auch in y gespeichert. $\qquad\square$

Laufzeitfehler

Wie bereits erklärt, endet die Ausführung von einer **if**-Anweisung mit einem Laufzeitfehler, falls keiner der Wächter wahr ist. Diese Eigenschaft können wir beim Programmieren ausnutzen, um unerwünschte Bedingungen abzufangen.

Um zum Beispiel eine Divison durch 0 zu verhindern, können wir jetzt

$$\textbf{if } y \neq 0 \rightarrow x := x/y \textbf{ fi}$$

schreiben. Im Falle $x = 0$ bricht dieses Programm mit einem Laufzeitfehler ab. Im Vergleich dazu terminiert die bedingte Anweisung

$$\textbf{if } y \neq 0 \textbf{ then } x := x/y \textbf{ fi}$$

nach der Semantik aus Kapitel 3 stets. Das liegt daran, daß wir in Kapitel 2 vereinfachend angenommen haben, daß die zugrundeliegende Semantik von Ausdrücken *total definiert* ist. Insbesondere liefert der Ausdruck x/y stets einen Wert.

In gleicher Weise können wir abprüfen, ob auf ein Feld nur innerhalb eines vorgesehenen Abschnitts zugegriffen wird. Zum Beispiel führt die Ausführung von

$$\textbf{if } 0 \leq i < n \rightarrow x := a[i] \textbf{ fi}$$

zu einem Laufzeitfehler, sobald auf das Feld a außerhalb des Indexbereiches $\{0, \ldots, n - 1\}$ zugegriffen wird. Somit können **if**-Anweisungen dazu benutzt werden, um endliche Felder zu modellieren.

Nichtdeterminismus

Nichtdeterminismus können wir durch bewachte Anweisungen mit überlappenden Wächtern ausdrücken. Oft ist es umständlich und überflüssig, einen sequentiellen Algorithmus in vollständig deterministischer Weise zu spezifizieren. Ein viel klarerer Programmierstil ist, unerhebliche Auswahlmöglichkeiten offen zu lassen.

Als Beispiel betrachten wir die Aufgabe, die Exponenten der größten Potenzen von 2 und 3 zu bestimmen, die eine gegebene ganze Zahl x dividieren. Durch ein nichtdeterministisches Programm können wir diese Aufgabe wie folgt lösen:

```
twop := 0;  threep := 0;
do 2 divides x → x := x div 2;  twop := twop + 1
□  3 divides x → x := x div 3;  threep := threep + 1
od.
```

Wenn x durch 6 teilbar ist, sind beide Wächter wahr. In der Tat hängt das Endergebnis der Variablen *twop* und *threep* nicht davon ab, welche der beiden bewachten Anweisungen der **do**-Schleife zuerst ausgeführt wird.

Dieses Beispiel ist vielleicht etwas weit hergeholt. Ein interessanteres Beispiel wird im Abschnitt 7.5 behandelt.

Modellierung von Parallelität

Nichtdeterminismus tritt in natürlicher Weise bei der Ausführung von parallelen Programmen auf. Zum Beispiel hat die Variable x bei der Terminierung von

$$S \equiv [x := 0 \| x := 1 \| x := 2]$$

einen der drei Werte 0, 1 oder 2. Welcher Wert es wirklich ist, hängt von der Reihenfolge ab, mit der die drei Wertzuweisungen ausgeführt werden. Wir können nichtdeterministische Programme benutzen, um den bei parallelen Programmen auftretenden Nichtdeterminismus zu modellieren.

Das obige Programm S können wir wie folgt modellieren:

> $turn_1 :=$ **true**; $turn_2 :=$ **true**; $turn_3 :=$ **true**;
> **do** $turn_1 \rightarrow x := 0$; $turn_1 :=$ **false**
> $\square$ $turn_2 \rightarrow x := 1$; $turn_2 :=$ **false**
> $\square$ $turn_3 \rightarrow x := 2$; $turn_3 :=$ **false**
> **od**.

Hierbei sind die Variablen $turn_1, turn_2$ und $turn_3$ zur Modellierung des Kontrollflusses des parallelen Programmes S eingeführt. Die Ein/Ausgabe-Semantik von S hätte natürlich auch ohne Kontrollvariablen modelliert werden können, nämlich durch das Programm

> **if true** $\rightarrow x := 0$ $\square$ **true** $\rightarrow x := 1$ $\square$ **true** $\rightarrow x := 2$ **fi**.

Der Punkt ist hier, daß sich der Übergang von S in das obige Programm mit Kontrollvariablen leicht zu einer Transformation beliebiger paralleler Programme in nichtdeterministische Programme verallgemeinern läßt (siehe Abschnitt 7.6).

7.4 Verifikation

Wir sind an partieller und totaler Korrektheit nichtdeterministischer Programme interessiert. Diese Begriffe werden in bekannter Weise mit Hilfe der Semantiken $\mathcal{M}$ und $\mathcal{M}_{tot}$ definiert. Zum Beispiel ist die totale Korrektheit so definiert:

$$\models_{tot} \{p\} \, S \, \{q\} \quad \text{genau dann, wenn} \quad \mathcal{M}_{tot}[\![S]\!]([\![p]\!]) \subseteq [\![q]\!].$$

Da definitionsgemäß **fail**, $\perp \notin [\![q]\!]$ gilt, folgt aus $\models_{tot} \{p\} \, S \, \{q\}$ wunschgemäß, daß S von keinem p-Zustand aus divergieren kann noch in einen *Laufzeitfehler* geraten kann.

Wir stellen zuerst ein Beweissystem PN für die partielle Korrektheit von nichtdeterministischen Programmen vor. PN enthält die Axiome 1 und 2 sowie die Regeln 3 und 6 des Beweissystems PD für die partielle Korrektheit von deterministischen Programmen aus Kapitel 3. Die Regeln 4 und 5 aus *PD* sind allerdings durch folgende neue Beweisregeln zu ersetzen:

REGEL 15:   IF-ANWEISUNG

$$\frac{\{p \wedge B_i\}\ S_i\ \{q\}, i \in \{1, \ldots, n\}}{\{p\}\ \textbf{if } \square_{i=1}^n\ B_i \to S_i\ \textbf{fi}\ \{q\}}$$

REGEL 16:   DO-ANWEISUNG

$$\frac{\{p \wedge B_i\}\ S_i\ \{p\}, i \in \{1, \ldots, n\}}{\{p\}\ \textbf{do } \square_{i=1}^n\ B_i \to S_i\ \textbf{od}\ \{p \wedge \wedge_{i=1}^n\ \neg B_i\}}$$

Wie bei den bisher vorgestellten Beweissystemen für partielle Korrektheit üblich, enthält *PN* außerdem die Zusatzregeln A1–A5. Insgesamt ergibt sich also das folgende Beweissystem:

BEWEISSYSTEM *PN*
Dieses System besteht aus den Axiomen
und Regeln 1–3, 6, 15–16 sowie A1–A5.

Um aus *PN* ein Beweissystem für die totale Korrektheit zu erhalten, brauchen wir Regeln, mit denen wir über die partielle Korrektheit hinaus die Abwesenheit von Laufzeitfehlern und die Divergenz-Freiheit nachweisen können. Da Laufzeitfehler nur dann entstehen, wenn keiner der Wächter in einer **if**-Anweisung wahr ist, läßt sich ihre Abwesenheit zeigen, indem eine zusätzliche Prämisse in der **do**-Regel eingeführt wird. Wir betrachten deshalb

REGEL 17:   IF-ANWEISUNG II

$$\frac{\begin{array}{c} p \to \vee_{i=1}^n\ B_i, \\ \{p \wedge B_i\}\ S_i\ \{q\}, i \in \{1, \ldots, n\} \end{array}}{\{p\}\ \textbf{if } \square_{i=1}^n\ B_i \to S_i\ \textbf{fi}\ \{q\}}$$

Die Divergenz-Freiheit läßt sich wie bei deterministischen Programmen zeigen, indem die **do**-Regel um Prämissen zur Behandlung einer Terminierungsfunktion ergänzt wird.

REGEL 18:   DO-ANWEISUNG II

$$\frac{\begin{array}{c} \{p \wedge B_i\}\ S_i\ \{p\}, i \in \{1, \ldots, n\}, \\ \{p \wedge B_i \wedge t = z\}\ S_i\ \{t < z\}, i \in \{1, \ldots, n\}, \\ p \to t \geq 0 \end{array}}{\{p\}\ \textbf{do } \square_{i=1}^n\ B_i \to S_i\ \textbf{od}\ \{p \wedge \wedge_{i=1}^n\ \neg B_i\}}$$

wobei t ein Integer-Ausdruck ist und z eine Integer-Variable, die nicht in p, t, B_i oder S_i mit $i \in \{1, \ldots, n\}$ vorkommt.

Insgesamt betrachten wir also das folgende Beweissystem TN für totale Korrektheit von **nichtdeterministischen** Programmen:

> BEWEISSYSTEM TN
> Dieses System besteht aus den Axiomen
> und Regeln 1–3, 6, 17–18 sowie A2–A5.

Korrektheitsbeweise werden wir meistens in Form von Beweisskizzen darstellen. Die Definition von Beweisskizzen für nichtdeterministische Programme ist analog zu der für deterministische Programme. Zum Beispiel werden in der Definition von Beweisskizzen für *totale Korrektheit* folgende Regeln für **if**- und **do**-Anweisungen benutzt, wobei S^* und S^{**} wie üblich für Versionen des Programms S stehen, die mit Zusicherungen und Integer-Ausdrücken kommentiert sind:

(xiii)

$$\frac{\begin{array}{l} p \to \bigvee_{i=1}^{n} B_i, \\ \{p \wedge B_i\}\, S_i^*\, \{q\}, i \in \{1, \ldots, n\} \end{array}}{\{p\}\ \textbf{if}\ \square_{i=1}^{n}\, B_i \to \{p \wedge B_i\}\, S_i^*\, \{q\}\ \textbf{fi}\ \{q\}}$$

(xiv)

$$\frac{\begin{array}{l} \{p \wedge B_i\}\, S_i^*\, \{p\}, i \in \{1, \ldots, n\}, \\ \{p \wedge B_i \wedge t = z\}\, S_i^{**}\, \{t < z\}, i \in \{1, \ldots, n\}, \\ p \to t \geq 0 \end{array}}{\{\textbf{inv} : p\}\{\textbf{bd} : t\}\ \textbf{do}\ \square_{i=1}^{n}\, B_i \to \{p \wedge B_i\}\, S_i^*\, \{p\}\ \textbf{od}\ \{p \wedge \bigwedge_{i=1}^{n}\, \neg B_i\}}$$

wobei t ein Integer-Ausdruck ist und z eine Integer-Variable, die nicht in p, t, B_i oder S_i mit $i \in \{1, \ldots, n\}$ vorkommt.

In Beweisskizzen für *partielle Korrektheit* fallen die erste Pämisse von Regel (xiii) und die letzten beiden Prämissen von Regel (xiv) einfach weg.

Beispiel 7.7 Eine Beweisskizze für totale Korrektheit des Programms GCD zur Bestimmung des größten gemeinsamen Teilers aus Abschnitt 7.3 sieht so aus:

$$\{x = x_0 \wedge y = y_0 \wedge x_0 > 0 \wedge y_0 > 0\}$$
$$\{\textbf{inv} : p\}\{\textbf{bd} : t\}$$
$$\textbf{do}\ x > y \to\ \{p \wedge x > y\}$$
$$\qquad\qquad x := x - y$$
$$\square\ \ x < y \to\ \{p \wedge x < y\}$$

$$y := y - x$$
od
$$\{p \wedge \neg(x > y) \wedge \neg(x < y)\}$$
$$\{x = y \wedge y = gcd(x_0, y_0)\}.$$

Das Symbol *gcd* in der Nachbedingung wird als "größter gemeinsamer Teiler" interpretiert. Die in der Vor- und Nachbedingung auftretenden Variablen x_0 und y_0 halten die Anfangswerte der Programmvariablen x und y fest. Als Schleifen-Invariante benutzen wir hier

$$p \equiv gcd(x, y) = gcd(x_0, y_0) \wedge x > 0 \wedge y > 0$$

und als Terminierungsfunktion wählen wir $t \equiv x + y$.   □

Natürlich müssen die vorgestellten Beweissysteme korrekt sein. Dieses besagt der folgende Satz.

Satz 7.8 (Korrektheit)

(i) Das Beweissystem *PN* ist korrekt für partielle Korrektheit von nichtde-terministischen Programmen.

(ii) Das Beweissystem *TN* ist korrekt für totale Korrektheit von nichtdeter-ministischen Programmen.

Beweis. Es genügt zu zeigen, daß alle Beweisregeln korrekt sind im Sinne der partiellen bzw. totalen Korrektheit. Die Einzelheiten sind analog zum Beweis des Korrektheits-Satzes 3.14 und als Übungsaufgabe 7.6 empfohlen.   □

Wie in Kapitel 3 erfüllen Beweisskizzen $\{p\}\, S^*\, \{q\}$ für partielle Korrektheit die folgende starke Korrektheits-Eigenschaft: Wenn die Berechnung von S, die in einem p-Zustand startet, eine mit einer Zusicherung r kommentierte Stelle erreicht, so gilt r. Der Beweis dieser Eigenschaft kann analog zum Beweis des starken Korrektheits-Satzes 3.20 geführt werden.

7.5 Fallstudie: Wohlfahrtsbetrüger

Im fernen Amerika kommen bekanntlich die unglaublichsten Dinge vor. So soll es Leute geben, die gleichzeitig bei IBM Yorktown Heights arbeiten, an der Columbia Universität in New York als Student eingeschrieben sind und auch noch Sozialhife bekommen. Diesen Wohlfahrtsbetrüger oder "Crooks", wie sie in Amerika genannt werden, soll es an den Kragen gehen – mit Hilfe eines geeigneten Computer-Programms.

Wir nehmen an, daß wir Zugriff auf drei Magnetbänder haben, die jeweils Namen in alphabetischer Reihenfolge gespeichert haben. Das erste enthält die

Namen aller Beschäftigten von IBM Yorktown Heights, das zweite die Namen
aller Studenten und Studentinnen der Columbia Universität und das dritte die
Namen aller Sozialhilfeempfänger in New York City. Es ist bekannt, daß es
wenigstens eine Person gibt, die in allen drei Namenslisten vorkommt. Die Aufgabe ist, ein Programm $CROOK$ zu schreiben, das den alphabetisch ersten
solchen "Crook" findet.

Unser Ziel ist es, das Programm $CROOK$ zusammen mit seinem Korrektheitsbeweis zu entwickeln. Dazu benutzen wir eine Verallgemeinerung der im
Abschnitt 3.7 für deterministische Programme beschriebenen Methode auf
nichtdeterministische Programme, die auf Dijkstra [Dij76] zurückgeht. Bei der
Behandlung der Fallstudie folgen wir der Darstellung von Gries [Gri81].

Wir abstrahieren zunächst etwas von der Geschichte aus Amerika und gehen
von drei Feldern a, b, c vom Typ **integer** $\rightarrow$ **integer** aus, die *geordnet* sind,
d.h. für die aus $i < j$ stets $a[i] < a[j]$ und $b[i] < b[j]$ und $c[i] < c[j]$ folgt. Wir
nehmen an, daß es Konstanten $iv \geq 0$, $jv \geq 0$ und $kv \geq 0$ mit

$$a[iv] = b[jv] = c[kv]$$

gibt und daß (iv, jv, kv) das kleinste Tripel in der lexikographischen Ordnung
auf Integer-Tripeln mit dieser Eigenschaft ist. Das Tripel (iv, jv, kv) stellt den
zu suchenden "Crook" dar. Die Konstanten iv, jv und kv dürfen daher zwar in
Zusicherungen benutzt werden, *nicht* aber im zu entwickelnden Programm, da
dieses den "Crook" ja gerade finden soll.

Wir spezifizieren diese Aufgabe als Korrektheitsformel

$$\{r\} \; CROOK \; \{q\}.$$

In der Vorbedingung r sind alle eben genannten Einzelheiten zu nennen, also
daß a, b, c geordnet sind und die Definition von iv, jv und kv. Wir verzichten
jedoch auf die genaue Formalisierung. Als Nachbedingung wählen wir

$$q \equiv i = iv \wedge j = jv \wedge k = kv,$$

wobei i, j, k Integer-Variablen des zu entwickelnden Programms $CROOK$ sind,
mit denen wir nach den Werten iv, jv, kv suchen. Natürlich soll $a, b, c \notin$
$change(CROOK)$ gelten.

Wir sehen für $CROOK$ ein nichtdeterministisches Programm der Form

$$CROOK \equiv T; \; \textbf{do} \; \square_{i=1}^{n} \; B_i \rightarrow S_i \; \textbf{od}$$

vor. Nach dem Beweissystem TD suchen wir eine Invariante p und eine Terminierungsfunktion t, so daß

$$\{r\}$$
$$T;$$
$$\{\textbf{inv} : p\}\{\textbf{bd} : t\}$$
$$\textbf{do} \; \square_{i=1}^{n} \; B_i \rightarrow \{p \wedge B_i\} \; S_i^* \; \textbf{od}$$
$$\{p \wedge \; \wedge_{i=1}^{n} \; \neg B_i\}$$
$$\{q\}$$

für geeignete Wahlen von T, n und $B_1, ..., B_n, S_1, ..., S_n$ eine Beweisskizze für totale Korrektheit ist.

Die Invariante p wird durch die Vorbedingung r und den Suchraum für die Variablen i, j, k bestimmt:

$$p \equiv 0 \le i \le iv \land 0 \le j \le jv \land 0 \le k \le kv \land r.$$

Als Terminierungsfunktion ist

$$t \equiv (iv - i) + (jv - j) + (kv - k)$$

naheliegend. Die Invariante wird durch folgende Initialisierung erfüllt:

$$T \equiv i := 0; \ j := 0; \ k := 0.$$

Die einfachste Methode, den Wert von t zu vermindern, ist die Ausführung einer der Wertzuweisungen $i := i + 1$, $j := j + 1$ oder $k := k + 1$. Da es im allgemeinen nötig sein wird, alle drei Variablen i, j, k heraufzuzählen und dieses in beliebiger Reihenfolge geschehen kann, wählen wir als Programmstruktur für *CROOK* eine nichtdeterministische Schleife mit drei bewachten Anweisungen. Die bisher gesammelten Informationen sind in der folgenden Beweisskizze zusammengefaßt:

$$\{r\}$$
$$i := 0; \ j := 0; \ k := 0;$$
$$\{\mathbf{inv} : p\}\{\mathbf{bd} : t\}$$
$$\mathbf{do} \ B_1 \to \{p \land B_1\} \ i := i + 1$$
$$\square \quad B_2 \to \{p \land B_2\} \ j := k + 1$$
$$\square \quad B_3 \to \{p \land B_3\} \ k := k + 1$$
$$\mathbf{od}$$
$$\{p \land \neg B_1 \land \neg B_2 \land \neg B_3\}$$
$$\{q\} \, ,$$

wobei die Wächter B_1, B_2 und B_3 noch zu bestimmen sind. Die einfachste Wahl wäre natürlich $B_1 \equiv i \ne iv$, $B_2 \equiv j \ne jv$ und $B_3 \equiv k \ne kv$, aber die Konstanten iv, jv und kv dürfen ja nicht im Programm vorkommen, da sie zu berechnen sind.

Dennoch bringt uns diese naive Wahl von B_1, B_2 und B_3 auf den richtigen Weg. Die Zusicherung $p \land i \ne iv$ ist nämlich äquivalent zu $p \land i < iv$. Indem wir p berücksichtigen, folgt die letzte Zusicherung aus $a[i] < b[j]$. Genauer schließen wir aus der Tatsache, daß die Felder a, b und c geordnet sind, folgendes:

$$p \land a[i] < b[j] \text{ impliziert } p \land a[i] < b[jv] = a[iv] \text{ und das impliziert } p \land i < iv.$$

Daher wählen wir $B_1 \equiv a[i] < b[j]$ und ähnliche Boolesche Ausdrücke für B_2 und B_3. Dieses bringt uns zu folgender Beweisskizze:

$\{r\}$
$i := 0;\ \ j := 0;\ \ k = 0;$
$\{\mathbf{inv} : p\}\{\mathbf{bd} : t\}$
$\mathbf{do}\ a[i] < b[j] \rightarrow\ \ \{p \wedge a[i] < b[j]\}$
$\qquad\qquad\qquad\quad \{p \wedge i < iv\}$
$\qquad\qquad\qquad\quad i := i + 1$
$\square\ \ \ b[j] < c[k] \rightarrow\ \ \{p \wedge b[j] < c[k]\}$
$\qquad\qquad\qquad\quad \{p \wedge j < jv\}$
$\qquad\qquad\qquad\quad j := j + 1$
$\square\ \ \ c[k] < a[i] \rightarrow\ \ \{p \wedge c[k] < a[i]\}$
$\qquad\qquad\qquad\quad \{p \wedge k < kv\}$
$\qquad\qquad\qquad\quad k := k + 1$
$\mathbf{od}$
$\{p \wedge \neg(a[i] < b[j]) \wedge \neg(b[j] < c[k]) \wedge \neg(c[k] < a[i])\}$
$\{q\}.$

Offenbar impliziert die Terminierungsbedingung der **do**-Schleife die Nachbedingung q. Insgesamt haben wir also das folgende Programm *CROOK* zusammen mit seinem Korrektheitsbeweis entwickelt:

$$CROOK \equiv i := 0;\ \ j := 0;\ \ k = 0;$$
$$\mathbf{do}\ a[i] < b[j] \rightarrow\ i := i + 1$$
$$\square\ \ \ b[j] < c[k] \rightarrow\ j := j + 1$$
$$\square\ \ \ c[k] < a[i] \rightarrow\ k := k + 1$$
$$\mathbf{od}.$$

Bei der Entwicklung von *CROOK* war der entscheidende Schritt die Wahl der Wächter B_1, B_2 and B_3. Da diese nicht disjunkt sind, gibt es bei der Ausführung der **do**-Schleife tatsächlich nichtdeterministische Auswahlen.

7.6 Transformation paralleler Programme

Die Verifikation paralleler Programme mit gemeinsamen Variablen ist erheblich komplizierter als die sequentieller Programme:

- Das Ein/Ausgabe-Verhalten läßt sich nicht allein aus dem Ein/Ausgabe-Verhalten seiner Komponenten bestimmen.

- Korrektheitsbeweise erfordern einen sehr aufwendigen Test auf Interferenz-Freiheit.

Es stellt sich daher die Frage, ob sich diese Schwierigkeiten nicht vermeiden lassen, indem die Verifikation paralleler Programme in zwei Schritte zerlegt wird:

(1) Transformation der betrachteten parallelen Programme in nichtdeterministische sequentielle Programme.

(2) Verifikation der entstehenden nichtdeterministischen Programme mit den hier vorgestellten Beweissystemen.

Für den Spezialfall der disjunkten parallelen Programme können diese Schritte sehr einfach durchgeführt werden, da nach dem Sequentialisierungs-Lemma 4.12 jedes disjunkte parallele Programm $S \equiv [S_1\|\ldots\|S_n]$ zu dem sequentiellen deterministischen Programm $T \equiv S_1;\ \ldots;\ S_n$ äquivalent ist.

Für parallele Programme S mit gemeinsamen Variablen ist eine Transformation zwar möglich, wie bereits in Abschnitt 7.3 angesprochen, aber sie führt im allgemeinen zu recht unübersichtlichen Programmen. Dieses liegt daran, daß zusätzliche Kontrollvariablen benötigt werden, die als Programmzähler für die einzelnen Komponenten von S fungieren.

Das allgemeine Schema der Transformation geht von einem parallelen Programm

$$S \equiv [S_1\|\ldots\|S_n]$$

aus und führt für jede Komponente S_i eine neue Integer-Variable pc_i ein, die einen Programmzähler für S_i modelliert, der in jedem Moment der Programmausführung auf die nächste auszuführende atomare Aktion in S_i zeigt. Wir gehen von folgenden Konventionen aus: Die Positionen in S_i werden der Reihe nach mit 0, 1, 2, 3, ... durchnumeriert; die Terminierungsposition in S_i sei mit $term_i$ bezeichnet; die Menge der Positionen von atomaren Aktionen in S_i sei mit POS_i bezeichnet und die in S_i an k-ter Stelle stehende atomare Aktion mit $A_{i,k}$.

Dann wird S in ein nichtdeterministisches Programm der Form

$$T(S) \equiv pc_1 := 0;\ \ldots\ ;\ pc_n := 0;$$
$$\textbf{do } \square_{i \in \{1,\ldots,n\},\ k \in POS_i}\quad pc_i = k \text{ und die Aktion } A_{i,k} \text{ ist bereit } \rightarrow$$
$$\text{führe } A_{i,k} \text{ aus und aktualisiere } pc_i$$
$$\textbf{od.}$$

transformiert. In der großen **do**-Schleife von $T(S)$ wird in jeder Iteration eine der bereiten atomaren Aktionen aus einer der Komponenten von S ausgeführt. Die Auswahl, aus welcher Komponenten die nächste atomare Aktion ausgeführt wird, erfolgt nichtdeterministisch.

Wenn alle Details dieser Transformation ausgearbeitet sind, läßt sich für parallele Programme S mit gemeinsamen Variablen wie in Kapitel 5 zeigen, daß S und $T(S)$ modulo der Programmzähler-Variablen äquivalent sind. Genauer gilt mit der in Abschnitt 2.3 eingeführten **mod** Notation für jeden Zustand σ:

$$\mathcal{M}_{tot}[\![S]\!](\sigma) = \mathcal{M}_{tot}[\![T]\!](\sigma) \textbf{ mod } \{pc_1,\ldots,pc_n\}.$$

Für parallele Programme mit Synchronisation wie in Kapitel 6 ist der semantische Zusammenhang zwischen S und $T(S)$ etwas komplizierter, da Deadlocks von S in terminierende Berechnungen der **do**-Schleife von $T(S)$ transformiert werden (siehe Übungsaufgabe 7.8).

Für unsere informelle Diskussion in diesem Abschnitt genügt es, die Transformation an einem typischen Beispiel zu erläutern.

Beispiel 7.9 Wir betrachten dazu die parallele Komposition $S \equiv [S_1 \| S_2]$ aus dem Programm *FINDPOS* der Fallstudie 5.6. Es gilt

$$S_1 \equiv \textbf{while } i < min(oddtop, eventop) \textbf{ do}$$
$$\hat{0}$$
$$\textbf{if } a[i] > 0 \;\; \textbf{then } oddtop := i \;\; \textbf{else } i := i + 2 \textbf{ fi}$$
$$\hat{1} \qquad\qquad\qquad \hat{2} \qquad\qquad\qquad \hat{3}$$
$$\textbf{od}$$
$$\hat{4}$$

und

$$S_2 \equiv \textbf{while } j < min(oddtop, eventop) \textbf{ do}$$
$$\hat{0}$$
$$\textbf{if } a[j] > 0 \;\; \textbf{then } eventop := j \;\; \textbf{else } j := j + 2 \textbf{ fi}$$
$$\hat{1} \qquad\qquad\qquad \hat{2} \qquad\qquad\qquad \hat{3}$$
$$\textbf{od} \, ,$$
$$\hat{4}$$

wobei wir sämtliche Positionen von atomaren Aktionen in S_1 und S_2 durchnumeriert haben. Mit den oben eingeführten Bezeichnungen gilt hier $POS_1 = POS_2 = \{0, 1, 2, 3, 4\}$ und $term_1 = term_2 = 4$.

Daher erhalten wir als transformiertes Programm

$$T(S) \equiv pc_1 := 0; \;\; pc_2 := 0;$$

$$\begin{aligned}
&\textbf{do } pc_1 = 0 \wedge i < min(oddtop, eventop) \rightarrow pc_1 := 1 \\
&\square \quad pc_1 = 0 \wedge \neg(i < min(oddtop, eventop)) \rightarrow pc_1 := 4 \\
&\square \quad pc_1 = 1 \wedge a[i] > 0 \rightarrow pc_1 := 2 \\
&\square \quad pc_1 = 1 \wedge \neg(a[i] > 0) \rightarrow pc_1 := 3 \\
&\square \quad pc_1 = 2 \rightarrow oddtop := i; \;\; pc_1 := 0 \\
&\square \quad pc_1 = 3 \rightarrow i := i + 2; \;\; pc_1 := 0 \\
&\square \quad pc_2 = 0 \wedge j < min(oddtop, eventop) \rightarrow pc_2 := 1 \\
&\square \quad pc_2 = 0 \wedge \neg(j < min(oddtop, eventop)) \rightarrow pc_2 := 4 \\
&\square \quad pc_2 = 1 \wedge a[j] > 0 \rightarrow pc_2 := 2 \\
&\square \quad pc_2 = 1 \wedge \neg(a[j] > 0) \rightarrow pc_2 := 3 \\
&\square \quad pc_2 = 2 \rightarrow eventop := i; \;\; pc_2 := 0 \\
&\square \quad pc_2 = 3 \rightarrow j := j + 2; \;\; pc_2 := 0 \\
&\textbf{od}.
\end{aligned}$$
$$\square$$

Ein Nachteil der Transformation wird in diesem Beispiel offensichtlich: Die Struktur des parallelen Programms geht verloren. Stattdessen haben wir es mit einem nichtdeterministischen Programm auf dem Niveau der Assemblerprogrammierung zu tun, in dem jede atomare Aktion aufgelistet ist.

Wir werden deshalb diese Transformation nicht weiter verfolgen. Trotzdem gibt es eine Reihe von Ansätzen, in denen die Verifikation von parallelen Programmen auf der hier skizzierten Transformation beruht, zum Beispiel Ashcroft und Manna [AM71] sowie Flon und Suzuki [FS78, FS81].

In nächsten Kapitel werden wir jedoch sehen, daß für die dort vorgestellten verteilten Programme eine entsprechende Transformation in nichtdeterministische Programme weitgehend strukturerhaltend und deshalb sehr gut als Basis für die Verifikation geeignet ist.

7.7 Übungsaufgaben

Aufgabe 7.1 Beweisen Sie Lemma 7.4.

Aufgabe 7.2 Beweisen Sie Lemma 7.5.

Aufgabe 7.3 Sei π eine Permutation der Indizes $\{1,\dots,n\}$. Beweisen Sie für $\mathcal{N} = \mathcal{M}$ und $\mathcal{N} = \mathcal{M}_{tot}$:

(i) $\mathcal{N}[\![\mathbf{if}\ \square_{i=1}^{n}\ B_i \to S_i\ \mathbf{fi}]\!] = \mathcal{N}[\![\mathbf{if}\ \square_{i=1}^{n}\ B_{\pi(i)} \to S_{\pi(i)}\ \mathbf{fi}]\!]$,

(ii) $\mathcal{N}[\![\mathbf{do}\ \square_{i=1}^{n}\ B_i \to S_i\ \mathbf{od}]\!] = \mathcal{N}[\![\mathbf{do}\ \square_{i=1}^{n}\ B_{\pi(i)} \to S_{\pi(i)}\ \mathbf{od}]\!]$.

Aufgabe 7.4 Beweisen Sie für $\mathcal{N} = \mathcal{M}$ und $\mathcal{N} = \mathcal{M}_{tot}$:

(i) $\mathcal{N}[\![\mathbf{do}\ \square_{i=1}^{n}\ B_i \to S_i\ \mathbf{od}]\!] = \mathcal{N}[\![\ \mathbf{if}\ \ \square_{i=1}^{n}\ B_i \to S_i;\ \mathbf{do}\ \square_{i=1}^{n}\ B_i \to S_i\ \mathbf{od}$
$$\square\ \wedge_{i=1}^{n}\ \neg B_i \to skip$$
$\mathbf{fi}]\!]$,

(ii) $\mathcal{N}[\![\mathbf{do}\ \square_{i=1}^{n}\ B_i \to S_i\ \mathbf{od}]\!] = \mathcal{N}[\![\mathbf{do}\ \vee_{i=1}^{n}\ B_i \to \mathbf{if}\ \square_{i=1}^{n}\ B_i \to S_i\ \mathbf{fi}\ \mathbf{od}]\!]$.

Aufgabe 7.5 Welche der folgenden Korrektheitsformeln gelten im Sinne der totalen Korrektheit ?

(i) $\{\mathbf{true}\}\ \mathbf{if}\ x > 0 \to x := 0\ \square\ x < 0 \to x := 0\ \mathbf{fi}\ \{x = 0\}$,

(ii) $\{\mathbf{true}\}\ \mathbf{if}\ x > 0 \to x := 1\ \square\ x < 0 \to x := 1\ \mathbf{fi}\ \{x = 1\}$,

(iii) $\{\mathbf{true}\}$
$\quad\mathbf{if}\ x > 0 \to x := 0$
$\quad\square\ x = 0 \to skip$
$\quad\square\ x < 0 \to x := 0$
$\quad\mathbf{fi}$
$\quad\{x = 0\}$,

(iv) $\{\mathbf{true}\}$
$\quad\mathbf{if}\ x > 0 \to x := 1$
$\quad\square\ x = 0 \to skip$
$\quad\square\ x < 0 \to x := 1$
$\quad\mathbf{fi}$
$\quad\{x = 1\}$,

(v) $\{\mathbf{true}\}$ **if** $x > 0$ **then** $x := 0$ **else** $x := 0$ **fi** $\{x = 0\}$,

(vi) $\{\mathbf{true}\}$ **if** $x > 0$ **then** $x := 1$ **else** $x := 1$ **fi** $\{x = 1\}$.

Geben Sie sowohl eine informelle Begründung als auch einen formalen Beweis in den Beweissystemen TN bzw. TD an.

Aufgabe 7.6 Beweisen Sie den Korrektheits-Satz 7.8. (*Hinweis.* Gehen Sie wie beim Beweis des Korrektheits-Satzes 3.14 vor und benutzen Sie Lemma 7.4.)

Aufgabe 7.7 Entwickeln Sie in systematischer Weise ein Programm, das feststellt, ob ein Wert x in einem Feldabschnitt $a[0 : n - 1]$ vorkommt.

Aufgabe 7.8 Zeigen Sie, daß es zu jedem parallelen Programm $S \equiv [S_1\|\ldots\|S_n]$ (mit gemeinsamen Variablen wie in Kapitel 5 betrachtet) ein nichtdeterministisches Programm T und eine Menge $\{pc_1, \ldots, pc_n\}$ von Variablen gibt, die nicht in S vorkommen, so daß für alle Zustände σ gilt:

$$\mathcal{M}_{tot}[\![S]\!](\sigma) = \mathcal{M}_{tot}[\![T]\!](\sigma) \bmod \{pc_1, \ldots, pc_n\}.$$

Welche semantische Beziehung läßt sich für parallele Programme mit Synchronisation herstellen ? (*Hinweis.* Arbeiten Sie die im Abschnitt 7.6 skizzierte Transformation aus.)

Aufgabe 7.9 Definieren Sie analog zu Definition 3.24 den Begriff "schwächste Vorbedingung" für partielle und totale Korrektheit, abgekürzt *wlp* bzw. *wp*. Beweisen Sie die folgenden Eigenschaften für *wlp*:

(i) $wlp(S_1; \; S_2, q) \leftrightarrow wlp(S_1, wlp(S_2, q))$,

(ii) $wlp(\mathbf{if} \; \square_{i=1}^n \; B_i \to S_i \; \mathbf{fi}, q) \leftrightarrow \bigwedge_{i=1}^n (B_i \to wlp(S_i, q))$,

(iii) $\quad wlp(\mathbf{do} \; \square_{i=1}^n \; B_i \to S_i \; \mathbf{od}, q) \wedge B_i$
$\quad \to \; wlp(S_i, wlp(\mathbf{do} \; \square_{i=1}^n \; B_i \to S_i \; \mathbf{od}, q)) \quad$ für alle $i \in \{1, \ldots, n\}$,

(iv) $wlp(\mathbf{do} \; \square_{i=1}^n \; B_i \to S_i \; \mathbf{od}, q) \wedge \bigwedge_{i=1}^n \neg B_i \; \to \; q$,

(v) $\models \{p\} \; S \; \{q\}$ genau dann, wenn $p \to wlp(S, q)$.

Zeigen Sie, daß die Aussagen (i), (iii) and (iv) auch für *wp* anstelle von *wlp* gelten. Beweisen Sie außerdem

(vi) $\models_{tot} \{p\} \; S \; \{q\}$ iff $p \to wp(S, q)$,

(vii) $wp(\mathbf{if} \; \square_{i=1}^n \; B_i \to S_i \; \mathbf{fi}, q) \leftrightarrow (\bigvee_{i=1}^n B_i) \wedge \bigwedge_{i=1}^n (B_i \to wp(S_i, q))$.

Aufgabe 7.10

(i) Beweisen Sie, daß das Beweissystem PN vollständig für die partielle Korrektheit von nichtdeterministischen Programmen ist.

(ii) Nehmen Sie an, daß die Integer-Ausdrücke ausdruckskräftig gemäß Definition 3.30 sind. Beweisen Sie, daß das Beweissystem dann TN vollständig für die totale Korrektheit von nichtdeterministischen Programmen ist.

Hinweis. Modifizieren Sie geeignet den Beweis des Vollständigkeits-Satzes 3.31 und benutzen Sie die Aussage von Übungsaufgabe 7.9

7.8 Bibliographische Anmerkungen

In diesem Kapitel haben wir eine Klasse von nichtdeterministischen Programmen untersucht, die von Dijkstra [Dij75] eingeführt wurde. Verschiedene Varianten von Semantik für diese Programme und ihre Verifikation wurden von de Bakker [Bak80] and Apt [Apt84] untersucht.

Die systematische Entwicklung nichtdeterministischer Programme wurde erstmalig von Dijkstra in dem Buch [Dij76] vorgestellt. Dijkstra's Ansatz ist in dem Buch von Gries [Gri81] weiter ausgearbeitet und erläutert worden. In der Zeitschrift *Science of Computer Programming* gibt es einen eigenen, von M.Rem herausgegebenen Teil, in dem regelmäßig Probleme in systematischer Weise gelöst werden. Das im Abschnitt 7.5 behandelte Beispiel des Wohlfahrtsbetrügers geht auf W. Feijen zurück. Die hier gebrachte Darstellung stammt jedoch von Gries [Gri81].

Die erste Behandlung von Nichtdeterminismus im Kontext der Programmverifikation geht auf Lauer [Lau71] zurück. Dort wird eine Beweisregel für das Konstrukt S_1 **or** S_2 eingeführt, dessen Bedeutung es ist, in nichtdeterministischer Weise entweder S_1 oder S_2 auszuführen. Diese Form von Nichtdeterminismus wurde von de Bakker [Bak80] genau untersucht. Fairer Nichtdeterminismus wird von Apt und Olderog [AO83] sowie im Buch von Francez [Fra86] behandelt.

Die in Abschnitt 7.6 vorgestellte Idee, parallele Programme in nichtdeterministische Programme zu transformieren und so ihre Verifikation zu ermöglichen, geht auf Ashcroft und Manna [AM71] zurück. Dieser Ansatz ist mehrfach weiterverfolgt worden, insbesondere von Flon und Suzuki [FS78, FS81]. Er liegt auch dem Buch über UNITY von Chandy und Misra [CM88] sowie den Arbeiten über sogenannte *Action Systems* von Back [Bac89] zugrunde. UNITY-Programme und Action Systems sind besonders einfache nichtdeterministische Programme; sie bestehen aus einem Initialisierungsteil und einer einzigen **do**-Schleife, in deren Rumpf nur atomaren Aktionen vorkommen. Dieses ist gerade die Klasse der nichtdeterministischen Programme, in die wir nach Abschnitt 7.6 parallele Programme transformieren können.

Das Hauptziel der Arbeiten von Chandy und Misra und von Back liegt in der systematischen Entwicklung paralleler Programme auf der Grundlage von äquivalenten nichtdeterministischen Programmen. Die systematische Entwicklung paralleler Implementierungen aus gegebenen sequentiellen Programmen sehr einfacher Bauart (geschachtelte **for**-Schleifen) wird auch von Lengauer [Len93] verfolgt.

8. Verteilte Programme

Computer-Systeme bestehen häufig aus einer Anzahl von Komponenten, die räumlich verteilt aufgestellt sind und ihre Aufgabe weitgehend unabhängig voneinander erledigen können, indem sie auf lokale Datenbestände zurückgreifen. Gelegentlich müssen die Komponenten aber auch Daten austauschen. Dazu werden explizite Kommunikationsoperationen ausgeführt. Solche Computer-Systeme heißen *verteilte Systeme*.

Ein Beispiel für ein verteiltes System ist ein Buchungssystem für Flüge. Es besteht aus einer Vielzahl von Terminals, die in den einzelnen Reisebüros stehen, und einer zentralen Datenbank, in der die jeweils aktuellen Buchungsdaten über alle Flüge gespeichert sind. Die Terminals und die Datenbank sind die Komponenten des verteilten Systems und eine Kommunikation ist zwischen jedem Terminal und der Datenbank möglich.

Verteilte Programme sind abstrakte Beschreibungen von verteilten Systemen. Ein verteiltes Programm besteht aus einer Anzahl von Prozessen, die unabhängig voneinder arbeiten und gelegentlich miteinander durch expliziten Nachrichtenaustausch kommunizieren. Jeder Prozeß verändert dabei höchstens die Werte solcher Variablen, auf die kein anderer Prozeß zugreift.

Allgemein wird zwischen synchronem und asynchronem Nachrichtenaustausch unterschieden. Wir betrachten hier die *synchrone Kommunikation*, bei der ein Sender seine Nachricht nur dann loswird, wenn der Empfänger im selben Augenblick zur Entgegennahme bereit ist. Ein Beispiel für diese Art der Kommunikation ist das Telefon: ein Gespräch ist nur dann möglich, wenn beide Teilnehmer gleichzeitig dazu bereit sind. Synchrone Kommunikation wird auch als *Rendezvous* oder *Handshake*-Kommunikation bezeichnet.

Eine andere Möglichkeit ist die *asynchrone Kommunikation*, bei der ein Sender seine Nachricht stets abschicken kann. Dieses setzt implizit die Existenz eines Puffers voraus, in dem die Nachricht solange aufgehoben wird, bis der Empfänger sie entgegennimmt. Ein Beispiel für diese Art der Kommunikation ist die Post: ein Brief kann jederzeit abgeschickt werden; der Empfänger entnimmt ihn später aus dem Briefkasten. Asynchrone Kommunikation kann durch synchrone Kommunikation modelliert werden, indem der Puffer als explizite Komponente in das verteilte Programm mit aufgenommen wird.

Als Syntax für verteilte Programme betrachten wir hier eine Teilmenge der Sprache CSP von Hoare [Hoa78, Hoa85]. CSP steht für "Communicating Sequential Processes" und stellt eine Erweiterung von Dijkstras Sprache der nichtdeterministischen "bewachten Kommandos" aus Kapitel 4 um zwei Konzepte dar: den disjunkten Parallelismus aus Kapitel 5 und Ein/Ausgabe-Anweisungen für die synchrone Kommunikation. Dabei betrachten wir die neuere Version von CSP aus [Hoa85] mit Kommunikationskanälen anstelle von Prozeßnamen und mit Ausgabe-Wächtern. Hoares CSP stellt gleichzeitg den Kern der Programmiersprache OCCAM [INM84] dar, die zur Programmierung von verteilten Transputer-Systemen entwickelt wurde.

8.1 Syntax

Verteilte Programme werden durch die parallele Komposition von sequentiellen Prozessen gebildet. Wir definieren daher zunächst den hier verwendeten Prozeßbegriff.

Sequentielle Prozesse

Ein *sequentieller Prozeß* oder kurz *Prozeß* ist eine Anweisung der Form

$$S \equiv S_0;\ \textbf{do}\ \square_{j=1}^{m}\ g_j \rightarrow S_j\ \textbf{od},$$

wobei $m \geq 0$ gilt und $S_0, \ldots, S_m$ nichtdeterministische Programme sind, wie sie in Kapitel 4 definiert wurden. Dabei heißt S_0 der *Initialisierungsteil* von S und

$$\textbf{do}\ \square_{j=1}^{m}\ g_j \rightarrow S_j\ \textbf{od}$$

die *Hauptschleife* von S zur Unterscheidung von möglicherweise weiteren **do**-Schleifen in S. Im Spezialfall $m = 0$ identifizieren wir die Hauptschleife mit der Anweisung *skip*. Dann besteht der Prozeß S nur noch aus dem nichtdeterministischen Programm S_0. Andererseits kann auch der Initialisierungsteil S_0 fehlen, so daß der Prozeß S nur aus der Hauptschleife besteht.

Die $g_1, \ldots, g_m$ sind *verallgemeinerte Wächter* von der Form

$$g \equiv B; \alpha,$$

wobei B ein Boolescher Ausdruck und α eine *Ein/Ausgabe-Anweisung* oder kurz *E/A-Anweisung* ist. Wenn $B \equiv \textbf{true}$ gilt, identifizieren wir

$$\textbf{true}; \alpha \equiv \alpha.$$

Die Ausführung der Hauptschleife terminiert, wenn sich alle Booleschen Anteile in den verallgemeinerten Wächtern zu falsch auswerten.

E/A-Anweisungen beziehen sich auf *Kommunikationskanäle* oder kurz *Kanäle*, die anschaulich gesprochen die Verbindungslinien zwischen den einzelnen Prozessen darstellen, über die Datenwerte ausgetauscht werden können. Der Einfachheit halber nehmen wir dabei folgendes an:

- Kanäle sind *ungerichtet*, d.h. über sie können Datenwerte in beide Richtungen ausgetauscht werden,

- Kanäle sind *ungetypt*, d.h. über sie können Datenwerte verschiedener Typen gesandt werden.

Eine Eingabe-Anweisung ist von der Form $\alpha \equiv c?u$ und eine Ausgabe-Anweisung ist von der Form $\alpha \equiv c!t$, wobei c ein Kanal oder genauer ein *Kanalname* ist, u eine einfache oder indizierte Variable und t ein Ausdruck.

Eine Eingabe-Anweisung $c?u$ drückt die Anforderung aus, einen Wert über den Kanal c zu empfangen und dann in der Variable u abzuspeichern. Eine Ausgabe-Anweisung $c!t$ drückt die Anforderung aus, den Wert des Ausdrucks t über den Kanal c zu senden. Jede einzelne dieser Anforderungen wird so lange verzögert, bis die jeweils andere dieser Anforderungen da ist. Dann werden die beiden Anweisungen gemeinsam oder *synchron* ausgeführt. Die gemeinsame Ausführung zweier E/A-Anweisungen $c?u$ und $c!t$ stellt dann die eigentliche *Kommunikation* des Wertes von t über den Kanal c in die Variable u dar.

Zwar können über Kanäle Werte verschiedener Typen kommuniziert werden, jede einzelne Kommunikation muß aber durch zwei E/A-Anweisungen passenden Typs vorgenommen werden. Die folgende Definition präzisiert diese Vorstellung.

Definition 8.1 Zwei E/A-Anweisungen *passen* zueinander, wenn sie sich auf denselben Kanal, etwa c, beziehen und wenn eine der beiden Anweisungen eine Eingabe-Anweisung der Form $c?u$ ist und die andere der beiden Anweisungen eine Ausgabe-Anweisung der Form $c!t$ ist, wobei die Typen von u und t übereinstimmen. Zwei verallgemeinerte Wächter *passen* zueinander, wenn ihre beiden E/A-Anweisungen passen. □

Zwei verallgemeinerte Wächter aus verschiedenen Prozessen können gemeinsam ausgeführt werden, wenn sie zueinander passen und ihre Booleschen Anteile sich zu wahr auswerten. Durch die gemeinsame Ausführung findet eine Kommunikation zwischen den beiden beteiligten Prozessen statt. Der *Effekt* einer Kommunikation für zwei passende E/A-Anweisungen $\alpha_1 \equiv c?u$ und $\alpha_2 \equiv c!t$ ist die Wertzuweisung $u := t$. Formal definieren wir

$$Eff(\alpha_1, \alpha_2) \equiv Eff(\alpha_2, \alpha_1) \equiv u := t.$$

Für einen Prozeß S bezeichnen wir mit $var(S)$ die Menge aller einfachen und Feldvariablen, die in S vorkommen. Mit $change(S)$ wird die Menge aller einfachen Variablen und Feldvariablen in S bezeichnet, die auf linken Seiten von Wertzuweisungen oder in Eingabe-Anweisungen vorkommen. Mit $channel(S)$

sei die Menge aller Kanalnamen bezeichnet, die in S vorkommen. Zwei Prozesse S_1 und S_2 heißen *disjunkt*, wenn folgendes gilt:

$$change(S_1) \cap var(S_2) = var(S_1) \cap change(S_2) = \emptyset.$$

Wir sagen, daß ein Kanal c zwei Prozesse S_1 und S_2 *verbindet*, wenn

$$c \in channel(S_1) \cap channel(S_2)$$

gilt. Soweit zu den einzelnen sequentiellen Prozessen.

Verteilte Programme

Verteilte Programme werden mit der folgenden Produktionsregel für parallele Komposition gebildet:

$$S ::= [S_1 \| \ldots \| S_n],$$

wobei $n \geq 1$ gilt und $S_1, \ldots, S_n$ sequentielle Prozesse sind, die folgende Bedingungen erfüllen:

(i) *Disjunktheit*: die Prozesse $S_1, \ldots, S_n$ sind paarweise disjunkt.

(ii) *Punkt-zu-Punkt-Verbindung*: für alle $i, j, k \in \{1, \ldots, n\}$ mit $i < j < k$ gilt

$$channel(S_i) \cap channel(S_j) \cap channel(S_k) = \emptyset.$$

Die Bedingung (ii) besagt, daß wir nur verteilte Programme betrachten, in denen jeder Kommunikationskanal höchstens zwei Prozesse miteinander verbindet. Diese Art der Verbindungsstruktur wird Punkt-zu-Punkt-Verbindung genannt. Wie in den Kapiteln über parallele Programme erlauben wir auch bei verteilten Programmen keinen geschachtelten Parallelismus.

Anschaulich terminiert ein verteiltes Programm $S = [S_1 \| \ldots \| S_n]$, wenn alle Prozesse S_i terminieren. Terminiert ein verteiltes Programm *nicht*, so kann dieses folgende Ursachen haben: entweder divergiert einer der Prozesse S_i oder er endet in einem Laufzeitfehler, oder das gesamte verteilte Programm S endet in einem Deadlock. Ein solcher Deadlock tritt ein, wenn noch nicht alle Prozesse S_i terminiert haben, keiner der noch nicht terminierten Prozesse in einen Laufzeitfehler geraten ist, aber dennoch kein weiterer Transitionsschritt ausgeführt werden kann, da vergeblich auf eine Kommunikation gewartet wird.

Wir wollen jetzt die in diesem Abschnitt eingeführten Begriffe an zwei Beispielen illustrieren. Dabei setzen wir einen weiteren Basistyp **character** voraus, der für Zeichen aus dem ASCII-Zeichensatz steht. Zeichenfolgen werden wir als endliche Abschnitte von Feldern des Typs **integer** $\rightarrow$ **character** darstellen.

Beispiel 8.2 Wir möchten ein verteiltes Programm

$$SR \equiv [SENDER \parallel RECEIVER]$$

schreiben, wo der Prozeß $SENDER$ dem Prozeß $RECEIVER$ eine Zeichenfolge der Länge M mit $M \geq 1$ über einen Kanal $link$ schickt. Diese Zeichenfolge sei zu Beginn im Abschnitt $a[0 : M-1]$ eines Feldes a vom Typ **integer** $\rightarrow$ **character** des Prozesses $SENDER$ gespeichert. Bei Termierung des Programms SR soll diese Zeichenfolge im Abschnitt $b[0 : M-1]$ eines entsprechenden Feldes b des Prozesses $RECEIVER$ gespeichert sein.

Die Komponenten von SR können wie folgt definiert werden:

$$SENDER \equiv i := 0; \ \mathbf{do} \ i \neq M; link!a[i] \rightarrow i := i+1 \ \mathbf{od}$$

und

$$RECEIVER \equiv j := 0; \ \mathbf{do} \ j \neq M; link?b[j] \rightarrow j := j+1 \ \mathbf{od}.$$

Die Komponenten führen zunächst unabhängig voneinander ihre Initialisierungsteile $i := 0$ und $j := 0$ aus. Dann kommt es zu einer ersten Kommunikation über den Kanal $link$ mit dem Effekt $b[0] := a[0]$. Anschließend erhöhen beide Komponenten unabhängig voneinander den Wert ihrer Laufvariablen i und j um 1. Dann erfolgt die nächste Kommunikation über den Kanal $link$ mit dem Effekt $b[1] := a[1]$. Diese zeichenweise Übertragung von a nach b erfolgt, bis die Prozesse $SENDER$ und $RECEIVER$ ihre Hauptschleifen M-mal durchlaufen haben. Dann gilt $i = M$ und $j = M$, so daß SR terminiert. Damit ist $a[0 : M-1]$ in $b[0 : M-1]$ übertragen. Man beachte, daß im Programm SR die Reihenfolge der Kommunikationen zwischen den Prozessen $SENDER$ und $RECEIVER$ eindeutig festgelegt ist. $\square$

Beispiel 8.3 In diesem Beispiel geht es um die Übertragung und Verarbeitung einer Zeichenfolge. Dazu betrachten wir ein verteiltes Programm

$$TRANS \equiv [SENDER \parallel FILTER \parallel RECEIVER]$$

mit zwei Kommunikationskanälen: ein Kanal $input$ verbindet die Prozesse $SENDER$ und $FILTER$ und ein Kanal $output$ verbindet die Prozesse $FILTER$ und $RECEIVER$.

Der Prozeß $SENDER$ soll eine Zeichenfolge der Länge M mit $M \geq 1$ über einen Prozeß $FILTER$ an einen Prozeß $RECEIVER$ übertragen. Die Aufgabe des Prozesses $FILTER$ ist es, alle Leerzeichen ' ' aus dieser Zeichenfolge zu entfernen. Dabei markiert das Zeichen '*' das Ende der zu übertragenden Zeichenfolge. Zu Beginn der Übertragung steht die Zeichenfolge im Abschnitt $a[0 : M-1]$ eines Feldes a vom Typ **integer** $\rightarrow$ **character** des Prozesses $SENDER$. Der Prozeß $FILTER$ hat ein ebenso getyptes Feld b zur Zwischenspeicherung und der Prozeß $RECEIVER$ speichert das gefilterte Ergebnis der Übertragung in einem Feld c ab. Zur Koordinierung des Zwischenspeicherns und Weiterleitens der Zeichen hat der Prozess $FILTER$ zwei Variablen in und out, die auf die entsprechenden Elemente des Feldes b zeigen. Die Prozesse von $TRANS$ sind wie folgt definiert:

$$SENDER \; \equiv \; i := 0;$$
$$\textbf{do}\; i \neq M; input!a[i] \rightarrow i := i + 1\; \textbf{od},$$

$$FILTER \; \equiv \; in := 0;\; out := 0;\; x := \text{' '};$$
$$\textbf{do}\; x \neq \text{'*'}; input?x \rightarrow \textbf{if}\; x = \text{' '} \rightarrow skip$$
$$\square\, x \neq \text{' '} \rightarrow b[in] := x;$$
$$in := in + 1$$
$$\textbf{fi}$$
$$\square\; out \neq in; output!b[out] \rightarrow out := out + 1$$
$$\textbf{od},$$

$$RECEIVER \; \equiv \; j := 0;\; y := \text{' '};$$
$$\textbf{do}\; y \neq \text{'*'}; output?y \rightarrow c[j] := y; j := j + 1\; \textbf{od}.$$

Der Prozeß *FILTER* kann mit beiden anderen Prozessen kommunizieren. Einerseits ist er so lange zum Empfang von Zeichen über den Kanal *input* vom Prozeß *SENDER* bereit, bis ein '*' angekommen ist. Andererseits kann er alle bislang empfangenen Zeichen, sofern sie keine Leerzeichen sind, über den Kanal *output* an den Prozeß *RECEIVER* senden. Wenn die Booleschen Anteile $x \neq$ '*' und $out \neq in$ der verallgemeinerten Wächter der Hauptschleife von *FILTER* beide erfüllt sind, ist die Auswahl zwischen einem Empfang über dem Kanal *input* und einem Senden über dem Kanal *output nichtdeterministisch*. Das verteilte Programm *TRANS* kann also Berechnungen mit ganz verschiedenen Folgen von Kommunikationen zwischen seinen Prozessen ausführen.

Wie sieht es mit der Terminierung von *TRANS* aus? Der Prozeß *SENDER* terminiert, sobald alle M Zeichen an den Prozeß *FILTER* gesandt worden sind. Der Prozeß *FILTER* teminiert, wenn er einerseits ein Zeichen '*' vom Prozeß *SENDER* empfangen hat und andererseits alle empfangenen Zeichen, sofern sie keine Leerzeichen waren, an den Prozeß *RECEIVER* gesandt hat. Der Prozeß *RECEIVER* terminiert, sobald er vom Prozeß *FILTER* ein Zeichen '*' erhalten hat. Alle drei Prozesse und damit *TRANS* terminieren also, wenn der Prozeß *SENDER* als letztes der M Zeichen ein '*' sendet.

Würde der Prozeß *SENDER* überhaupt kein Zeichen '*' senden, käme es zu einem Deadlock, da die Prozesse *FILTER* und *RECEIVER* schließlich vergeblich auf eine Eingabe warten. Würde *SENDER* vorzeitig ein '*' senden, käme es ebenfalls zu einem Deadlock, da *FILTER* anschließend keine weiteren Zeichen mehr vom Prozeß *SENDER* empfangen könnte.   □

8.2 Semantik

Um die obige informelle Diskussion der Semantik verteilter Programme zu präzisieren, geben wir jetzt eine formale operationelle Semantik für diese Programme an. Dazu erweitern wir das in Kapitel 7 definierte Transitionssystem für nichtdeterministische Programme um die in Kapitel 4 eingeführte Interleaving-Regel (viii) zur Behandlung der parallelen Komposition und um folgende beiden Transitionsaxiome zur Behandlung der Hauptschleifen in den einzelnen sequentiellen Prozessen.

Die Terminierung einer Hauptschleife beschreibt das folgende Axiom:

(xv) $< \mathbf{do}\ \square_{j=1}^{m}\ B_j; \alpha_j \to S_j\ \mathbf{od}, \sigma > \ \to\ < E, \sigma >$, wobei $\sigma \models \bigwedge_{j=1}^{m} \neg B_j$.

Die Kommunikation zwischen zwei Prozessen beschreibt das folgende Axiom:

(xvi) $< [S_1 \| \ldots \| S_n], \sigma > \ \to\ < [S_1' \| \ldots \| S_n'], \tau >$, wobei für $k, \ell \in \{1, \ldots, n\}$
mit $k \neq \ell$

$$S_k \equiv \mathbf{do}\ \square_{j=1}^{m_1}\ g_j \to R_j\ \mathbf{od},$$
$$S_\ell \equiv \mathbf{do}\ \square_{j=1}^{m_2}\ h_j \to T_j\ \mathbf{od}$$

gilt und für ein $j_1 \in \{1, \ldots, m_1\}$ und ein $j_2 \in \{1, \ldots, m_2\}$ die verallgemeinerten Wächter $g_{j_1} \equiv B_1; \alpha_1$ und $h_{j_2} \equiv B_2; \alpha_2$ zueinander passen und folgende Bedingungen erfüllt sind:

(1) $\sigma \models B_1 \wedge B_2$,

(2) $\mathcal{M}[\![Eff(\alpha_1, \alpha_2)]\!](\sigma) = \{\tau\}$,

(3) $S_k' \equiv R_{j_1};\ S_k$,

(4) $S_\ell' \equiv T_{j_2};\ S_\ell$,

(5) $S_i' \equiv S_i$ for $i \neq k, \ell$.

Vor der Ausführung der hier beschriebenen Transition stehen zwei Prozesse S_k und S_ℓ vor ihrer Hauptschleife und es gibt dort zwei zueinander passende verallgemeinerte Wächter g_{j_1} und h_{j_2}. Nach Bedingung (1) sind die Booleschen Anteile dieser Wächter im momentanen Zustand σ erfüllt, so daß die E/A-Aneisungen α_1 und α_2 dieser Wächter gemeinsam ausgeführt werden kann. Der Effekt dieser Kommunikation $Eff(\alpha_1, \alpha_2)$ liefert gemäß Bedingung (2) einen neuen Zustand τ ab. Die Bedingungen (3)–(5) besagen, daß die beiden Prozesse S_k und S_ℓ an der Kommunikation beteiligt sind, während alle anderen Prozesse S_i unverändert stehen bleiben. Bevor die Prozesse S_k und S_ℓ an einer weiteren Kommunikation teilnehmen können, müssen sie gemäß (3) und (4) zunächst die Rümpfe R_{j_1} und T_{j_2} ihrer Hauptschleifen ausführen.

Für verteilte Programme S unterscheiden wir drei Varianten von Ein/Ausgabe-Semantik:

- Semantik der partiellen Korrektheit:

$$\mathcal{M}[\![S]\!](\sigma) = \{\tau \mid < S, \sigma > \ \to^*\ < E, \tau >\},$$

- Semantik der schwachen totalen Korrektheit:

$$\mathcal{M}_{wtot}[\![S]\!](\sigma) = \quad \mathcal{M}[\![S]\!](\sigma)$$
$$\cup\ \{\bot \mid S \text{ kann von } \sigma \text{ aus divergieren}\}$$
$$\cup\ \{\mathbf{fail} \mid S \text{ kann von } \sigma \text{ aus in einen Laufzeitfehler}$$
$$\text{geraten}\}$$

• Semantik der totalen Korrektheit:

$$\mathcal{M}_{tot}[\![S]\!](\sigma) = \quad \mathcal{M}_{wtot}[\![S]\!](\sigma)$$
$$\cup \quad \{\Delta \mid S \text{ kann von } \sigma \text{ aus in einen Deadlock geraten}\}$$

Dabei stehen die Fehlerzustände $\bot$, **fail** und Δ für die drei möglichen Fehler in der Ausführung von verteilten Programmen: Divergenz, Laufzeitfehler und Deadlock. Diese Fehler sind genau wie in den Kapiteln 3, 4 und 7 definiert. Divergenz liegt vor, wenn es eine unendliche Berechnung

$$< S, \sigma > \rightarrow \dots$$

gibt; dieses ist durch **do**-Schleifen möglich. Ein Laufzeitfehler tritt ein, wenn es eine Berechnung der Form

$$< S, \sigma > \rightarrow \dots \rightarrow \; < R, \textbf{fail} >$$

gibt; dieses ist durch **if**-Anweisungen möglich. Ein Deadlock tritt ein, wenn es eine Berechnung der Form

$$< S, \sigma > \rightarrow \dots \rightarrow \; < R, \tau >$$

mit $R \not\equiv E$ gibt, so daß $< R, \tau >$ keine Nachfolgekonfiguration besitzt. Diese Situation ist möglich, wenn alle noch nicht terminierten Prozesse vor ihrer Hauptschleife stehen, es aber keine zueinander passenden E/A-Anweisungen gibt.

Die Semantik der totalen Korrektheit berücksichtigt alle diese Fehlerzustände. Dagegen hält die Semantik der schwachen totalen Korrektheit keine Deadlocks fest. Dieses ist ähnlich wir in Kapitel 7, allerdings berücksichtigt diese Semantik jetzt auch Laufzeitfehler, die in den Programmen aus Kapitel 7 nicht auftreten konnten. Die Semantik der schwachen totalen Korrekheit ist für sich genommen nicht weiter interessant; allerdings stellt sie einen bequemen Zwischenschritt auf dem Wege zur totalen Korrektheit dar.

Wie für nichtdeterministische Programme läßt sich auch für verteilte Programme die Eigenschaft des beschränkten Nichtdeterminismus zeigen.

Lemma 8.4 (Beschränkter Nichtdeterminismus) Sei S ein verteiltes Programm und σ ein Zustand. Dann ist die Menge $\mathcal{M}_{tot}[\![S]\!](\sigma)$ endlich oder sie enthält $\bot$.

Beweis. Da für verteilte Programme S jede Konfiguration $< S, \sigma >$ nur endlich viele Nachfolger in der Transitionsrelation besitzt, ist wieder das Lemma von König anwendbar. $\square$

8.3 Transformation verteilter Programme

Die Bedeutung von verteilten Programmen kann auch noch auf eine andere Weise erklärt werden, nämlich durch eine Transformation in nichtdeterministische Programme. Im Gegensatz zur Transformation paralleler Programme wird die hier vorzustellende Transformation ohne zusätzliche Kontrollvariablen zur Modellierung von Programmzählern auskommen. Dieses liegt an der einfachen Form der hier betrachteten verteilten Programmen, bei denen Ein/Ausgabeanweisungen nur in der Hauptschleife vorkommen. Wir werden diese Transformation im nächsten Abschnitt als Grundlage für die Verifikation von verteilten Programmen nehmen.

Wir gehen jetzt von einem verteilten Programm

$$S \equiv [S_1 \| \ldots \| S_n]$$

aus, wobei jeder der sequentiellen Prozesse S_i mit $i \in \{1, \ldots, n\}$ von der Form

$$S_i \equiv S_{i,0}; \;\, \textbf{do} \;\, \square_{j=1}^{m_i} \; B_{i,j}; \alpha_{i,j} \rightarrow S_{i,j} \;\, \textbf{od}$$

ist. Als Abkürzung führen wir die Menge

$$\Gamma = \{(i, j, k, \ell) \mid \alpha_{i,j} \text{ und } \alpha_{k,\ell} \text{ passen zueinander und } i < k\}$$

ein. Wir transformieren S in folgendes nichtdeterministisches Programm $T(S)$:

$$
\begin{aligned}
T(S) \equiv \; & S_{1,0}; \;\ldots; \; S_{n,0}; \\
& \textbf{do} \; \square_{(i,j,k,\ell) \in \Gamma} \; B_{i,j} \wedge B_{k,\ell} \rightarrow \; \mathit{Eff}(\alpha_{i,j}, \alpha_{k,\ell}); \\
& \qquad\qquad\qquad\qquad\qquad\quad\; S_{i,j}; \; S_{k,\ell} \\
& \textbf{od},
\end{aligned}
$$

wobei wir die Elemente von Γ benutzen, um eine **do**-Schleife mit einer "großen Alternativen" über alle zueinander passenden verallgemeinerten Wächter zu bilden. Falls $\Gamma = \emptyset$ ist, identifizieren wir diese Schleife mit *skip*.

Semantische Beziehung zwischen S und T(S)

Die Semantiken von S und $T(S)$ stimmen nicht überein, denn das Terminierungsverhalten ist verschieden. Wenn S terminiert, gilt die Zusicherung

$$\mathit{TERM} \equiv \bigwedge_{i=1}^{n} \; \bigwedge_{j=1}^{m_i} \; \neg B_{i,j}.$$

Wenn dagegen $T(S)$ terminiert, gilt die Zusicherung

$$\mathit{BLOCK} \equiv \bigwedge_{(i,j,k,\ell) \in \Gamma} \; \neg(B_{i,j} \wedge B_{k,\ell}).$$

Offenbar gilt die Implikation

$$\mathit{TERM} \rightarrow \mathit{BLOCK},$$

aber nicht deren Umkehrung. Zustände, die $\mathit{BLOCK} \wedge \neg \mathit{TERM}$ erfüllen, sind Deadlock-Zustände von S.

Die genaue Beziehung der Semantiken von S und $T(S)$ wird im folgenden Satz geklärt.

Satz 8.5 (Sequentialisierung) Für alle Zustände σ gilt

(i) $\mathcal{M}[\![S]\!](\sigma) = \mathcal{M}[\![T(S)]\!](\sigma) \cap [\![TERM]\!]$,

(ii) $\{\bot, \mathbf{fail}\} \cap \mathcal{M}_{wtot}[\![S]\!](\sigma) = \emptyset$ genau dann, wenn
$\{\bot, \mathbf{fail}\} \cap \mathcal{M}_{tot}[\![T(S)]\!](\sigma) = \emptyset$,

(iii) $\Delta \notin \mathcal{M}_{tot}[\![S]\!](\sigma)$ genau dann, wenn $\mathcal{M}[\![T(S)]\!](\sigma) \subseteq [\![TERM]\!]$.

Beweis. Der Beweis des Sequentialisierungs-Satzes ist recht aufwendig und soll hier unterbleiben. Er kann der englischen Originalausgabe [AO91] dieses Buches entnommen werden. $\Box$

Wir geben stattdessen informelle Erläuterungen zu den Aussagen (i)–(iii) des Satzes. Aussage (i) vergleicht die mit S und $T(S)$ erreichbaren Endzustände und berücksichtigt die oben gemachten Bemerkungen über das Terminierungsverhalten der beiden Programme.

Aussage (ii) faßt $\bot$ und **fail** zusammen, weil S und $T(S)$ Divergenz und Laufzeitfehler gegeneinander austauschen können. Das liegt an der in $T(S)$ vorgenommenen Sequentialisierung der Initialisierungsteile und der Schleifenrümpfe von S. Ein Trivialbeispiel hierfür ist ein Programm S der Form

$$S \equiv [S_{1,0};\ skip \parallel S_{2,0};\ skip].$$

Dann hat $T(S)$ die Gestalt

$$T(S) \equiv S_{1,0};\ S_{2,0};\ skip.$$

Nehmen wir an, $S_{1,0}$ liefere $\bot$ und $S_{2,0}$ liefere **fail** ab. Dann kann S in einen Laufzeitfehler geraten, während $T(S)$ nur divergieren kann. Wenn dagegen $S_{1,0}$ ein $\bot$ abliefert und $T(S)$ ein **fail**, dann kann S divergieren, während $T(S)$ stets in einem Laufzeitfehler endet.

Aussage (iii) reflektiert die Tatsache, daß Deadlocks bei nichtdeterministischen Programmen nicht auftreten können. Vielmehr wird jeder Deadlock des verteilten Programms S in eine Endkonfiguration des nichtdeterministischen Programms $T(S)$ transformiert, dessen Zustandsteil die Zusicherung $TERM$ verletzt. Die Kontraposition dieser Beobachtung ergibt die Formulierung von Aussage (iii). Ein einfaches Beispiel hierfür ist das Programm

$$S \equiv [\mathbf{do}\ c!1 \to skip\ \mathbf{od} \parallel skip].$$

Es gilt $T(S) \equiv skip$, weil die Menge Γ der zueinander passenden verallgemeinerten Wächter leer ist. Während S in einem Deadlock endet, terminiert $T(S)$ offensichtlich, jedoch in einem Zustand, der $\neg TERM$ erfüllt.

8.4 Verifikation

Jede der drei Semantik-Varianten für verteilte Programme induziert in der üblichen Weise einen entsprechenden Begriff von Programmkorrektheit: partielle, schwache totale und totale Korrektheit.

Zur Verifikation dieser Korrektheitseigenschaften benutzen wir besonders einfache Beweisregeln, die wir mit Hilfe des Sequentialisierungs-Satzes 8.5 gewinnen. Dabei benutzen wir die Notation des vorangegangenen Abschnittes. So ist S stets ein verteiltes Programm der Form $[S_1\|\dots\|S_n]$, wobei jeder Prozeß S_i mit $i \in \{1, \dots, n\}$ die folgende Gestalt

$$S_i \equiv S_{i,0}; \ \textbf{do } \square_{j=1}^{m_i} \ B_{i,j}; \alpha_{i,j} \to S_{i,j} \ \textbf{od}$$

hat. Die Prämissen der Beweisregeln für S beziehen sich auf Teilprogramme der transformierten nichtdeterministischen Version $T(S)$. Dieser Ansatz geht auf Apt [Apt86] zurück.

Partielle Korrektheit

Um die partiellen Korrektheit verteilter Programme zu beweisen, ergänzen wir das Beweissystem *PN* für die partielle Korrektheit von nichtdeterministischen Programmen um die folgende Beweisregel:

REGEL 19:   VERTEILTE PROGRAMME

$$\{p\} \ S_{1,0}; \ \dots; \ S_{n,0} \ \{I\},$$
$$\{I \wedge B_{i,j} \wedge B_{k,\ell}\} \ \textit{Eff}(\alpha_{i,j}, \alpha_{k,\ell}); \ S_{i,j}; \ S_{k,\ell} \ \{I\}$$
$$\text{für alle } (i, j, k, \ell) \in \Gamma$$

$$\rule{6cm}{0.4pt}$$

$$\{p\} \ S \ \{I \wedge \textit{TERM}\}$$

Anschaulich besagt diese Regel folgendes. Wenn die Zusicherung I nach Ausführung aller Initialisierungsteile $S_{i,0}$ wahr ist und bei Ausführung aller gemeinsamen Transitionen wahr bleibt, so gilt I bei der Terminierung von S.

Wir nennen eine Zusicherung I, die den Prämissen von Regel 19 genügt, eine *globale Invariante bezüglich p*. Das Wort "global" bezieht sich darauf, daß wir die Transitionen der verschiedenen Prozesse gemeinsam betrachten. Formal heißt eine Anweisung der Form $\textit{Eff}(\alpha_{i,j}, \alpha_{k,\ell}); \ S_{i,j}; \ S_{k,\ell}$ eine *gemeinsame Transition (von S)* und $B_{i,j} \wedge B_{k,\ell}$ die *Boolesche Bedingung* dieser gemeinsamen Transition. Die Ausführung einer gemeinsamen Transition entspricht einer Kommunikation zwischen zwei Prozessen von S.

In Anwendungsbeispielen werden wir meistens informell argumentieren, daß eine bestimmte Zusicherung eine globale Invariante ist. Diese Argumente lassen sich jedoch stets in naheliegender Weise im Beweissystem *PN* herleiten.

Satz 8.6 Regel 19 ist korrekt für partielle Korrektheit.

Beweis. Seien alle Prämissen von Regel 19 im Sinne der partiellen Korrektheit wahr. Nach der Korrektheit der Regeln für sequentielle Komposition (Regel 3) und für **do**-Schleifen (Regel 16) gilt dann

$$\models \{p\}\ T(S)\ \{I \wedge BLOCK\}. \tag{8.1}$$

Daraus folgt

$$
\begin{aligned}
&\mathcal{M}[\![S]\!]([\![p]\!]) \\
=\ &\{\text{Sequentialisierungs-Satz } 8.5(\mathrm{i})\} \\
&\mathcal{M}[\![T(S)]\!]([\![p]\!]) \cap [\![TERM]\!] \\
\subseteq\ &\{(8.1)\} \\
&[\![I \wedge BLOCK]\!] \cap [\![TERM]\!] \\
\subseteq\ &\{[\![I \wedge BLOCK]\!] \subseteq [\![I]\!]\} \\
&[\![I \wedge TERM]\!],
\end{aligned}
$$

oder anders formuliert:

$$\models \{p\}\ S\ \{I \wedge TERM\}.$$

Damit ist alles bewiesen.   □

Schwache Totale Korrektheit

Schwache totale Korrektheit bedeutet totale Korrektheit modulo Deadlock-Freiheit. Anders ausgedrückt heißt das partielle Korrektheit mit den zusätzlichen Eigenschaften der Divergenz-Freiheit und der Abwesenheit von Laufzeitfehlern.

Deshalb gehen wir jetzt vom Beweissystem *TN* für die totale Korrektheit von nichtdeterministischen Programmen aus und erweitern dieses System um die folgende verschärfte Version von Regel 19:

REGEL 20:   VERTEILTE PROGRAMME II

$$
\begin{aligned}
&(1)\quad \{p\}\ S_{1,0};\ \ldots;\ S_{n,0}\ \{I\}, \\
&(2)\quad \{I \wedge B_{i,j} \wedge B_{k,\ell}\}\ \mathit{Eff}(\alpha_{i,j}, \alpha_{k,\ell});\ S_{i,j};\ S_{k,\ell}\ \{I\} \\
&\qquad\quad \text{für alle } (i,j,k,\ell) \in \Gamma, \\
&(3)\quad \{I \wedge B_{i,j} \wedge B_{k,\ell} \wedge t = z\}\ \mathit{Eff}(\alpha_{i,j}, \alpha_{k,\ell});\ S_{i,j};\ S_{k,\ell}\ \{t < z\} \\
&\qquad\quad \text{für alle } (i,j,k,\ell) \in \Gamma, \\
&(4)\quad I \to t \geq 0
\end{aligned}
$$

$$\rule{8cm}{0.4pt}$$

$$\{p\}\ S\ \{I \wedge TERM\}$$

wobei t ein Integer-Ausdruck ist und z eine Integer-Variable, die nicht in p, t, I oder S vorkommt.

Satz 8.7 Regel 20 ist korrekt für schwache totale Korrektheit.

Beweis. Seien alle Prämissen von Regel 20 im Sinne der totalen Korrektheit wahr. Analog wie im Beweis von Satz 8.6 erhalten wir dann die Aussage

$$\models_{tot} \{p\}\ T(S)\ \{I \wedge BLOCK\}, \tag{8.2}$$

allerdings für totale Korrektheit. Da die Prämissen von Regel 20 die Prämissen von Regel 19 umfassen und totale Korrektheit natürlich partielle Korrektheit impliziert, gilt nach Satz 8.6 die Aussage

$$\models \{p\}\ S\ \{I \wedge TERM\}. \tag{8.3}$$

Sei jetzt σ ein Zustand mit $\sigma \models p$. Nach (8.2) gilt dann die Bezeihung $\{\bot, \mathbf{fail}\} \cap \mathcal{M}_{tot}[\![T(S)]\!](\sigma) = \emptyset$ und damit nach dem Sequentialisierungs-Satz 8.5 (ii) die Beziehung $\{\bot, \mathbf{fail}\} \cap \mathcal{M}_{wtot}[\![S]\!](\sigma) = \emptyset$. Zusammen mit (8.3) ergibt sich daraus

$$\models_{wtot} \{p\}\ S\ \{I \wedge TERM\},$$

was zu zeigen war. $\square$

Totale Korrektheit

Zum Abschluß betrachten wir die totale Korrektheit, wo es zusätzlich um Deadlock-Freiheit geht. Dazu erweitern wir das Beweissystem TN für die totale Korrektheit von nichtdeterministischen Programmen um die folgende verschärfte Version von Regel 20:

REGEL 21:   VERTEILTE PROGRAMME III

$$(1)\quad \{p\}\ S_{1,0};\ \ldots;\ S_{n,0}\ \{I\},$$
$$(2)\quad \{I \wedge B_{i,j} \wedge B_{k,\ell}\}\ \mathit{Eff}(\alpha_{i,j}, \alpha_{k,\ell});\ S_{i,j};\ S_{k,\ell}\ \{I\}$$
$$\text{für alle } (i, j, k, \ell) \in \Gamma,$$
$$(3)\quad \{I \wedge B_{i,j} \wedge B_{k,\ell} \wedge t = z\}\ \mathit{Eff}(\alpha_{i,j}, \alpha_{k,\ell});\ S_{i,j};\ S_{k,\ell}\ \{t < z\}$$
$$\text{für alle } (i, j, k, \ell) \in \Gamma,$$
$$(4)\quad I \rightarrow t \geq 0,$$
$$(5)\quad I \wedge BLOCK \rightarrow TERM$$

$$\overline{\qquad \{p\}\ S\ \{I \wedge TERM\} \qquad}$$

wobei t ein Integer-Ausdruck ist und z eine Integer-Variable, die nicht in p, t, I oder S vorkommt.

Die neue Prämisse (5) dient dazu, die Deadlock-Freiheit von S zu zeigen, so daß die Konklusion von Regel 21 tatsächlich im Sinne der totalen Korrektheit gilt. Genauer übertragen wir folgenden Begriff aus Definition 6.1 (iii) auf verteilte Programme:

Sei p eine Zusicherung. Dann heißt S *deadlock-frei bezüglich* p, falls S aus keinem Zustand σ mit $\sigma \models p$ in einen Deadlock geraten kann.

Das folgende Lemma beschreibt eine Methode zum Nachweis der Deadlock-Freiheit von verteilten Programmen S.

Lemma 8.8 Sei I eine Invariante von S bezüglich der Vorbedingung p, d.h. I genüge im Sinne der *partiellen* Korrektheit den Prämissen (1) und (2) und es gelte Prämisse (5), d.h. $I \wedge BLOCK \rightarrow TERM$. Dann ist S deadlock-frei bezüglich p.

Beweis. Wie im Beweis von Satz 8.6 folgt aus den Prämissen (1) und (2)

$$\models \{p\}\ T(S)\ \{I \wedge BLOCK\}.$$

Daraus schließen wir mit der Prämisse (5) und der Konsequenzregel

$$\models \{p\}\ T(S)\ \{TERM\},$$

d.h.

$$\mathcal{M}[\![T(S)]\!](\sigma) \subseteq [\![TERM]\!]$$

für alle Zustände σ mit $\sigma \models p$. Jetzt liefert eine Anwendung des Sequentialisierungs-Satzes 8.5 (iii) die gewünschte Aussage über Deadlock-Freiheit. $\qquad\square$

Wir können jetzt zeigen:

Satz 8.9 Regel 21 ist korrekt für totale Korrektheit.

Beweis. Dieses folgt unmittelbar aus Satz 8.7 und Lemma 8.8. $\qquad\square$

Beweissysteme

Zur besseren Strukurierung von Beweisen benutzen wir neben den gerade vorgestellten Beweisregeln die folgenden Zusatzregeln.

REGEL A6:

$$\frac{I_1 \text{ und } I_2 \text{ sind globale Invarianten bezüglich } p}{I_1 \wedge I_2 \text{ ist eine globale Invariante bezüglich } p}$$

REGEL A7:

$$\frac{I \text{ ist eine globale Invariante bezüglich } p\ ,\quad \{p\}\ S\ \{q\}}{\{p\}\ S\ \{I \wedge\ q\}}$$

Wir werden Regel A6 in Beweisen für partielle Korrektheit und Regel A7 für Beweise von partieller, schwacher totaler und totaler Korrektheit einsetzen.

Insgesamt benutzen wir folgende Beweissystem: für partielle Korrektheit das System PDP (als Abkürzung für "partial correctness of distributed programs"), für schwache totale Korrektheit das System WDP (als Abkürzung für "weak total correctness of distributed programs") und für totale Korrektheit das System TDP (als Abkürzung für "total correctness of distributed programs").

Diese Beweissysteme sind wie folgt definiert:

> BEWEISSYSTEM PDP :
>
> Dieses System besteht aus dem Beweissystem PN erweitert um die Regeln 19, A6 und A7.

> BEWEISSYSTEM WDP :
>
> Dieses System besteht aus dem Beweissystem TN erweitert um die Regeln 20 und A7.

> BEWEISSYSTEM TDP :
>
> Dieses System besteht aus dem Beweissystem TN erweitert um die Regeln 21 und A7.

Aus den vorangegangenen Sätzen schließen wir:

Satz 8.10 (Korrektheit)

(i) Das Beweissystem PDP ist korrekt für partielle Korrektheit von verteilten Programmen.

(ii) Das Beweissystem WDP ist korrekt für schwache totale Korrektheit von verteilten Programmen.

(iii) Das Beweissystem TDP ist korrekt für totale Korrektheit von verteilten Programmen.

Beweis. Siehe Übungsaufgabe 8.3.   □

Beispiel 8.11 Als eine erste Anwendung der obigen Beweissysteme beweisen wir jetzt die Korrektheit des verteilten Programms SR aus Beispiel 8.2. Genauer wollen wir

$$\models_{tot} \{M \geq 1\} \; SR \; \{a[0 : M - 1] = b[0 : M - 1]\}$$

mit Hilfe von Regel 21 zeigen. Als globale Invariante bezüglich $M \geq 1$ wählen wir

$$I \equiv a[0 : i - 1] = b[0 : j - 1] \wedge 0 \leq i \leq M.$$

Dabei ist $a[0 : i - 1] = b[0 : j - 1]$ eine Abkürzung für

$$\forall(0 \le k < i) : a[k] = b[k] \land i = j.$$

Als Terminierungsfunktion wählen wir $t \equiv M - i$.

Im Programm SR gibt es nur eine gemeinsame Transition, nämlich

$$b[j] := a[i]; \; i := i + 1; \; j := j + 1$$

mit der zugehörigen Booleschen Bedingung $i \ne M \land j \ne M$. Für die Anwendung von Regel 21 sind deshalb folgende Prämissen zu überprüfen:

(1) $\{M \ge 1\} \; i := 0; \; j := 0 \; \{I\}$

(2) $\{I \land i \ne M \land j \ne M\} \; b[j] := a[i]; \; i := i + 1; \; j := j + 1 \; \{I\}$

(3) $\{I \land i \ne M \land j \ne M \land t = z\} \; b[j] := a[i]; \; i := i + 1; \; j := j + 1 \; \{t < z\}$

(4) $I \to t \ge 0$

(5) $(I \land \neg(i \ne M \land j \ne M)) \to i = M \land j = M$

Alle diese Prämissen sind leicht zu verifizieren. Damit ist Regel 21 anwendbar und liefert zusammen mit der Konsequenzregel die oben genannte Korrektheitsaussage. $\qquad\qquad\square$

8.5 Fallstudie: Übertragungsproblem

Wir wollen jetzt die Korrektheit des verteilten Programms

$$TRANS \equiv [SENDER \| FILTER \| RECEIVER]$$

zur Lösung des Übertragungsproblems aus Beispiel 8.3 zeigen. Wir erinnern daran, daß der Prozeß $SENDER$ eine Zeichenreihe, dargestellt als Abschnitt $a[0 : M - 1])$ eines Feldes a vom Typ **integer** $\to$ **character**, mittels des Prozesses $FILTER$ an den Prozeß $RECEIVER$ übertragen soll. Zur Übertragung dient ein Kanal *input* zwischen $SENDER$ und $FILTER$ und ein Kanal *output* zwischen $FILTER$ und $RECEIVER$.

Das Ende der Zeichenreihe $a[0 : M - 1]$ ist durch das Zeichen $a[M - 1] = $ '$*$' markiert. Es gilt $a \notin change(TRANS)$. Der Prozeß $FILTER$ soll alle Leerzeichen ' ' aus der Zeichenreihe entfernen und benutzt dazu als Zwischenspeicher ein Feld b vom selben Typ wie a. Das Endergebnis der Übertagung soll bei Terminierung des Programms $TRANS$ im Prozeß $RECEIVER$ im Abschnitt $c[0 : j - 1]$ eines Feldes c vom selben Typ wie a vorliegen.

Wir geben zunächst eine Ein/Ausgabespezifikation für das Übertragungsproblem an. Als Vorbedingung wählen wir

$$p \equiv M \ge 1 \land a[M - 1] = \text{'}*\text{'} \land \forall(0 \le i < M - 1) : a[i] \ne \text{'}*\text{'}.$$

Zur Formulierung der Nachbedingung benötigen wir eine Abbildung

$$delete : \mathbf{character}^* \rightarrow \mathbf{character}^*,$$

wobei **character*** die Menge aller Zeichenreihen über dem Alphabet **character** ist. Diese Abbildung ist induktiv definiert:

- $delete(\varepsilon) = \varepsilon$,

- $delete(w.`\ ') = delete(w)$,

- $delete(w.a) = delete(w).a$, falls $a \neq `\ '$ gilt.

Dabei steht ε für die leere Zeichenreihe, w für eine beliebige Zeichenreihe über dem Alphabet **character** und a für ein beliebiges Zeichen aus **character**. Die Nachbedingung können wir dann wie folgt formulieren:

$$q \equiv c[0 : j - 1] = delete(a[0 : M - 1]).$$

Unser Ziel in dieser Fallstudie ist es,

$$\models_{tot} \{p\}\ TRANS\ \{q\} \tag{8.4}$$

zu zeigen. Dabei gehen wir in vier Schritten vor.

Schritt 1. Zerlegung der Verifikationsaufgabe

Wir zerlegen den Beweis der totalen Korrektheitaussage (8.4) in die Beweise folgender Teilaussagen:

- partielle Korrektheit,

- kein Laufzeitfehler und keine Divergenz,

- Deadlock-Freiheit.

Schritt 2. Partielle Korrektheit

Wir zeigen zunächst (8.4) im Sinne der partiellen Korrektheit, d.h.

$$\models \{p\}\ TRANS\ \{q\}.$$

Dazu benötigen wir eine globale Invariante I von $TRANS$ bezüglich p. Wir wählen

$$
\begin{aligned}
I \equiv \quad & b[0 : in - 1] = delete(a[0 : i - 1]) \\
\wedge \quad & b[0 : out - 1] = c[0 : j - 1] \\
\wedge \quad & out \leq in\ .
\end{aligned}
$$

Dabei sind *in* und *out* die im Prozeß *FILTER* benutzten Zeigervariablen auf den Zwischenspeicher b. Wir zeigen jetzt, daß I tatsächlich die Prämissen von Regel 19 erfüllt. Wir erinnern daran, daß sich diese Prämissen auf die transformierte nichtdeterministische Version $T(TRANS)$ des Programms $TRANS$ beziehen:

$$
\begin{aligned}
T(TRANS) \equiv\ &i := 0;\ in := 0;\ out := 0; \\
&x := \text{' '};\ j := 0;\ y := \text{' '}; \\
&\textbf{do}\ i \neq M\ \wedge\ x \neq \text{'*'} \rightarrow\ x := a[i];\ i := i + 1; \\
&\qquad\qquad\qquad\qquad\ \textbf{if}\ x = \text{' '} \rightarrow\ skip \\
&\qquad\qquad\qquad\qquad\ \square\ x \neq \text{' '} \rightarrow\ b[in] := x; \\
&\qquad\qquad\qquad\qquad\qquad\qquad\qquad in := in + 1 \\
&\qquad\qquad\qquad\qquad\ \textbf{fi} \\
&\ \square\ out \neq in\ \wedge\ y \neq \text{'*'} \rightarrow\ y := b[out];\ out := out + 1; \\
&\qquad\qquad\qquad\qquad\qquad\qquad c[j] := y; j := j + 1 \\
&\textbf{od}
\end{aligned}
$$

(a) Zunächst betrachten wir den Initialisierungsteil. Offenbar gilt

$$
\begin{aligned}
&\{p\} \\
&i := 0;\ in := 0;\ out := 0; \\
&x := \text{' '};\ j := 0;\ y := \text{' '} \\
&\{I\}\ ,
\end{aligned}
$$

da die Zeichenreihen $a[0 : -1], b[0 : -1]$ und $c[0 : -1]$ definitionsgemäß leer sind.

(b) Als nächstes zeigen wir, daß jede Kommunikation über den Kanal *input* mit den zueinander passenden E/A-Anweisungen $input!a[i]$ und $input?x$ die Invariante I erhält. Für das zugehörige transformierte Programm $T(TRANS)$ haben wir zu zeigen:

$$
\begin{aligned}
&\{I\ \wedge\ i \neq M\ \wedge\ x \neq \text{'*'}\} \\
&x := a[i];\ i := i + 1; \\
&\textbf{if}\ x = \text{' '} \rightarrow\ skip \\
&\square\ x \neq \text{' '} \rightarrow\ b[in] := x; \\
&\qquad\qquad\qquad\ in := in + 1 \\
&\textbf{fi} \\
&\{I\}.
\end{aligned}
$$

Wir betrachten zunächst das erste Konjunkt von I, also $b[0 : in - 1] = delete(a[0 : i - 1])$. Es gilt

$$
\begin{aligned}
&\{b[0 : in - 1] = delete(a[0 : i - 1])\} \\
&x := a[i];\ i := i + 1 \\
&\{b[0 : in - 1] = delete(a[0 : i - 2])\ \wedge\ a[i - 1] = x\}\ .
\end{aligned}
$$

Indem wir die Definition der Abbildung *delete* anwenden, erhalten wir

$$\{b[0:in-1] = delete(a[0:i-2]) \wedge a[i-1] = x \wedge x = `\,\,'\}$$
$$skip$$
$$\{b[0:in-1] = delete(a[0:i-1])\}$$

und

$$\{b[0:in-1] = delete(a[0:i-2]) \wedge a[i-1] = x \wedge x \neq `\,\,'\}$$
$$b[in] := x;\ in := in + 1$$
$$\{b[0:in-1] = delete(a[0:i-1])\}\ .$$

Durch Anwendung der Beweisregeln für **if**-Anweisungen und sequentielle Komposition erhalten wir

$$\{b[0:in-1] = delete(a[0:i-1])\}$$
$$x := a[i];\ i := i + 1;$$
$$\textbf{if } x = `\,\,' \rightarrow skip$$
$$\square\ x \neq `\,\,' \rightarrow b[in] := x;$$
$$in := in + 1$$
$$\textbf{fi}$$
$$\{b[0:in-1] = delete(a[0:i-1])\}\ .$$

Abschließend betrachten wir die letzten beiden Konjunkte von I, also

$$b[0:out-1] = c[0:j-1] \wedge out \leq in.$$

Die hier genannten Abschnitte von b und c werden durch das betrachtete Programmstück überhaupt nicht verändert und der Wert von in wird allenfalls erhöht. Also bleiben auch diese Konjunkte und damit I selbst invariant.

(c) Schließlich zeigen wir, daß auch jede Kommunikation über den Kanal output mit den zueinander passenden E/A-Anweisungen $output!b[out]$ und $output?y$ die Invariante I erhält. Für das zugehörige transformierte Programm $T(TRANS)$ haben wir zu zeigen:

$$\{I \wedge out \neq in \wedge y \neq `*'\}$$
$$y := b[out];\ out := out + 1;$$
$$c[j] := y;\ j := j + 1$$
$$\{I\}\ .$$

Wir betrachten zunächst die letzten beiden Konjunkte von I. Es gilt

$$\{b[0:out-1] = c[0:j-1] \wedge out \leq in \wedge out \neq in\}$$
$$y := b[out];\ out := out + 1;$$
$$c[j] := y;\ j := j + 1$$
$$\{b[0:out-1] = c[0:j-1] \wedge out \leq in\}\ .$$

Da das erste Konjunkt von I durch das hier betrachtete Programmstück nicht verändert wird, bleibt auch dieses und damit I insgesamt invariant.

Damit haben wir nachgewiesen, daß I eine globale Invariante bezüglich p ist. Durch Anwendung von Regel 19 erhalten wir

$$\models \{p\}\ TRANS\ \{I \wedge TERM\}\ .$$

Dabei gilt

$$TERM \equiv i = M \wedge x = \text{`*'} \wedge out = in \wedge y = \text{`*'}.$$

Da die Implikation $I \wedge i = M \wedge out = in\ \rightarrow\ q$ gilt, liefert eine abschließende Anwendung der Konsequenzregel die gewünschte Korrektheitsformel (8.4) im Sinne der partiellen Korrektheit, also $\models \{p\}\ TRANS\ \{q\}$.

Schritt 3. Kein Laufzeitfehler und keine Divergenz

Wir zeigen jetzt, daß die Korrektheitsformel (8.4) auch im Sinne der schwachen totalen Korrektheit gilt, also

$$\models_{wtot} \{p\}\ TRANS\ \{q\}\ .$$

Da in $TRANS$ nur eine **if**-Anweisung mit vollständiger Fallunterscheidung vorkommt, ist klar, daß kein Laufzeitfehler auftreten kann.

Es bleibt die Divergenz-Freiheit nachzuweisen. Dazu benutzen wir die folgende Terminierungsfunktion:

$$t \equiv 2 \cdot (M - i) + in - out\ .$$

Dabei mißt $M-i$ die Anzahl der noch zu übertragenden Zeichen und $in-out$ die Anzahl der noch im Filter gepufferten Zeichen. Der Faktor 2 vor $M-i$ garantiert, daß der Wert von t abnimmt, wenn eine Kommunikation über den Kanal $input$ mit $i := i + 1$; $in := in + 1$ als Teil der gemeinsamen Transition ausgeführt wird. Eine Kommunikation über den Kanal $output$ führt $out := out + 1$ aus und bewirkt damit natürlich eine Abnahme des Wertes von t.

Wir müssen aber noch eine globale Invariante bezüglich p finden, die sicherstellt, daß daraus $t \geq 0$ folgt. Die Invariante I aus Schritt 2 ist nicht geeignet, da die Werte von M und i nicht in Beziehung gesetzt werden. Am besten nehmen wir hier einfach eine neue Invariante:

$$I_1 \equiv i \leq M \wedge out \leq in\ .$$

Offenbar ist I_1 eine globale Invariante bezüglich p und es gilt $I_1 \rightarrow t \geq 0$. Damit ist Regel 20 anwendbar und liefert

$$\models_{wtot} \{p\}\ TRANS\ \{I_1 \wedge TERM\}\ .$$

Indem wir die alte globale Invariante I betrachten und Regel A7 anwenden, erhalten wir

$$\models_{wtot} \{p\}\ TRANS\ \{I \wedge I_1 \wedge TERM\}\ ,$$

woraus analog zu Schritt 2 die Korrektheitsformel (8.4) in Sinne der schwachen totalen Korrektheit folgt, also $\models_{wtot} \{p\}\ TRANS\ \{q\}$.

Schritt 4. Deadlock-Freiheit

Um die Deadlock-Freiheit zu zeigen, genügt es nach Lemma 8.8, eine globale
Invariante I' bezüglich p zu finden, für die

$$I' \wedge BLOCK \to TERM \tag{8.5}$$

gilt. Für das hier betrachtete Programm $TRANS$ gilt

$$BLOCK \equiv (i = M \vee x = \text{`}*\text{'}) \wedge (out = in \vee y = \text{`}*\text{'})$$

und, wie bereits festgestellt,

$$TERM \equiv i = M \wedge x = \text{`}*\text{'} \wedge out = in \wedge y = \text{`}*\text{'}.$$

Wir werden hier die Regel A6 anweden und I' schrittweise angeben. Dazu werden wir globale Invarianten I_2, I_3 und I_4 bezüglich p angeben, so daß folgendes
gilt:

$$I_2 \to (i = M \leftrightarrow x = \text{`}*\text{'}) \,, \tag{8.6}$$
$$I_3 \wedge i = M \wedge x = \text{`}*\text{'} \wedge out = in \to y = \text{`}*\text{'} \,, \tag{8.7}$$
$$I_4 \wedge i = M \wedge x = \text{`}*\text{'} \wedge y = \text{`}*\text{'} \to out = in \,. \tag{8.8}$$

Mit Regel A6 ist dann auch

$$I' \equiv I_2 \wedge I_3 \wedge I_4$$

eine globale Invariante bezüglich p. Offenbar gilt für I' die gewünschte Implikation (8.5).

Es bleibt also noch, I_2, I_3 und I_4 zu wählen. Wir setzen

$$I_2 \equiv p \wedge (i > 0 \vee x = \text{`}*\text{'} \to x = a[i - 1]).$$

Diese Zusicherung beschreibt den Effekt einer Kommunikation auf dem Kanal
input, beschrieben durch die Wertzuweisungen $x := a[i]$; $i := i + 1$. Der For-
melteil $i > 0 \vee x = \text{`}*\text{'}$ gibt zwei hinreichende Bedingungen dafür an, daß eine
solche Kommunikation tatsächlich ausgeführt wurde. I_2 ist eine globale Invariante bezüglich p und es gilt (8.6).

Für I_3 wählen wir

$$I_3 \equiv I \wedge p \wedge (j > 0 \to y = c[j - 1]).$$

Das letzte Konjunkt von I_3 beschreibt eine einfache Beziehung zwischen den
Variablen des Prozesses $RECEIVER$ auf. I_3 ist eine globale Invariante bezüglich
p. Wir beweisen die Eigenschaft (8.7):

$$I_3 \wedge i = M \wedge x = \text{`}*\text{'} \wedge out = in$$

$\rightarrow$ {Definition von I}

$$I_3 \wedge c[0 : j - 1] = delete(a[0 : M - 1])$$

$\rightarrow$ {Aus p folgt $a[M - 1] = \text{`}*\text{'}$}

$$I_3 \wedge c[j - 1] = \text{`}*\text{'} \wedge j > 0$$

$\rightarrow$ {Definition von I_3}

$$y = \text{`}*\text{'}.$$

Schließlich wählen wir

$$I_4 \equiv I \wedge p \wedge (y = \text{`}*\text{'} \rightarrow c[j - 1] = \text{`}*\text{'}).$$

Wiederum stellt das letzte Konjunkt von I_4 eine einfache Beziehung zwischen den Variablen des Prozesses *RECEIVER* her. I_4 ist eine globale Invariante bezüglich p. Wir beweisen die Eigenschaft (8.8):

$$I_4 \wedge i = M \wedge x = \text{`}*\text{'} \wedge y = \text{`}*\text{'}$$

$\rightarrow$ {Definition von I_4}

$$I_4 \wedge c[j - 1] = \text{`}*\text{'}$$

$\rightarrow$ {Definition von I und p}

$$I_4 \wedge b[out - 1] = a[M - 1]$$

$\rightarrow$ {Da es in $a[0 : M - 1]$ nur einen `*' gibt und dieser

   als letztes Zeichen in $a[M - 1]$ vorkommt, muß wegen des

   ersten Konjunktes aus I gelten: $b[in - 1] = a[M - 1]$.}

$$out = in.$$

Damit haben wir die Deadlock-Freiheit des Programms *TRANS* bewiesen. Zusammen mit dem Ergebnis aus Schritt 3 erhalten wir die gewünschte Korrektheitsaussage (8.4).

8.6 Übungsaufgaben

Aufgabe 8.1   Sei S ein verteiltes Programm und es gelte $< S, \sigma > \rightarrow < S_1, \tau >$. Zeigen Sie, daß dann auch S_1 ein verteiltes Programm ist.

Aufgabe 8.2   Beweisen Sie das Änderungs- und Zugriffs-Lemma 3.7 für verteilte Programme und die Semantik-Varianten $\mathcal{M}$, $\mathcal{M}_{wtot}$ und $\mathcal{M}_{tot}$. (*Hinweis.* Benutzen Sie dabei den Sequentialisierungs-Satz 8.5.)

Aufgabe 8.3   Beweisen Sie den Korrektheits-Satz 8.10.

Aufgabe 8.4   Beweisen Sie folgende Aussage: Wenn I eine globale Invariante bezüglich p mit $I \rightarrow r$ ist, so ist auch $I \wedge r$ eine globale Invariante bezüglich p.

Aufgabe 8.5 Ein Prozeß $CENTER$ soll aus dem Abschnitt $a[1:n]$ eines Feldes a vom Typ **integer** $\rightarrow$ **integer** in einer Integer-Variablen x die gewichtete Summe $x = \sum_{i=1}^{n} w_i \cdot a[i]$ berechnen. Dabei seien die einzelnen Gewichte w_i verteilt in Prozessen P_i mit $i \in \{1, ..., n\}$ gespeichert.

Deshalb muß $CENTER$ in geeigneter Weise mit den Prozessen P_i kommunizieren. Wir nehmen an, daß dazu Kommunikationskanäle $link_i$ zur Verfügung stehen, und betrachten folgendes verteiltes Programm:

$$WSUM \equiv [CENTER \parallel P_1 \parallel ... \parallel P_n]$$

mit

$$
\begin{aligned}
CENTER \;\equiv\; & x := 0;\; to[1] := \textbf{true};\; ... \;;\; to[n] := \textbf{true}; \\
& from[1] := \textbf{true};\; ... \;;\; from[n] := \textbf{true}; \\
& \textbf{do } to[1]; link!a[1] \rightarrow to[1] := \textbf{false}; \\
& \qquad \cdots\cdots\cdots \\
& \quad to[n]; link!a[n] \rightarrow to[n] := \textbf{false}; \\
& \quad from[1]; link?y \rightarrow x := x + y;\; from[1] := \textbf{false}; \\
& \qquad \cdots\cdots\cdots \\
& \quad from[n]; link?y \rightarrow x := x + y;\; from[n] := \textbf{false}; \\
& \textbf{od}
\end{aligned}
$$

und

$$
\begin{aligned}
P_i \;\equiv\; & rec_i := \textbf{false};\; sent_i := \textbf{false}; \\
& \textbf{do } \neg rec_i; link?z_i \rightarrow rec_i := \textbf{true} \\
& \quad rec_i \wedge \neg sent_i; link!w_i \cdot z_i \rightarrow sent_i := \textbf{true} \\
& \textbf{od}
\end{aligned}
$$

für $i \in \{1, ..., n\}$. Zur Steuerung des Kommunikationsablaufs benutzt $CENTER$ indizierte Boolesche Kontrollvariablen $to[i]$ und $from[i]$ zweier Felder to und $from$ vom Typ **integer** $\rightarrow$ **Boolean**. Jeder Prozeß P_i benutzt seinerseits zwei Boolesche Kontrollvariablen rec_i und $sent_i$.

Beweisen Sie die totale Korrektheit von $WSUM$:

$$\models_{tot} \{\textbf{true}\}\; WSUM\; \{x = \textstyle\sum_{i=1}^{n} w_i \cdot a[i]\}.$$

Aufgabe 8.6 Gegeben seien zwei disjunkte endliche und nicht leere Mengen X_0 und Y_0 von ganzen Zahlen. Wir betrachten folgendes Problem der Mengenpartition von Dijkstra (siehe [AFR80]): Die Gesamtmenge $X_0 \cup Y_0$ ist so in zwei Teilmengen X und Y zu zerlegen, daß X genauso viele Elemente wie X_0 hat und Y genauso viele Elemente wie Y_0 und daß jedes Element von X kleiner als alle Elemente von Y ist.

Zur Lösung dieses Problems betrachten wir ein verteiltes Programm $SETPART$, das aus zwei Prozessen $SMALL$ und BIG besteht, die lokale Variablen X und Y für endliche Mengen ganzer Zahlen manipulieren und über Kanäle big und $small$ miteinander kommunizieren:

$$SETPART \equiv [SMALL \parallel BIG].$$

Wir nehmen an, daß in den Variablen X und Y anfangs die Mengen X_0 und Y_0 gespeichert sind. Der Prozeß $SMALL$ sendet dann jeweils das Maximum der in X gespeicherten Menge über den Kanal *big* an den Prozeß BIG. Dieser wiederum sendet das Minimum der aktualisierten Menge Y über den Kanal *small* an den Prozeß $SMALL$ zurück. Dieser Austausch von Werten terminiert, sobald der Prozeß $SMALL$ das gerade gesandte Maximum von BIG wieder zurückerhält. Genauer seinen die Prozesse von $SETPART$ wie folgt definiert:

$$
\begin{aligned}
SMALL \equiv\ & more := \textbf{true};\ send := \textbf{true}; \\
& mx := max(X); \\
& \textbf{do}\ more \wedge send;\ big\ !\ mx \rightarrow send := \textbf{false} \\
& \square\ \ more \wedge \neg send;\ small\ ?\ x \rightarrow \\
& \qquad\qquad \textbf{if}\ mx = x \rightarrow more := \textbf{false} \\
& \qquad\qquad \square\ mx \neq x \rightarrow\ X := X - \{mx\}; \\
& \qquad\qquad\qquad\qquad\qquad X := X \cup \{x\}; \\
& \qquad\qquad\qquad\qquad\qquad mx := max(X); \\
& \qquad\qquad\qquad\qquad\qquad send := \textbf{true} \\
& \qquad\quad \textbf{fi} \\
& \textbf{od},
\end{aligned}
$$

$$
\begin{aligned}
BIG \equiv\ & go := \textbf{true}; \\
& \textbf{do}\ go;\ big\ ?\ y \rightarrow\ Y := Y \cup \{y\}; \\
& \qquad\qquad\qquad\qquad mn := min(Y); \\
& \qquad\qquad\qquad\qquad Y := Y - \{mn\} \\
& \square\ \ go;\ small\ !\ mn \rightarrow go := (mn \neq y) \\
& \textbf{od}.
\end{aligned}
$$

Dabei dienen die Booleschen Kontrollvariablen *more*, *send* und *go* zur Steuerung und Terminierung des Datenaustausches zwischen $SMALL$ und BIG. Insbesondere wird durch die Variable *send* erreicht, daß die Prozesse $SMALL$ und BIG abwechselnd über die Kanäle *big* und *small* kommunizieren. Die Integer-Variablen mx, x, mn, y werden zur Zwischenspeicherung von Werten aus X und Y benutzt.

Zeigen Sie die totale Korrektheit des Programms $SETPART$ bezüglich der Vorbedingung

$$p \equiv X \cap Y = \emptyset \wedge X \neq \emptyset \wedge Y \neq \emptyset \wedge X = X_0 \wedge Y = Y_0$$

und der Nachbedingung

$$
\begin{aligned}
q \equiv\ & X \cup Y = X_0 \cup Y_0 \\
\wedge\ & card(X) = card(X_0) \wedge card(Y) = card(Y_0) \\
\wedge\ & min(X) < min(Y).
\end{aligned}
$$

Dabei bezeichnet der Ausdruck $card(A)$ für eine endliche Menge A die Anzahl der Elemente von A, die *Kardinalität* von A.

Aufgabe 8.7 Erweitern Sie die Syntax verteilter Programme S so, daß außer der parallelen Komposition $S ::= [S_1\|\ldots\|S_n]$ alle Produktionsregeln nichtdeterministischer Programme gemäß Kapitel 7 für S anwendbar sind. Die entstehende Programmklasse möge *erweiterte verteilte Programme* heißen.

(i) Definieren Sie analog zum Abschnitt 8.2 die Semantik-Varianten $\mathcal{M}$, $\mathcal{M}_{wtot}$ und $\mathcal{M}_{tot}$ für erweiterte verteilte Programme.

(ii) Sei $R \equiv S_0;\ [S_1\|\ldots\|\ R_0; S_i\ \|\ldots\|S_n]$ ein erweitertes verteiltes Programm, wobei R_0 and S_0 nichtdeterministische Programme sind. S werde in das erweiterte verteilte Programm $T \equiv S_0;\ R_0;\ [S_1\|\ldots\|S_i\|\ldots\|S_n]$ transformiert. Beweisen Sie

$$\mathcal{M}[\![R]\!] = \mathcal{M}[\![T]\!].$$

Welche semantische Beziehung zwischen S und T gilt unter den Semantiken $\mathcal{M}_{wtot}$ and $\mathcal{M}_{tot}$?

(*Hinweis.* Benutzen Sie den Sequentialisierungs-Satz 8.5 und Lemma 7.4.)

8.7 Bibliographische Anmerkungen

In diesem Kapitel haben wir verteilte Programme untersucht, die eine einfache Teilmenge von Hoare's CSP [Hoa78] darstellen. In Hoare's CSP dürfen Ein/Ausgabe-Anweisungen überall dort auftreten, wo auch Wertzuweisungen stehen können. In der ursprünglichen Version von CSP wurden jedoch Prozeßnamen anstelle von Kanalnamen in Ein/Ausgabe-Anweisungen benutzt. Ferner waren keine Ausgabe-Anweisungen in den verallgemeinerten Wächtern erlaubt. Eine moderne Version von CSP ohne diese Einschränkungen wird in [Hoa85] vorgestellt. Die hier betrachtete Teilmenge wurde von Apt [Apt86] eingeführt.

Die erste Semantik-Definition für CSP findet sich bei Francez et al. [FHLR79]. Vereinfachte Semantik-Definitionen sind von Francez, Lehmann und Pnueli [FLP84] und Brookes, Hoare und Roscoe [BHR84] angegeben worden. Die hier vorgestellte operationelle Semantik basiert auf einer Arbeit von Plotkin [Plo82].

Beweissysteme zur Verifikation von allgemeinen CSP-Programmen wurden zuerst von Apt, Francez und de Roever [AFR80] sowie von Levin und Gries [LG81] angegeben. Die Vorgehensweise in diesen Ansätzen ist analog zur Owicki/Gries-Methode zur Verifikation paralleler Programme, wie wir sie in Kapitel 6 kennengelernt haben: Es werden zunächst Beweisskizzen für die einzelnen sequentiellen Prozesse aufgestellt und anschließend deren Verträglichkeit mit einem sogenannten *Kooperations-Test* überprüft. Dieser Test stellt das Analogon zum Test auf Interferenz-Freiheit für parallele Programme dar. Die Beweissysteme von Apt, Francez und de Roever sowie die Variante von Gries und Levin werden in dem Buch [Fra92] erläutert. Ein Überblick über verschiedene Beweissysteme für CSP wird von Hooman und de Roever in [HR86] gegeben.

Der hier vorgestellte Ansatz beruht auf einer Arbeit von Apt [Apt86]. Der Grundgedanke ist, daß sich der aufwendige Kooperations-Test durch Einschränkung auf eine Teilklasse von CSP, wie sie im Abschnitt 8.1 vorgestellt wurde, ganz vermeiden läßt. Von der Modellierungsmächtigkeit her stellt die hier betrachtete Teilklasse von CSP keine Einschränkung dar, denn Apt, Bougé und Clermont [ABC87] sowie Zöbel [Zöb88] haben Transformationen beliebiger CSP-Programme in Programme der hier betrachteten Teilmenge von CSP angegeben. Allerdings benötigen diese Transformationen zusätzliche Kontrollvariablen ähnlich den Programmzähler-Variablen, die wir im Abschnitt 7.6 für die Transformation paralleler Programme in nichtdeterministische benötigen.

Verschiedene kompositionelle Beweistechniken für eine Erweiterung von CSP und allgemeinere als die hier betrachteten Ein/Ausgabe-Eigenschaften werden von Zwiers [Zwi89] vorgestellt.

Die Forschungsergebnisse über CSP sind unmittelbar in den Entwurf der Programmiersprache OCCAM [INM84] eingeflossen, die zur Programmierung von verteilten Transputer-Systemen entwickelt wurde. Über Änsätze zur systematischen Konstruktion von OCCAM-ähnlichen Programmen aus Spezifikationen mittels Transformationsregeln wird in [Old91] berichtet.

Anhang
A. Semantik

Die folgenden Transitionsaxiome und -regeln wurden in diesem Buch zur Definition der operationellen Semantik der verschiedenen Programmklassen benutzt:

(i) $\ <skip, \sigma> \ \rightarrow \ <E, \sigma>$

(ii) $\ <u := t, \sigma> \ \rightarrow \ <E, \sigma[u := \sigma(t)]>$

(iii) $\ \dfrac{<S_1, \sigma> \ \rightarrow \ <S_2, \tau>}{<S_1;\ S, \sigma> \ \rightarrow \ <S_2;\ S, \tau>}$

(iv) $\ <\mathbf{if}\ B\ \mathbf{then}\ S_1\ \mathbf{else}\ S_2\ \mathbf{fi}, \sigma> \ \rightarrow \ <S_1, \sigma>$, wobei $\sigma \models B$

(v) $\ <\mathbf{if}\ B\ \mathbf{then}\ S_1\ \mathbf{else}\ S_2\ \mathbf{fi}, \sigma> \ \rightarrow \ <S_2, \sigma>$, wobei $\sigma \models \neg B$

(vi) $\ <\mathbf{while}\ B\ \mathbf{do}\ S\ \mathbf{od}, \sigma> \ \rightarrow \ <S;\ \mathbf{while}\ B\ \mathbf{do}\ S\ \mathbf{od}, \sigma>$, wobei $\sigma \models B$

(vii) $\ <\mathbf{while}\ B\ \mathbf{do}\ S\ \mathbf{od}, \sigma> \ \rightarrow \ <E, \sigma>$, wobei $\sigma \models \neg B$

(viii)
$$\frac{<S_i, \sigma> \ \rightarrow \ <T_i, \tau>}{<[S_1\|\ldots\|S_i\|\ldots\|S_n], \sigma> \ \rightarrow \ <[S_1\|\ldots\|T_i\|\ldots\|S_n], \tau>}\ ,$$
wobei $i \in \{1, \ldots, n\}$

(ix) $\ \dfrac{<S, \sigma> \ \rightarrow^* \ <E, \tau>}{<\langle S \rangle, \sigma> \ \rightarrow \ <E, \tau>}$

(x)
$$\frac{<S, \sigma> \ \rightarrow^* \ <E, \tau>}{<\mathbf{await}\ B\ \mathbf{then}\ S\ \mathbf{end}, \sigma> \ \rightarrow \ <E, \tau>}\ ,$$
wobei $\sigma \models B$

(xi) $\ <\mathbf{if}\ \square_{i=1}^{n}\ B_i \rightarrow S_i\ \mathbf{fi}, \sigma> \ \rightarrow \ <S_i, \sigma>$, wobei $\sigma \models B_i$ und $i \in \{1, \ldots, n\}$

(xii) $< \mathbf{if}\ \square_{i=1}^n\ B_i \to S_i\ \mathbf{fi}, \sigma > \ \to\ < E, \mathbf{fail} >$, wobei $\sigma \models \bigwedge_{i=1}^n\ \neg B_i$

(xiii) $< \mathbf{do}\ \square_{i=1}^n\ B_i \to S_i\ \mathbf{od}, \sigma > \ \to\ < S_i; \mathbf{do}\ \square_{i=1}^n\ B_i \to S_i\ \mathbf{od}, \sigma >$,
wobei $\sigma \models \bigvee_{i=1}^n\ B_i$

(xiv) $< \mathbf{do}\ \square_{i=1}^n\ B_i \to S_i\ \mathbf{od}, \sigma > \ \to\ < E, \sigma >$, wobei $\sigma \models \bigwedge_{i=1}^n\ \neg B_i$

(xvi) $< [S_1\|\ldots\|S_n], \sigma > \to\ < [S_1'\|\ldots\|S_n'], \tau >$, wobei für $k, \ell \in \{1, \ldots, n\}$
mit $k \neq \ell$

$$S_k \equiv \mathbf{do}\ \square_{j=1}^{m_1}\ g_j \to R_j\ \mathbf{od},$$
$$S_\ell \equiv \mathbf{do}\ \square_{j=1}^{m_2}\ h_j \to T_j\ \mathbf{od}$$

gilt und für ein $j_1 \in \{1, \ldots, m_1\}$ und ein $j_2 \in \{1, \ldots, m_2\}$ die verallgemeinerten Wächter $g_{j_1} \equiv B_1; \alpha_1$ und $h_{j_2} \equiv B_2; \alpha_2$ zueinander passen und folgende Bedingungen erfüllt sind:

(1) $\sigma \models B_1 \wedge B_2$,
(2) $\mathcal{M}[\![Eff(\alpha_1, \alpha_2)]\!](\sigma) = \{\tau\}$,
(3) $S_k' \equiv R_{j_1}; S_k$,
(4) $S_\ell' \equiv T_{j_2}; S_\ell$,
(5) $S_i' \equiv S_i$ for $i \neq k, \ell$.

B. Beweisregeln

Die folgenden Axiome und Regeln wurden in den Beweissystemen zur Programmverifikation vorgestellt:

AXIOM 1:   SKIP-ANWEISUNG

$$\{p\}\ skip\ \{p\}$$

AXIOM 2:   WERTZUWEISUNG

$$\{p[u := t]\}\ u := t\ \{p\}$$

REGEL 3:   SEQUENTIELLE KOMPOSITION

$$\frac{\{p\}\ S_1\ \{r\}, \{r\}\ S_2\ \{q\}}{\{p\}\ S_1;\ S_2\ \{q\}}$$

REGEL 4:   BEDINGTE ANWEISUNG

$$\frac{\{p \wedge B\}\ S_1\ \{q\}, \{p \wedge \neg B\}\ S_2\ \{q\}}{\{p\}\ \textbf{if}\ B\ \textbf{then}\ S_1\ \textbf{else}\ S_2\ \textbf{fi}\ \{q\}}$$

REGEL 5:   SCHLEIFE

$$\frac{\{p \wedge B\}\ S\ \{p\}}{\{p\}\ \textbf{while}\ B\ \textbf{do}\ S\ \textbf{od}\ \{p \wedge \neg B\}}$$

REGEL 6:   KONSEQUENZREGEL

$$\frac{p \rightarrow p_1, \{p_1\}\ S\ \{q_1\}, q_1 \rightarrow q}{\{p\}\ S\ \{q\}}$$

REGEL 7:   SCHLEIFE II

$$\frac{\begin{array}{l} \{p \wedge B\}\ S\ \{p\}, \\ \{p \wedge B \wedge t = z\}\ S\ \{t < z\}, \\ p \rightarrow t \geq 0 \end{array}}{\{p\}\ \textbf{while}\ B\ \textbf{do}\ S\ \textbf{od}\ \{p \wedge \neg B\}}$$

wobei t ein Integer-Ausdruck ist und z eine Integer-Variable, die nicht in p, B, t oder S vorkommt.

REGEL 8:   SEQUENTIALISIERUNG

$$\frac{\{p\}\ S_1;\ \ldots;\ S_n\ \{q\}}{\{p\}\ [S_1\|\ldots\|S_n]\ \{q\}}$$

REGEL 9:   DISJUNKTER PARALLELISMUS

$$\frac{\{p_i\}\ S_i\ \{q_i\}, i \in \{1, \ldots, n\}}{\{\bigwedge_{i=1}^n p_i\}\ [S_1\|\ldots\|S_n]\ \{\bigwedge_{i=1}^n q_i\}}$$

wobei $free(p_i, q_i) \cap change(S_j) = \emptyset$ für $i \neq j$ gilt.

REGEL 10:   HILFSVARIABLEN

$$\frac{\{p\}\ S\ \{q\}}{\{p\}\ S_0\ \{q\}}$$

wobei es eine Menge A von Hilfsvariablen von S mit $free(q) \cap A = \emptyset$ gibt, so daß S_0 aus S durch das Streichen aller Wertzuweisungen an Variablen aus A entsteht.

REGEL 11:   ATOMARER BEREICH

$$\frac{\{p\}\ S\ \{q\}}{\{p\}\ \langle S \rangle\ \{q\}}$$

REGEL 12:   PARALLELISMUS MIT GEMEINSAMEN VARIABLEN

$$\frac{\text{Die Standard-Beweisskizzen } \{p_i\}\ S_i^*\ \{q_i\}, \ i \in \{1, \ldots, n\}, \text{ sind interferenz-frei.}}{\{\bigwedge_{i=1}^n p_i\}\ [S_1\|\ldots\|S_n]\ \{\bigwedge_{i=1}^n q_i\}}$$

REGEL 13:   SYNCHRONISATION

$$\frac{\{p \wedge B\}\ S\ \{q\}}{\{p\}\ \textbf{await } B \textbf{ then } S \textbf{ end}\ \{q\}}$$

REGEL 14:   PARALLELISMUS MIT DEADLOCK-FREIHEIT

(1) Die Standard-Beweisskizzen $\{p_i\}\ S_i^*\ \{q_i\}, i \in \{1, \ldots, n\}$, für schwache totale Korrektheit sind interferenz-frei.

(2) Für jeden potentiellen Deadlock $(R_1, \ldots, R_n)$ von $[S_1\|\ldots\|S_n]$ erfüllt das zugehörige Tupel von Zusicherungen $(r_1, \ldots, r_n)$ die Formel $\neg \bigwedge_{i=1}^n r_i$.

$$\{\bigwedge_{i=1}^n p_i\}\ [S_1\|\ldots\|S_n]\ \{\bigwedge_{i=1}^n q_i\}$$

REGEL 15:   IF-ANWEISUNG

$$\frac{\{p \wedge B_i\} \; S_i \; \{q\}, i \in \{1, \ldots, n\}}{\{p\} \; \textbf{if} \; \Box_{i=1}^n \; B_i \rightarrow S_i \; \textbf{fi} \; \{q\}}$$

REGEL 16:   DO-ANWEISUNG

$$\frac{\{p \wedge B_i\} \; S_i \; \{p\}, i \in \{1, \ldots, n\}}{\{p\} \; \textbf{do} \; \Box_{i=1}^n \; B_i \rightarrow S_i \; \textbf{od} \; \{p \wedge \wedge_{i=1}^n \; \neg B_i\}}$$

REGEL 17:   IF-ANWEISUNG II

$$\frac{\begin{array}{c} p \rightarrow \vee_{i=1}^n \; B_i, \\ \{p \wedge B_i\} \; S_i \; \{q\}, i \in \{1, \ldots, n\} \end{array}}{\{p\} \; \textbf{if} \; \Box_{i=1}^n \; B_i \rightarrow S_i \; \textbf{fi} \; \{q\}}$$

REGEL 18:   DO-ANWEISUNG II

$$\frac{\begin{array}{l} \{p \wedge B_i\} \; S_i \; \{p\}, i \in \{1, \ldots, n\}, \\ \{p \wedge B_i \wedge t = z\} \; S_i \; \{t < z\}, i \in \{1, \ldots, n\}, \\ p \rightarrow t \geq 0 \end{array}}{\{p\} \; \textbf{do} \; \Box_{i=1}^n \; B_i \rightarrow S_i \; \textbf{od} \; \{p \wedge \wedge_{i=1}^n \; \neg B_i\}}$$

wobei t ein Integer-Ausdruck ist und z eine Integer-Variable, die nicht in p, t, B_i oder S_i mit $i \in \{1, \ldots, n\}$ vorkommt.

REGEL 19:   VERTEILTE PROGRAMME

$$\frac{\begin{array}{c} \{p\} \; S_{1,0}; \; \ldots; \; S_{n,0} \; \{I\}, \\ \{I \wedge B_{i,j} \wedge B_{k,\ell}\} \; \mathit{Eff}(\alpha_{i,j}, \alpha_{k,\ell}); \; S_{i,j}; \; S_{k,\ell} \; \{I\} \\ \text{für alle } (i, j, k, \ell) \in \Gamma \end{array}}{\{p\} \; S \; \{I \wedge \mathit{TERM}\}}$$

REGEL 20:   VERTEILTE PROGRAMME II

(1) $\{p\} \; S_{1,0}; \; \ldots; \; S_{n,0} \; \{I\},$

(2) $\{I \wedge B_{i,j} \wedge B_{k,\ell}\} \; \mathit{Eff}(\alpha_{i,j}, \alpha_{k,\ell}); \; S_{i,j}; \; S_{k,\ell} \; \{I\}$
      für alle $(i, j, k, \ell) \in \Gamma,$

(3) $\{I \wedge B_{i,j} \wedge B_{k,\ell} \wedge t = z\} \; \mathit{Eff}(\alpha_{i,j}, \alpha_{k,\ell}); \; S_{i,j}; \; S_{k,\ell} \; \{t < z\}$
      für alle $(i, j, k, \ell) \in \Gamma,$

(4) $I \rightarrow t \geq 0$

$$\overline{\quad\{p\} \; S \; \{I \wedge \mathit{TERM}\}\quad}$$

wobei t ein Integer-Ausdruck ist und z eine Integer-Variable, die nicht in p, t, I oder S vorkommt.

REGEL 21:   VERTEILTE PROGRAMME III

(1) $\{p\}\ S_{1,0};\ \ldots;\ S_{n,0}\ \{I\}$,

(2) $\{I \wedge B_{i,j} \wedge B_{k,\ell}\}\ \mathit{Eff}(\alpha_{i,j}, \alpha_{k,\ell});\ S_{i,j};\ S_{k,\ell}\ \{I\}$
     für alle $(i, j, k, \ell) \in \Gamma$,

(3) $\{I \wedge B_{i,j} \wedge B_{k,\ell} \wedge t = z\}\ \mathit{Eff}(\alpha_{i,j}, \alpha_{k,\ell});\ S_{i,j};\ S_{k,\ell}\ \{t < z\}$
     für alle $(i, j, k, \ell) \in \Gamma$,

(4) $I \to t \geq 0$,

(5) $I \wedge BLOCK \to TERM$

$$\overline{\{p\}\ S\ \{I \wedge TERM\}}$$

wobei t ein Integer-Ausdruck ist und z eine Integer-Variable, die nicht in p, t, I oder S vorkommt.

Zusätzliche Axiome und Regeln

AXIOM A1:   INVARIANZ

$$\{p\}\ S\ \{p\}\,,$$

wobei $free(p) \cap change(S) = \emptyset$.

REGEL A2:   DISJUNKTION

$$\frac{\{p\}\ S\ \{q\}, \{r\}\ S\ \{q\}}{\{p \vee r\}\ S\ \{q\}}$$

REGEL A3:   KONJUNKTION

$$\frac{\{p_1\}\ S\ \{q_1\}, \{p_2\}\ S\ \{q_2\}}{\{p_1 \wedge p_2\}\ S\ \{q_1 \wedge q_2\}}$$

REGEL A4:   ∃-EINFÜHRUNG

$$\frac{\{p\}\ S\ \{q\}}{\{\exists x : p\}\ S\ \{q\}}\,,$$

wobei x weder in S noch in $free(q)$ vorkommt.

REGEL A5:   INVARIANZ

$$\frac{\{r\}\ S\ \{q\}}{\{p \wedge r\}\ S\ \{p \wedge q\}}\,,$$

wobei $free(p) \cap change(S) = \emptyset$.

REGEL A6:

$$\frac{I_1 \text{ und } I_2 \text{ sind globale Invarianten bezüglich } p}{I_1 \wedge I_2 \text{ ist eine globale Invariante bezüglich } p}$$

REGEL A7:

$$\frac{I \text{ ist eine globale Invariante bezüglich } p \, , \quad \{p\} \, S \, \{q\}}{\{p\} \, S \, \{I \wedge q\}}$$

C. Beweissysteme

Für die einzelnen Programmklassen dieses Buches wurden folgende Beweissysteme zur Verifikation der partiellen und totalen Korrektheit eingeführt.

Deterministische Programme

BEWEISSYSTEM *PD*
Dieses System besteht aus
den Axiomen 1–2 und den Regeln 3–6.

BEWEISSYSTEM *TD*
Dieses System besteht aus den Axiomen
und Regeln 1–4, 6, 7.

Disjunkte parallele Programme

BEWEISSYSTEM *PP*
Dieses System besteht aus den Axiomen
und Regeln 1–6, 9, 10 und A1–A5.

BEWEISSYSTEM *TP*
Dieses System besteht aus den Axiomen
und Regeln 1–4, 6–7, 9, 10 und A2–A5.

Parallele Programme mit gemeinsamen Variablen

BEWEISSYSTEM *PSV*
Dieses System besteht aus den Axiomen
und Regeln 1–6, 10–12 und A1–A5

BEWEISSYSTEM TSV
Dieses System besteht aus den Axiomen
und Regeln 1–4, 6–7, 10–12 und A2–A5.

Parallele Programme mit Synchronisation

BEWEISSYSTEM PSY
Dieses System besteht aus den Axiomen
und Regeln 1–6, 10, 12, 13 und A1–A5.

BEWEISSYSTEM TSY
Dieses System besteht aus den Axiomen
und Regeln 1–4, 6–7, 10, 13, 14 und A2–A5.

Nichtdeterministische Programme

BEWEISSYSTEM PN
Dieses System besteht aus den Axiomen
und Regeln 1–3, 6, 15–16 sowie A1–A5.

BEWEISSYSTEM TN
Dieses System besteht aus den Axiomen
und Regeln 1–3, 6, 17–18 sowie A2–A5.

Verteilte Programme

BEWEISSYSTEM PDP :
Dieses System besteht aus dem Beweissystem PN
erweitert um die Regeln 19, A6 und A7.

BEWEISSYSTEM WDP :
Dieses System besteht aus dem Beweissystem TN
erweitert um die Regeln 20 und A7.

BEWEISSYSTEM TDP :
Dieses System besteht aus dem Beweissystem TN
erweitert um die Regeln 21 und A7.

D. Beweisskizzen

Die folgenden Axiome und Regeln wurden in diesem Buch zur Definition der Beweisskizzen benutzt:

(i) $\{p\}\ skip\ \{p\}$

(ii) $\{p[u := t]\}\ u := t\ \{p\}$

(iii) $$\frac{\{p\}\ S_1^*\ \{r\}, \{r\}\ S_2^*\ \{q\}}{\{p\}\ S_1^*;\ \{r\}\ S_2^*\ \{q\}}$$

(iv) $$\frac{\{p \wedge B\}\ S_1^*\ \{q\}, \{p \wedge \neg B\}\ S_2^*\ \{q\}}{\{p\}\ \textbf{if}\ B\ \textbf{then}\ \{p \wedge B\}\ S_1^*\ \{q\}\ \textbf{else}\ \{p \wedge \neg B\}\ S_2^*\ \{q\}\ \textbf{fi}\ \{q\}}$$

(v) $$\frac{\{p \wedge B\}\ S^*\ \{p\}}{\{\textbf{inv}: p\}\ \textbf{while}\ B\ \textbf{do}\ \{p \wedge B\}\ S^*\ \{p\}\ \textbf{od}\ \{p \wedge \neg B\}}$$

(vi) $$\frac{p \rightarrow p_1,\ \{p_1\}\ S^*\ \{q_1\},\ q_1 \rightarrow q}{\{p\}\{p_1\}\ S^*\ \{q_1\}\{q\}}$$

(vii) $$\frac{\{p\}\ S^*\ \{q\}}{\{p\}\ S^{**}\ \{q\}},$$

wobei S^{**} aus S^* durch *Streichen* von Kommentaren der Form $\{r\}$ entsteht. Hingegen bleiben alle Kommentare der Form $\{\textbf{inv}: r\}$ stehen.

(viii) $$\frac{\{p \wedge B\}\ S^*\ \{p\},\ \{p \wedge B \wedge t = z\}\ S^{**}\ \{t < z\},\ p \rightarrow t \geq 0}{\{\textbf{inv}: p\}\{\textbf{bd}: t\}\ \textbf{while}\ B\ \textbf{do}\ \{p \wedge B\}\ S^*\ \{p\}\ \textbf{od}\ \{p \wedge \neg B\}}$$

wobei t ein Integer-Ausdruck ist und z eine Integer-Variable, die nicht in p, t, B oder S^{**} vorkommt.

(ix)

$$\frac{\{p_i\}\ S_i^*\ \{q_i\}, i \in \{1, \ldots, n\}}{\{\wedge_{i=1}^n\ p_i\}\ [\{p_1\}\ S_1^*\ \{q_1\}\|\ldots\|\{p_n\}\ S_n^*\ \{q_n\}]\ \{\wedge_{i=1}^n\ q_i\}}.$$

(x)

$$\frac{\{p\}\ S^*\ \{q\}}{\{p\}\ \langle S^* \rangle\ \{q\}}$$

wobei S^* wie üblich für eine kommentierte Version von S steht.

(xi)

$$\frac{\begin{array}{ll}(1) & \{p \wedge B\}\ S^*\ \{p\}\ \text{ist eine Standard-Beweisskizze,} \\ (2) & \{pre(A) \wedge t = z\}\ A\ \{t \leq z\}\ \text{für jede normale} \\ & \text{Wertzuweisung und jeden atomaren Bereich } A \text{ in } S, \\ (3) & \text{für jeden Pfad } \pi \in path(S) \text{ gibt es eine normale} \\ & \text{Wertzuweisung oder einen atomaren Bereich } A \text{ in } \pi \text{ mit} \\ & \{pre(A) \wedge t = z\}\ A\ \{t < z\}, \\ (4) & p \rightarrow t \geq 0\end{array}}{\{\textbf{inv}:p\}\{\textbf{bd}:t\}\ \textbf{while}\ B\ \textbf{do}\ \{p \wedge B\}\ S^*\ \{p\}\ \textbf{od}\ \{p \wedge \neg B\}}$$

wobei t ein Integer-Ausdruck ist und z eine Integer-Variable, die nicht in p, t, B or S^* vorkommt, und wobei $pre(A)$ diejenige Zusicherung ist, die in der in (1) betrachteten Standard-Beweisskizze unmittelbar vor A steht.

(xii)

$$\frac{\{p \wedge B\}\ S^*\ \{q\}}{\{p\}\ \textbf{await}\ B\ \textbf{then}\ \{p \wedge B\}\ S^*\ \{q\}\ \textbf{end}\ \{q\}}$$

wobei S^* für eine kommentierte Version von S steht.

(xiii)

$$\frac{\begin{array}{l}p \rightarrow \vee_{i=1}^n\ B_i, \\ \{p \wedge B_i\}\ S_i^*\ \{q\}, i \in \{1, \ldots, n\}\end{array}}{\{p\}\ \textbf{if}\ \square_{i=1}^n\ B_i \rightarrow \{p \wedge B_i\}\ S_i^*\ \{q\}\ \textbf{fi}\ \{q\}}$$

(xiv)

$$\frac{\begin{array}{l}\{p \wedge B_i\}\ S_i^*\ \{p\}, i \in \{1, \ldots, n\}, \\ \{p \wedge B_i \wedge t = z\}\ S_i^{**}\ \{t < z\}, i \in \{1, \ldots, n\}, \\ p \rightarrow t \geq 0\end{array}}{\{\textbf{inv}:p\}\{\textbf{bd}:t\}\ \textbf{do}\ \square_{i=1}^n\ B_i \rightarrow \{p \wedge B_i\}\ S_i^*\ \{p\}\ \textbf{od}\ \{p \wedge \wedge_{i=1}^n\ \neg B_i\}}$$

wobei t ein Integer-Ausdruck ist und z eine Integer-Variable, die nicht in p, t, B_i oder S_i mit $i \in \{1, \ldots, n\}$ vorkommt.

Literaturverzeichnis

[ABC87] K.R. Apt, L. Bougé, and Ph. Clermont. Two normal form theorems for CSP programs. *Information Processing Letters*, 26:165–171, 1987.

[ABO90] K.R. Apt, F.S. de Boer, and E.-R. Olderog. Proving termination of parallel programs. In W.H.J. Feijen, A.J.M. van Gasteren , D. Gries, and J. Misra, editors, *Beauty is our Business, A Birthday Salute to Edsger W. Dijkstra*, pages 0–6, New York, 1990. Springer-Verlag.

[AFR80] K.R. Apt, N. Francez, and W.P. de Roever. A proof system for communicating sequential processes. *ACM Transactions on Programming Languages and Systems*, 2(3):359–385, 1980.

[AM71] E. Ashcroft and Z. Manna. Formalization of properties of parallel programs. *Machine Intelligence*, 6:17–41, 1971.

[AO83] K.R. Apt and E.-R. Olderog. Proof rules and transformations dealing with fairness. *Science of Computer Programming*, 3:65–100, 1983.

[AO91] K.R. Apt and E.-R. Olderog. *Verification of Sequential and Concurrent Programs*. Springer-Verlag, New York, 1991.

[Apt81] K.R. Apt. Ten years of Hoare's logic, a survey, part I. *ACM Transactions on Programming Languages and Systems*, 3:431–483, 1981.

[Apt84] K.R. Apt. Ten years of Hoare's logic, a survey, part II: nondeterminism. *Theoretical Computer Science*, 28:83–109, 1984.

[Apt86] K.R. Apt. Correctness proofs of distributed termination algorithms. *ACM Transactions on Programming Languages and Systems*, 8:388–405, 1986.

[Bac86] R.C. Backhouse. *Program Construction and Verification*. Pren-tice-Hall International, Englewood Cliffs, NJ, 1986.

[Bac89] R.J.R. Back. A method for refining atomicity in parallel algorithms. In *PARLE Conference on Parallel Architectures and Languages Europe*, pages 199–216, New York, 1989. Lecture Notes in Computer Science 366, Springer-Verlag.

[Bak80] J.W. de Bakker. *Mathematical Theory of Program Correctness*. Prentice-Hall International, Englewood Cliffs, NJ, 1980.

[Ben90] M. Ben-Ari. *Principles of Concurrent and Distributed Programming*. Prentice-Hall International, Englewood Cliffs, NJ, 1990.

[Bes89]   E. Best. *Kausale Semantik nichtsequentieller Programme*. R. Oldenbourg Verlag, GMD-Bericht Nr. 174, 1989.

[BHR84]   S.D. Brookes, C.A.R. Hoare, and A.W. Roscoe. A theory of communicating processes. *Journal of the ACM*, 31:560–599, 1984.

[BL89]   E. Best and C. Lengauer. Semantic independence. *Science of Computer Programming*, 13:23–50, 1989.

[Bou90]   F. Bourdoncle. Interprocedural abstract interpretation of block structured languages with nested procedures, aliasing and recursivity. In P. Deransart and J. Maluszyński, editors, *Proceedings of the 2nd International Symposium on Programming Language Implementation and Logic Programming (PLILP'90)*, pages 307–323, New York, 1990. Lecture Notes in Computer Science 456, Springer-Verlag.

[Car91]   L. Cardelli. Typeful programming. In E.J. Neuhold and M. Paul, editors, *State-of-the-Art Report: Formal Description of Programming Concepts*, pages 431–507, New York, 1991. Springer-Verlag.

[Cla79]   E.M. Clarke. Programming language constructs for which it is impossible to obtain good Hoare axiom systems. *Journal of the ACM*, 26(1):129–147, January 1979.

[Cla80]   E.M. Clarke. Proving correctness of coroutines without history variables. *Acta Informatica*, 13:169–188, 1980.

[Cla85]   E.M. Clarke. The characterization problem for Hoare logics. In C.A.R. Hoare and J.C. Shepherdson, editors, *Mathematical Logic and Programming Languages*, pages 89–106, Englewood Cliffs, NJ, 1985. Prentice-Hall International.

[Cli73]   M. Clint. Program proving: Coroutines. *Acta Informatica*, 2:50–63, 1973.

[CM88]   K.M. Chandy and J. Misra. *Parallel Program Design: A Foundation*. Addison-Wesley, New York, 1988.

[Coo78]   S.A. Cook. Soundness and completeness of an axiom system for program verification. *SIAM Journal on Computing*, 7(1):70–90, 1978.

[Dij68]   E.W. Dijkstra. Cooperating sequential processes. In F. Genuys, editor, *Programming Languages: NATO Advanced Study Institute*, pages 43–112, London, 1968. Academic Press.

[Dij75]   E.W. Dijkstra. Guarded commands, nondeterminacy and formal derivation of programs. *Communications of the ACM*, 18:453–457, 1975.

[Dij76]   E.W. Dijkstra. *A Discipline of Programming*. Prentice-Hall, Englewood Cliffs, N.J., 1976.

[Dij82]   E.W. Dijkstra. *Selected Writings on Computing*. Springer-Verlag, New York, 1982.

[DJ83]   W. Damm and B. Josko. A sound and relatively complete hoare-logic for a language with higher type procedures. *Acta Informatica*, 20:59–101, 1983.

[DJ90]   N. Dershowitz and J.-P. Jouannaud. Rewriting systems. In J. van Leeuwen, editor, *Handbook of Theoretical Computer Science*, pages 243–320, Amsterdam, 1990. Elsevier.

[EC82]   E.A. Emerson and E.M. Clarke. Using branching time temporal logic to synthesize synchronization skeletons. *Science of Computer Programming*, 2(3):241–266, 1982.

[EF82]   T. Elrad and N. Francez. Decompositions of distributed programs into communication closed layers. *Science of Computer Programming*, 2(3):155–173, 1982.

[EFT86]   H.-D. Ebbinghaus, J. Flum, and W. Thomas. *Einführung in die mathematische Logik*. Wissenschaftliche Buchgesellschaft Darmstadt, 1986.

[End72]   H.B. Enderton. *A Mathematical Introduction to Logic*. Academic Press, 1972.

[FHLR79]   N. Francez, C.A.R. Hoare, D.J. Lehmann, and W.P. de Roever. Semantics of nondeterminism, concurrency and communication. *Journal of Computer and System Sciences*, 19(3):290–308, 1979.

[Flo67]   R. Floyd. Assigning meaning to programs. In J.T. Schwartz, editor, *Proceedings of Symposium on Applied Mathematics 19, Mathematical Aspects of Computer Science*, pages 19–32, American Mathematical Society, New York, 1967.

[FLP84]   N. Francez, D.J. Lehmann, and A. Pnueli. A linear history semantics for languages for distributed computing. *Theoretical Computer Science*, 32:25–46, 1984.

[FPZ93]   M. Fokkinga, M. Poel, and J. Zwiers. Modular completeness for communication closed layers. In E. Best, editor, *CONCUR'93*, pages 50–65, New York, 1993. Lecture Notes in Computer Science 715, Springer-Verlag.

[Fra86]   N. Francez. *Fairness*. Springer-Verlag, New York, 1986.

[Fra92]   N. Francez. *Program Verification*. Addison-Wesley, Reading, Mass., 1992.

[FS78]   L. Flon and N. Suzuki. Nondeterminism and the correctness of parallel programs. In E.J. Neuhold, editor, *Formal Description of Programming Concepts*, pages 598–608, Amsterdam, 1978. North-Holland.

[FS81]   L. Flon and N. Suzuki. The total correctness of parallel programs. *SIAM Journal on Computing*, pages 227–246, 1981.

[Gir89]   Y. Girard. *Proofs and Types*. Cambridge University Press, Cambridge, Great Britain, 1989.

[Gor75]   G.A. Gorelick. A complete axiomatic system for proving assertions about recursive and nonrecursive programs. Technical Report 75, Department of Computer Science, University Toronto, 1975.

[Gor79]   M.J.C. Gordon. *The Denotational Description of Programming Languages, An Introduction*. Springer-Verlag, New York, 1979.

[Gri78]   D. Gries. The multiple assignment statement. *IEEE Transactions on Software Engineering*, SE-4:89–93, March 1978.

[Gri81]   D. Gries. *The Science of Programming*. Springer-Verlag, New York, 1981.

[Gri82]   D. Gries. A note on a standard strategy for developing loop invariants and loops. *Science of Computer Programming*, 2:207–214, 1982.

[Har79]   D. Harel. *First-Order Dynamic Logic*. Lecture Notes in Computer Science 68, Springer-Verlag, New York, 1979.

[Hec77]   M. Hecht. *Flow Analysis of Computer Programs*. North-Holland, Elsevier, 1977.

[Hoa69]   C.A.R. Hoare. An axiomatic basis for computer programming. *Communications of the ACM*, 12:576–580, 583, 1969.

[Hoa71]   C.A.R. Hoare. Procedures and parameters: an axiomatic approach. In E. Engeler, editor, *Proceedings of Symposium on the Semantics of Al-*

gorithmic Languages, pages 102–116, New York, 1971. Lecture Notes in Mathematics 188, Springer-Verlag.

[Hoa72]   C.A.R. Hoare. Towards a theory of parallel programming. In C.A.R. Hoare and R.H. Perrot, editors, *Operating Systems Techniques*, pages 61–71. Academic Press, 1972.

[Hoa75]   C.A.R. Hoare. Parallel programming: an axiomatic approach. *Computer Languages*, 1:151–160, 1975.

[Hoa78]   C.A.R. Hoare. Communicating sequential processes. *Communications of the ACM*, 21:666–677, 1978.

[Hoa85]   C.A.R. Hoare. *Communicating Sequential Processes*. Prentice-Hall International, Englewood Cliffs, NJ, 1985.

[HP79]   M.C.B. Hennessy and G.D. Plotkin. Full abstraction for a simple programming language. In *Proceedings of Mathematical Foundations of Computer Science*, pages 108–120, New York, 1979. Lecture Notes in Computer Science 74, Springer-Verlag.

[HR86]   J. Hooman and W.P. de Roever. The quest goes on: a survey of proof systems for partial correctness of CSP. In *Current Trends in Concurrency*, pages 343–395, New York, 1986. Lecture Notes in Computer Science 224, Springer-Verlag.

[HW73]   C.A.R. Hoare and N. Wirth. An axiomatic definition of the programming language PASCAL. *Acta Informatica*, 2:335–355, 1973.

[INM84]   INMOS Limited. *Occam Programming Manual*. Prentice-Hall International, Englewood Cliffs, N.J., 1984.

[Jon92]   C.B. Jones. The search for tractable ways of reasoning about programs. Technical Report UMCS-92-4-4, Department of Computer Science, University of Manchester, Manchester, 1992.

[JPZ91]   W. Janssen, M. Poel, and J. Zwiers. Action systems and action refinement in the development of parallel systems. In J.C.M. Baeten and J.F. Groote, editors, *CONCUR'91*, pages 669–716, New York, 1991. Lecture Notes in Computer Science 527, Springer-Verlag.

[Klo90]   J.W. Klop. Term rewriting systems. In S. Abramsky, D. Gabbay, and T. Maibaum, editors, *Handbook of Logic in Computer Science*, Oxford, 1990. Oxford University Press.

[Kna92]   E. Knapp. Derivation of concurrent programs: two examples. *Science of Computer Programming*, 19:1–23, 1992.

[Kno94]   J. Knoop. *Optimal Interprocedural Program Optimization: A new Framework and its Application*. Lecture Notes in Computer Science , Springer-Verlag, Heidelberg, 1994.

[Knu68]   D.E. Knuth. *The Art of Computer Programming. Vol.1: Fundamental Algorithms*. Addison - Wesley, Reading, Mass., 1968.

[Kön27]   D. König. Über eine Schlußweise aus dem Endlichen ins Unendliche. *Acta Litt. Ac. Sci.*, 3:121–130, 1927.

[KS92]   J. Knoop and B. Steffen. The interprocedural coincidence theorem. In U. Kastens and P. Pfahler, editors, *Proceedings of the 4th International Conference on Compiler Construction (CC'92)*, pages 125–140, Heidelberg, 1992. Lecture Notes in Computer Science 641, Springer-Verlag.

[Lam77]   L. Lamport. Proving the correctness of multiprocess programs. *IEEE Transactions on Software Engineering*, SE-3:2:125–143, 1977.

[Lam83]   L. Lamport. What good is temporal logic? In R.E.A. Mason, editor, *Proceedings of the IFIP Information Processing 1983*, pages 657–668, Amsterdam, 1983. North-Holland.

[Lau71]   P.E. Lauer. Consistent formal theories of the semantics of programming languages. Technical Report 25.121, IBM Laboratory Vienna, 1971.

[Len93]   C. Lengauer. Loop parallelization in the polytope model. In E. Best, editor, *CONCUR'93*, pages 398–416, New York, 1993. Lecture Notes in Computer Science 715, Springer-Verlag.

[LG81]   G. Levin and D. Gries. A proof technique for communicating sequential processes. *Acta Informatica*, 15:281–302, 1981.

[Lip75]   R. Lipton. Reduction: a method of proving properties of parallel programs. *Communications of the ACM*, 18:717–721, 1975.

[LS87]   J. Loeckx and K. Sieber. *The Foundation of Program Verification*. Teubner-Wiley, Stuttgart, second edition, 1987.

[Men79]   E. Mendelson. *Introduction to Mathematical Logic*. van Nostrand, Princeton, second edition, 1979.

[Mit90]   J.C. Mitchell. Type systems in programming languages. In J. van Leeuwen, editor, *Handbook of Theoretical Computer Science*, pages 365–458, Amsterdam, 1990. Elsevier.

[MJ81]   S.S. Muchnick and N.D. Jones. *Program Flow Analysis: Theory and Applications*. Prentice-Hall, Englewood Cliffs, N.J., 1981.

[Mor90]   C. Morgan. *Programming from Specifications*. Prentice Hall International, London, 1990.

[MP91]   Z. Manna and A. Pnueli. *The Temporal Logic of Reactive and Concurrent Systems – Specification*. Springer-Verlag, 1991.

[New42]   M.H.A. Newman. On theories with a combinatorial definition of " equivalence". *Annals of Math.*, 43(2):223–243, 1942.

[OG76a]   S. Owicki and D. Gries. An axiomatic proof technique for parallel programs. *Acta Informatica*, 6:319–340, 1976.

[OG76b]   S. Owicki and D. Gries. Verifying properties of parallel programs: an axiomatic approach. *Communications of the ACM*, 19:279–285, 1976.

[Old81]   E.-R. Olderog. Sound and complete Hoare-like calculi based on copy rules. *Acta Informatica*, 16:161–197, 1981.

[Old83]   E.-R. Olderog. On the notion of expressiveness and the rule of adaptation. *Theoretical Computer Science*, 30:337–347, 1983.

[Old84]   E.-R. Olderog. Correctness of programs with Pascal-like procedures without global variables. *Theoretical Computer Science*, 30:49–90, 1984.

[Old91]   E.-R. Olderog. Towards a design calculus for communicating programs. In J.C.M. Baeten and J.F. Groote, editors, *CONCUR '91*, pages 61–77, New York, 1991. Lecture Notes in Computer Science 527, Springer-Verlag.

[Owi78]   S. Owicki. Verifying concurrent programs with shared data classes. In E.J. Neuhold, editor, *Proceedings of the IFIP Working Conference on Formal Description of Programming Concepts*, pages 279–298. North-Holland, 1978.

[Pet81]   G.L. Peterson. Myths about the mutual exclusion problem. *Information Processing Letters*, 12(3):223–252, 1981.

[Plo81]   G.D. Plotkin. A structural approach to operational semantics. Technical Report DAIMI-FN 19, Department of Computer Science, Aarhus University, 1981.

[Plo82]   G.D. Plotkin. An operational semantics for CSP. In D. Bjørner, editor, *Formal Description of Programming Concepts II*, pages 199–225, Amsterdam, 1982. North-Holland.

[Pnu77]   A. Pnueli. The temporal logic of programs. In *Proceeding of the 18th IEEE Symposium on Foundations of Computer Science*, pages 46–57, 1977.

[QS81]   J.-P. Queille and J. Sifakis. Specification and verification of concurrent systems in CESAR. In *Proceedings of the 5th International Symposium on Programming*, Paris, 1981.

[Ray86]   M. Raynal. *Algorithms for Mutual Exclusion*. The MIT Press, Cambridge, Mass, 1986.

[Rey81]   J.C. Reynolds. *The Craft of Programming*. Prentice-Hall International, Englewood Cliffs, NJ, 1981.

[Roe85]   W.P. de Roever. The quest for compositionality – a survey of assertion-based proof systems for concurrent programs, part 1. In E.J. Neuhold and G. Chroust, editors, *Proc. IFIP Conf. on Formal Models in Programming*, Amsterdam, 1985. North-Holland.

[Ros74]   B.K. Rosen. Correctness of parallel programs: the Church-Rosser approach. Technical Report IBM Research Report RC 5107, T.J. Watson Research Center, Yorktown Heights (N.Y.), 1974.

[SA86]   F.B. Schneider and G.R. Andrews. Concepts of concurrent programming. In J.W. de Bakker, W.P. de Roever, and G. Rozenberg, editors, *Current Trends in Concurrency*, pages 669–716, New York, 1986. Lecture Notes in Computer Science 224, Springer-Verlag.

[SM81]   A. Salwicki and T. Müldner. On the algorithmic properties of concurrent programs. In E. Engeler, editor, *Proceedings of Logics of Programs*, pages 169–197, New York, 1981. Lecture Notes in Computer Science 125, Springer-Verlag.

[SS71]   D.S. Scott and C. Strachey. Towards a mathematical semantics for computer languages. Technical Report PRG–6, Programming Research Group, University of Oxford, 1971.

[Sto77]   J.E. Stoy. *Denotational Semantics: The Scott-Strachey Approach to Programming Language Theory*. MIT Press, Cambridge, Mass., 1977.

[Tur49]   A.M. Turing. On checking a large routine. *Report of a Conference on High Speed Automatic Calculating Machines*, pages 67–69, 1949. Univ. Math. Laboratory, Cambridge, 1949. (See also: F.L. Morris and C.B. Jones, *An early program proof by Alan Turing*, Annals of the History of Computing *6* pages 139–143, 1984).

[TZ88]   J.V. Tucker and J.I. Zucker. *Program Correctness over Abstract Data Types, with Error-State Semantics*. North-Holland and CWI Monographs, Amsterdam, 1988.

[Zöb88]   D. Zöbel. Normalform-Transformationen für CSP-Programme. *Informatik: Forschung und Entwicklung*, 3:64–76, 1988.

[Zwi89]   J. Zwiers. *Compositionality, Concurrency and Partial Correctness – Proof Theories for Networks of Processes and Their Relationship*. Lecture Notes in Computer Science 321, Springer-Verlag, New York, 1989.

Autorenverzeichnis

Stichwortverzeichnis

Symbolverzeichnis

Syntax

Semantik

Verifikation

Programme

ZERO-1, 2
ZERO-2, 3
ZERO-3, 4, 139
ZERO-4, 5
ZERO-5, 6
ZERO-6, 7, 175
DIV, 47
SUM, 75
MINSUM, 75
MINSUM, 79
FIND, 101
FINDPOS, 132
PC, 159

PROD, 160
CONS, 160
MUTEX-B, 167
MUTEX-S, 171
GCD, 191
CROOK, 199
SR, 211, 221
SENDER, 211
RECEIVER, 211
TRANS, 211, 222
WSUM, 229
CENTER, 229
SETPART, 230
SMALL, 230
BIG, 230

Springer-Verlag und Umwelt

Als internationaler wissenschaftlicher Verlag sind wir uns unserer besonderen Verpflichtung der Umwelt gegenüber bewußt und beziehen umweltorientierte Grundsätze in Unternehmensentscheidungen mit ein.

Von unseren Geschäftspartnern (Druckereien, Papierfabriken, Verpackungsherstellern usw.) verlangen wir, daß sie sowohl beim Herstellungsprozeß selbst als auch beim Einsatz der zur Verwendung kommenden Materialien ökologische Gesichtspunkte berücksichtigen.

Das für dieses Buch verwendete Papier ist aus chlorfrei bzw. chlorarm hergestelltem Zellstoff gefertigt und im pH-Wert neutral.